Wissen
auf einen Blick

Wetter und Klima

Bildnachweis

Aibo & Göbel: 57, 81, 99, 105, 131, 139, 145, 147, 153, 155, 157, 159, 181, 189, 197, 199; ESA: 23, 47; mauritius images: 15 (Bard Loken), 19 (John Warburton-Lee), 21 (Westend61), 27 (Russell Kord), 29 (age), 31 (Rene Mattes), 33 (age), 35 (Photo Researchers), 37 (Nonstock), 39 (Ibid), 43 (Eckart Pott), 49 (ANP Photo), 53 (age), 55 (Hill Creek), 61 (Dirk von Mallinckrodt), 63 (Wulf Ligges), 65 (Photo Researchers), 67 (pepperprint), 69 (age), 77 (Photo Researchers), 79 (Edmund Naegele), 89 (Steve Bloom), 95 (Norbert Rosing), 109 (Rudolf Pigneter), 111 (Paul Freytag), 113 (Photononstop), 121 (IPS), 123 (imagebroker.net), 127 (age), 129 (IPS), 133 (imagebroker.net), 137 (Ibid), 161 und 165 (age), 169 (ACE), 171 (Doug Scott), 173 und 175 (imagebroker.net), 179 (Josef Beck), 195 (Jo Kirchherr), 201 (Herbert Kehrer), 205 (age); NASA: 6 (GSFC/J. Descloitres, MODIS Rapid Response Team), 9, 17 (JPL), 85 (GSFC/J. Descloitres, MODIS Rapid Response Team), 91 (GSFC/ORBIMAGE/SeaWIFS Project), 119 (JPL/TOPEX/Poseidon), 193 (GSFC); NOAA: 45; photos.com: 11, 59, 73, 83, 103, 167; picture-alliance/Bildagentur Huber: 71, 125, 141, 143, 149, 177; picture-alliance/dpa: 13, 25, 41, 51 (ZB), 75, 87, 93 (ZB), 97, 101, 107, 115, 117, 135, 151, 163, 183, 185, 187, 191 (kpa), 203, 207

Gesamtherstellung: Naumann & Göbel Verlagsgesellschaft mbH, Köln
Realisation und Redaktion: Neslihan Kilic, Frank Müller, Olaf Rappold, Michaela Salden, Anja Schlatterer, Anette Vogt (red.sign, Stuttgart)

ISBN: 978-3-625-11637-0

www.naumann-goebel.de

Vorwort

Beim Nahen der Eiszeit schickt ein gewisser Mr. Antrobus seiner Familie ein Telegramm: „Macht den Kindern keine Angst wegen der Kälte, haltet sie bloß warm. Verbrennt alles, außer Shakespeare." Zugegeben, nur wenige Wissenschaftler halten derzeit eine Eiszeit für das gefährlichste Klimaphänomen, das die Menschheit bedrohen könnte. Betrachtet man jedoch das Klima vergangener Jahrmillionen, zeigt sich schnell, dass Kaltzeiten wieder und wieder die Erde heimsuchten und dabei häufig auch gewaltige Katastrophen verursachten und sogar das Aussehen unseres Planeten völlig veränderten.

Aber auch in naher Vergangenheit ist der Einfluss des Klimas auf unseren Planeten und seine Bewohner wesentlich größer gewesen, als man gemeinhin vermutet. So gibt es beispielsweise überraschende Querbeziehungen zwischen der Geschichte der Menschheit und der des Klimas, etwa zwischen dem Zeitalter der Reformation und dem Beginn der „Kleinen Eiszeit", der Französischen Revolution und kurzfristigen Klimaschwankungen gegen Ende des 18. Jahrhunderts.

Heute, in einer Zeit, in der der Mensch die Folgen seiner Eingriffe in das Klima immer deutlicher zu spüren bekommt, sammeln Wissenschaftler weltweit Fakten zu Klimaveränderungen, auch in grauer Vorzeit, diskutieren die möglichen Folgen und initiieren Forschungsprojekte zu geeigneten Gegenmaßnahmen, wie beispielsweise dem Umstieg auf andere Energieformen.

Doch auch ganz abgesehen von der momentanen – durch immer neue Katastrophenmeldungen befeuerten – Medienpräsenz der Themen „Wetter" und „Klima" sind diese beiden Naturphänomene an sich eigentlich schon faszinierend genug. Und das vor allem aus zwei Gründen. Da ist zum einen die unglaubliche Vielfalt der Erscheinungen: ein tobender Orkan und die stille Morgenröte, nässetriefende Nebelwälder und staubtrockene Hitzewüsten, eiskalte Blizzards und gemächlich über den Himmel ziehende Wolkengebilde. Und zum andern ist da die „Hautnähe" des Wetters und Klimas für den Menschen, im Guten wie im Schlechten, vor Jahrhunderten wie heute.

Um das Wettergeschehen überhaupt verstehen zu können, müssen zunächst einmal die Grundlagen des irdischen Klimasystems, der Aufbau und die Zusammensetzung der Erdatmosphäre sowie die grundlegenden Vorgänge, die sich in ihr abspielen, beleuchtet werden. Dazu gehören so alltägliche Phänomene wie die Entstehung von Regen und Schnee oder von Tau und Reif, aber auch so spektakuläre und gleichzeitig verheerende wie tropische Wirbelstürme und Tornados oder Regen- und Trockenzeiten. Außerdem ist es notwendig, den Blick über die Grenzen der eigenen Klimaprovinz hinaus auf die anderen Klimazonen der Erde zu richten. Schließlich dauert das Zeitalter der klimatischen „Globalisierung" auf unserem Planeten bereits Jahrmilliarden; die „Chaos-Theorie" behauptet sogar, der Flügelschlag eines Schmetterlings in Tokio könne am anderen Ufer des Pazifiks einen Wirbelsturm auslösen.

Übrigens: Das eingangs erwähnte Zitat stammt aus einem Schauspiel des US-amerikanischen Schriftstellers Thornton Wilder (1897–1975). Im amerikanischen Original von 1942 lautet sein Titel „The Skin of our Teeth". Der deutsche Titel liest sich indes viel packender. Er heißt nämlich „Wir sind noch einmal davongekommen", in diesem Fall der drohenden Eiszeit. Doch ob wir künftigen Klimakatastrophen, seien es Eis- oder Hitzezeiten, entkommen, das kann niemand vorhersehen.

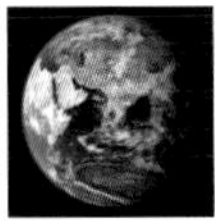

Was genau ist eigentlich Wetter?

Die Zustände der Atmosphäre

Eine Insel im pechschwarzen Weltraum, bunt schillernd und zerbrechlich wie eine Seifenblase. So zeigt sich unser Planet aus dem Blickwinkel der Wettersatelliten. Die von den künstlichen Erdtrabanten zu den Bodenstationen übermittelten Bilder zeigen auch, dass die Lufthülle des „Blauen Planeten" ständig in Bewegung ist. Wolkenspiralen drehen sich im Kreis, Wolken entstehen und vergehen. Und schon in der nächsten Stunde kann der Anblick völlig anders sein.

Wetter, Witterung, Klima

Jeder redet über das Wetter, jeder wird von ihm beeinflusst, ob nun die Wochenendpläne sprichwörtlich ins Wasser fallen oder verschneite Straßen den Verkehr lahmlegen. Und dennoch werden Wissenschaftler und Laien nicht unbedingt das gleiche meinen, wenn Sie den Begriff „Wetter" verwenden.

Die Eigenschaften der Atmosphäre und die Vorgänge, die sich in ihr abspielen, ändern sich fortwährend. Je nachdem, wie schnell sich die Eigenschaften und Vorgänge ändern, unterscheiden die Wissenschaftler drei Zustände der Atmosphäre:

Das Wetter ist dabei der Zustand der Lufthülle zu einem bestimmten Zeitpunkt und an einem bestimmten Ort. Ihm ist meist nur eine Dauer von wenigen Stunden bis maximal einem Tag beschieden.

Die Witterung ist der durchschnittliche oder auch vorherrschende Wetterablauf innerhalb einiger Tage bis zu ganzen Jahreszeiten.

Das Klima schließlich bezeichnet den mittleren Zustand der Atmosphäre und den durchschnittlichen Witterungsablauf in einem Jahr, wiederum an einem bestimmten Ort.

Das Klima in Deutschland

Um den Zustand der Lufthülle richtig zu beschreiben, muss man viele verschiedene Bausteine des Wetters, der Witterung und des Klimas beobachten und messen. Ein zutreffendes Bild des Klimas eines Ortes ergibt sich auch erst dann, wenn die Beobachtungen und Messungen lange genug durchgeführt werden, denn es können von Jahr zu Jahr beträchtliche Schwankungen auftreten. Deshalb hat es sich eingebürgert, die Durchschnittswerte der Lufttemperatur und des Niederschlags in drei Jahrzehnten zu ermitteln. Die vom Deutschen Wetterdienst gefundenen Werte gelten zum Beispiel für die Jahre 1961 bis 1990. Danach beträgt die mittlere Lufttemperatur in unserem Land rund 8 °C, im Durchschnitt fallen knapp 800 Liter Regen und Schnee auf jeden Quadratmeter. 2020, wenn der nächste Bezugszeitraum endet, könnten die Werte wegen des Klimawandels allerdings völlig anders ausfallen.

Ein Satellitenbild liefert nur eine Momentaufnahme der Atmosphäre. Um Klimate zu erfassen, benötigt man langjährige statistische Datenerhebungen.

Klimaforscher und Wetterfrösche

Die beiden Wissenschaftszweige, die sich mit dem Klima und dem Wetter beschäftigen, heißen Klimatologie und Meteorologie. Im letzten Begriff steckt das griechische Wort „metéoros" („in der Luft schwebend"). Ursprünglich waren damit vor allem Leuchterscheinungen in der Atmosphäre gemeint.

Die heutige Meteorologie, die sich im letzten Jahrhundert zur exakten Naturwissenschaft entwickelt hat, untersucht alle möglichen Himmelsphänomene, von A wie Abendrot bis Z wie Zyklone.

Klimatologen hingegen beschäftigen sich mit der Beschreibung und den Gesetzmäßigkeiten des Klimas.

Woraus besteht die Luft?

Der atmosphärische Gascocktail

Unsere Erde ist ein Planet der goldenen Mitte. Sie bewegt sich auf einer Bahn um die Sonne, auf der die Zufuhr von Sonnenenergie nicht zu groß, aber auch nicht zu klein ist. Von glühender Hitze und eisiger Kälte bleibt sie daher verschont. Und im Unterschied zu kleineren Himmelskörpern reicht ihre Anziehungskraft aus, um Gasmoleküle in dem für das irdische Leben genau richtigen Mischungsverhältnis an sich zu binden.

Das Gasmeer

Die Planeten in den äußeren Zonen des Sonnensystems besitzen Atmosphären, die größtenteils aus Wasserstoff und Helium bestehen. In der Lufthülle der Erde kommen diese beiden Gase als sogenannte Spurengase nur in sehr geringen Anteilen vor. Die Erdatmosphäre besteht fast ausschließlich aus Stickstoff und Sauerstoff. In einem gut gelüfteten Zimmer mit 100 Kubikmeter Rauminhalt nimmt Stickstoff etwas über 78 Kubikmeter, Sauerstoff knapp 21 Kubikmeter ein. Einen weiteren Kubikmeter füllt das Edelgas Argon aus. Der Gesamtinhalt dieser drei Hauptbestandteile der Luft beträgt 99,964 Prozent. Die restlichen 0,036 Prozent oder 36 Liter verteilen sich auf mehr als ein Dutzend verschiedener Gase, darunter Kohlendioxid, Neon, Methan und nicht zuletzt auch einige industriell hergestellte gasförmige Stoffe wie die Fluorchlorkohlenwasserstoffe (FCKWs), die beim Abbau der Ozonschicht (S. 192) und dem vom Menschen verstärkten Treibhauseffekt (S. 164) eine entscheidende Rolle spielen.

Abgesehen vom Wasserdampf, der in der Liste der Luftgase meist nicht genannt wird, halten die gasförmigen Bestandteile der Atmosphäre ihre Prozentanteile bis auf mehrere Stellen hinter dem Komma geradezu pedantisch ein. Daher weicht die Zusammensetzung der Luft in Höhen bis über 50 Kilometer praktisch nicht von der in bodennahen Schichten ab. An der speziellen Mixtur ändert sich also kaum etwas, wohl aber an der Menge der Luftteilchen in einem Kubikmeter. Sie nimmt zur Höhe hin rasch ab – die Luft wird „dünner". Rund 99 Prozent der Luftteilchen drängen sich in den unteren 30 Kilometer hohen Schichten der Erdatmosphäre.

Himmelsblau

Das Firmament erstrahlt in allen möglichen Farben, von Blutrot über Goldgelb bis Rabenschwarz. Die typische Farbe des Tageshimmels ist jedoch ein mehr oder weniger intensives Blau, zumindest dann, wenn er nicht völlig von Wolken verhüllt wird. Den Farbton verdankt der Himmel der unsichtbaren Luft: Die Moleküle des Gasgemischs bewirken die sogenannte Streuung, bei der Lichtstrahlen aus ihrer ursprünglichen Richtung abgelenkt werden. Am stärksten werden die Strahlen am blauen bis violetten Ende des Spektrums gestreut und dabei gleichmäßig über das Firmament verteilt. Je trockener die Luft ist, umso intensiver wird das Himmelsblau; Feuchtigkeit macht sich dagegen durch milchig-weiße Farbtöne bemerkbar.

Ein Blick zurück

Der Aufbau der heutigen Lufthülle ist lediglich ein Bild eines ganzen Filmstreifens, der seit der Entstehung der Erde vor gut 4,5 Milliarden Jahren abgespult wird. Die Zusammensetzung der Luft hat sich im Lauf der Erdgeschichte immer wieder verändert. Bis vor ungefähr 2,5 Milliarden Jahren enthielt die Gashülle wegen der ständigen Vulkanausbrüche zum Beispiel noch viel mehr Kohlendioxid als heute. Die Weichen zur sauerstoffreichen Atmosphäre wurden vor rund zwei Milliarden Jahren durch die Evolution von Organismen gestellt, die zur Photosynthese befähigt waren. Sie erzeugen seither große Mengen von Sauerstoff, dem Lebenselixier in unserer Atmosphäre.

Abgase von Autos, Flugzeugen oder Kohlekraftwerken erhöhen den Anteil des Kohlendioxids in der Luft, der momentan bei etwa 0,04 Prozent liegt. Dadurch wird das fragile Gasgemisch der Atmosphäre nachteilig beeinträchtigt, eine globale Erwärmung des Klimas ist die Folge.

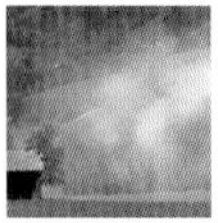

Was „verschmutzt" unsere Luft?

Feste und flüssige Bestandteile der Luft

Die Luft über den Ozeanen, den Hochgebirgen und allgemein in den höheren Schichten der Atmosphäre gilt als „Reinluft". Denn sie enthält neben den Gasen nur relativ wenige flüssige und feste Bestandteile aus natürlichen und künstlichen Quellen. Der Begriff „Reinluft" hat einen positiven Klang. Aber wäre es für die Erde und ihre Bewohner ein Segen, wenn die Luft absolut rein wäre? Nein, eher eine Katastrophe!

Winzig, doch enorm wichtig

Die meisten chemischen Substanzen, die man kennt, kommen unter den normalen Temperatur- und Druckbedingungen an der Erdoberfläche und in der unteren Erdatmosphäre nur in einer bestimmten Form vor: entweder im festen, flüssigen oder gasförmigen Zustand. Zu den wenigen Ausnahmen gehört Wasser. Wassertropfen und Eiskristalle unterschiedlicher Größe bilden die Wolken und gehen als Regen oder Schnee auf den Erdboden nieder. Gasförmiger, unsichtbarer Wasserdampf ist fast ausschließlich in den untersten Schichten der Lufthülle enthalten, wo er einen Anteil von ein bis vier Prozent pro Kubikmeter Luft hat. In größeren Höhen enthält die Atmosphäre praktisch keinen Wasserdampf mehr. Von sämtlichen Wasservorräten unseres Planeten besitzt die Lufthülle ohnehin lediglich einen winzigen Bruchteil: 0,001 Prozent – das ist weniger als der Baikal, der tiefste See der Erde, birgt. Doch was wäre der Planet ohne Wolken, Regen, Schnee ... und letztlich die Lebewesen, die auf die Wasserzufuhr aus diesem verschwindend kleinen Reservoir angewiesen sind!

Mehr Wasserdampf in der Atmosphäre allein würde das Problem der Wasserknappheit aber auch nicht lösen. Um Wasserdampf in Niederschlag zu verwandeln, sind nämlich feste Partikel notwendig, an denen sich die Feuchtigkeit niederschlagen kann. Solche Keime oder Kerne liefert die Erde glücklicherweise reichlich: durch die Brandungswellen aufgewirbelte Meersalzkörnchen, fein verteilter Gesteinsstaub, vulkanische Asche, Rußteilchen, die von Wald- und Buschbränden stammen. Sie alle filtern gewissermaßen die in der Höhe nutzlose Feuchtigkeit aus und befördern das Wasser dorthin, wo es gebraucht wird: zum Erdboden.

Vom Winde verweht

So wie in den Ozeanen treiben im Luftraum Myriaden mikroskopisch kleiner Organismen frei umher: Algen, Bakterien, Viren, Tiere wie Spinnen, Schmetterlinge oder die Gewittertierchen, die vor einem Gewitter in Massen auftreten. Alle können nicht oder kaum aus eigener Kraft fliegen. Sie lassen sich vielmehr vom Wind verwehen. Zum Luftplankton gehören auch Bestandteile von Pflanzen: Pollen, Sporen und Samen erfüllen die Luft in riesigen Mengen. Eine einzige Blüte der Pfingstrose produziert zum Beispiel im Jahr mehr als drei Millionen Pollenkörner. „Reines" Gas ist die Luft, die wir atmen, also bei Weitem nicht.

Die hauchdünne Biosphäre

Die Erdatmosphäre überlappt sich in den untersten Schichten mit der Biosphäre, dem von Lebewesen besiedelten Raum unseres Planeten. Dieser Raum hat an der gesamten Masse der Erde einen noch geringeren Anteil als die Lufthülle und ist eine noch dünnere, verletzlichere Haut. Das Leben spielt sich fast ausnahmslos am Rand des festen Erdballs in einer etwa 120 Meter dicken Schicht ab, die ungefähr der Wipfelhöhe der höchsten Bäume entspricht; nur einzelne vom Wind verdriftete Mikroorganismen kommen noch in 40 oder 50 Kilometer Höhe vor. Unter der festen Erdoberfläche endet die Biosphäre ungefähr in 120 Meter Tiefe. Insgesamt ist sie also meist nur bis zu 240 Meter dick.

Nur in hohen Konzentrationen kann man feine Partikel in der Luft mit dem bloßen Auge erkennen, so zum Beispiel im Frühjahr und Sommer während des Pollenflugs.

Wie gliedert sich die Luft?

Die Schichten der Atmosphäre

Wer bei wolkenlosem Himmel nach oben schaut, blickt in ein riesiges, scheinbar endloses und ungegliedertes Luftmeer. In Wirklichkeit aber besteht die Lufthülle aus mehreren Sphären und sogenannten Pausen.

Pausen und Sphären

In einer Pause ändert sich bekanntlich etwas. Zum Beispiel wird die Arbeit durch eine Zeit der Erholung unterbrochen. Bei den Pausen der Erdatmosphäre ändert sich vor allem die Lufttemperatur, oft abrupt innerhalb einer vergleichsweise dünnen Schicht. Solche Grenzschichten durchziehen die Lufthülle und gliedern sie in mehrere Stockwerke.

Die unterste markante Pause, die sogenannte Tropopause, verläuft ungefähr acht bis 18 Kilometer über dem Erdboden, über den Polen niedriger, über dem Äquator höher. Sie begrenzt die darunter liegende Troposphäre, in der sich fast alle Wettervorgänge abspielen. Innerhalb dieses untersten Atmosphärenstockwerks sinkt die Temperatur zur Höhe hin bis auf weit unter −45 °C an der Tropopause.

In der Stratosphäre, der nächsten Etage, bleibt die Temperatur zunächst annähernd gleich, steigt anschließend aber bis zur Stratopause in rund 50 Kilometer Höhe kräftig an und pendelt sich dort bei 0 °C ein. Ursache der Erwärmung ist die Ozonschicht, in der ein großer Teil der Sonnenenergie aufgenommen und in Wärme umgewandelt wird. Oberhalb der Stratopause folgen noch zwei weitere große Stockwerke. Zwischen 50 und 85 Kilometer erstreckt sich die Mesosphäre. In dieser Etage sinkt die Temperatur zur Obergrenze hin bis auf eisige −90 °C. Jenseits der Mesopause geht es innerhalb der Thermosphäre mit den Temperaturen aber unaufhaltsam bergauf. 1000 °C werden an der Thermopause in 500 bis 1000 Kilometer Höhe gemessen. Welchen Einfluss die Vorgänge in den beiden obersten Stockwerken auf das Wetter am Boden haben, ist unbekannt – er wird jedoch nur klein sein.

Das Ende unserer kleinen Welt

Auf Satellitenbildern erscheint die Grenze zwischen der hellen Lufthülle und dem dunklen Weltraum als eine deutliche, fast messerscharf gezogene Linie. Doch an dieser Schicht endet die Hülle unseres Planeten noch lange nicht. Ihre Grenze deckt sich vielmehr mit der Magnetopause, der äußeren Grenzfläche des Erdmagnetfelds, die sich an der Sonnenseite in rund 60 000 Kilometer Entfernung befindet. An der Nachtseite beträgt die Distanz dagegen bis zu sechs Millionen Kilometer.

Kollisionen am Himmel

Der Sonnenwind ist ein Strom elektrisch geladener Teilchen, der sich mal schwächer, mal stärker von der Sonne her durch das Weltall bewegt. An der Magnetopause werden diese Teilchen vom Erdmagnetfeld wie in einem Netz eingefangen. Von hier werden sie auf verschlungenen Bahnen in tiefere Schichten der Atmosphäre geführt, wo sie irgendwann auf Luftmoleküle treffen. Beim Zusammenstoß kommt es zu farbenprächtigen Leuchterscheinungen, den Polarlichtern.

Ihren Namen bekamen die Leuchtphänomene aufgrund der Tatsache, dass sie im äußersten Norden und Süden der Erde, in den Polargebieten, am häufigsten zu beobachten sind. Zuweilen kann man das Farbenspektakel aber auch am Himmel über Mitteleuropa bewundern.

Ein Polarlicht erleuchtet den Nachthimmel über Tromsø in Norwegen. Die Ursache dieses Phänomens liegt im von der Sonne ausgehenden Sonnenwind.

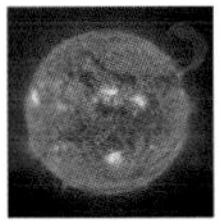

Warum ist es auf der Erde nicht zu warm und nicht zu kalt?

Die Sonne – Kraftwerk im All

Der Mensch, alle anderen Lebewesen auf der Erde und vor allem die Wettermaschine brauchen ständig neue Energie. Ein ungefähr 150 Millionen Kilometer von unserem Planeten entfernter Stern versorgt sie mit Licht und Wärme – Tag für Tag, Jahr für Jahr, kostenlos und zuverlässig. Gegenüber dieser Energiequelle im All sind die Energiereservoire der Erde wie die Hitze des Erdinneren oder die Gezeitenkräfte praktisch bedeutungslos.

Heiße und kalte Nachbarn

Die Nachbarn der Erde – der Mond sowie die Planeten Mars und Venus – haben ihr eigenes, extremes Wetter. Der Erdtrabant hat keine Atmosphäre, die Temperaturen schwanken daher zwischen etwa 120 °C bei Vollmond und –130 °C bei Neumond.

Im Sommer des Mars betragen die Temperaturen an der Oberfläche mal –30, mal –90 °C.

Die Gashülle der Venus heizt sich dagegen am Boden auf mehrere Hundert Grad auf. Dies liegt zum Teil an der sonnennäheren Umlaufbahn des Planeten, vor allem aber am hohen Gehalt des Treibhausgases Kohlendioxid in seiner Atmosphäre. Er liegt bei rund 96 Prozent.

Eine glühende Gaskugel

Seit Urzeiten läuft in der Sonne der Prozess der Kernfusion ab, bei dem leichte Wasserstoffkerne zu einem schwereren Kern, in diesem Fall Helium, verschmolzen werden. Die Umwandlung von einem einzigen Gramm Wasserstoff liefert die Energiemenge, mit der man den jährlichen Energiebedarf von 40 bis 50 mitteleuropäischen Privathaushalten decken könnte. Im Zentrum des gigantischen Reaktors werden aber in jeder Sekunde ungefähr fünf Millionen Tonnen Wasserstoff umgewandelt. Die dabei entstehende Energie strömt zur Oberfläche der glühenden, rund 6000 °C heißen Gaskugel und verteilt sich von dort in alle Richtungen des Weltraums – nur etwa zwei Milliardstel davon treffen auf den äußeren Rand der Erdatmosphäre.

In der Lufthülle der Erde kommt es dann zu enormen Verlusten. An Wolken und Luft prallt ein Großteil der Energie gleich wieder in den Weltraum zurück, weniger als die Hälfte erreicht die Oberfläche unseres Planeten. Für weitere Verluste sorgt, dass die Erdoberfläche selbst ständig Energie abstrahlt, sogar mehr, als sie erhält. Eigentlich müsste deshalb die dünne Schicht, in der Lebewesen existieren können, immer kälter werden. Der natürliche Treibhauseffekt verhindert jedoch die Abkühlung: Ähnlich wie die Glasscheiben eines Treibhauses lassen Luftschichten die kurzwellige Strahlung der Sonne passieren, während sie einen großen Anteil der langwelligen Wärmeausstrahlung an die Erdoberfläche zurückgeben. Die Rolle der Glasscheiben übernehmen dabei natürliche Treibhausgase, vor allem Wasserdampf und Kohlendioxid. Ihnen ist es zu verdanken, dass im irdischen Treibhaus weltweit durchschnittliche Temperaturen von etwa 15 °C statt –18 °C herrschen.

Energie im Überfluss

Obwohl immer noch große Mengen von Energierohstoffen wie Kohle oder Erdöl neu entdeckt werden, werden diese Energiequellen irgendwann versiegen: bei Erdöl und Erdgas in ein paar Jahrzehnten, bei Kohle und Uran in mehreren Jahrhunderten. Die Reserven an Sonnenenergie reichen dagegen für die Ewigkeit, wenigstens mit den Zeitmaßstäben des Menschen gemessen. Erst in schätzungsweise fünf Milliarden Jahren wird das Kraftwerk im All seinen Betrieb einstellen.

Auf der Sonne brodelt es: Materie wird bogenförmig oft Zigtausende von Kilometern ins All geschleudert. Die Materieströme werden Protuberanzen genannt.

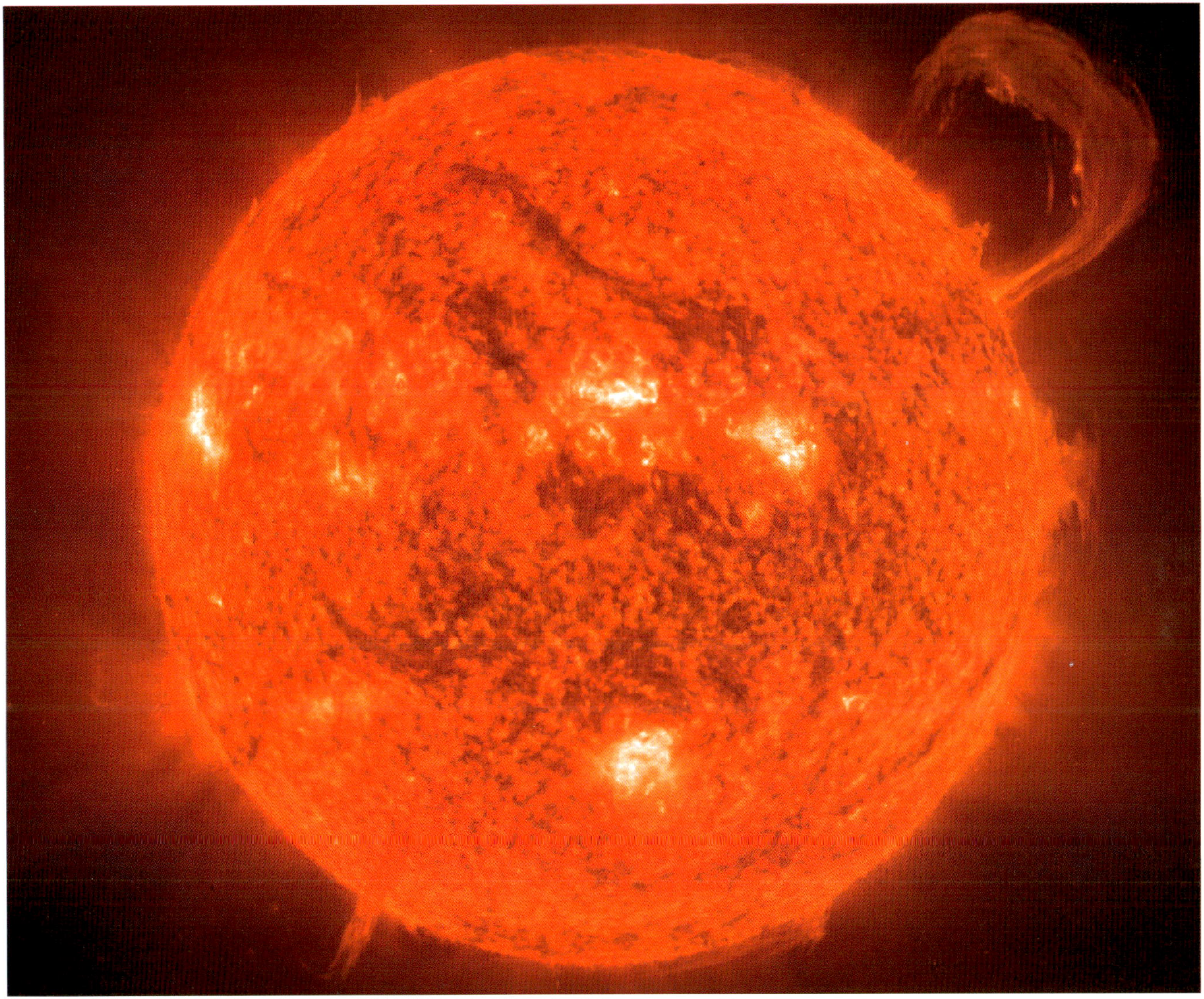

Warum gibt es Tag und Nacht, Sommer und Winter?

Die Entstehung von Tages- und Jahreszeiten

Ohne weiter nach dem Warum zu fragen, nehmen die meisten Erdbewohner den Wechsel von Tag und Nacht, von Sommer und Winter einfach so hin. Dabei handelt es sich eher um einen leicht verständlichen Rhythmus, den neben der Erddrehung vor allem der ungefähre Wert von 23,5 Grad nüchtern, aber zutreffend erklärt.

Kleine Ursache, große Wirkung

Man nehme einen Globus, wie er im Handel angeboten wird. Dann richte man das Licht einer Lampe – die Sonne dieses Experiments – auf das verkleinerte Abbild des Planeten Erde aus und gebe ihm einen kleinen Schups, sodass sich der Globus vom Nordpol (oben) aus betrachtet entgegen dem Uhrzeigersinn dreht. Dabei wandert die Grenze zwischen Hell und Dunkel, zwischen Tag und Nacht, als mehr oder minder scharf begrenzte Linie von Ost (rechts) nach West (links) über den Globus. Die Sonne geht im Osten auf und im Westen unter dem Horizont unter – der helle Tag und die dunkle Nacht wechseln sich ab, und das seit über vier Milliarden Jahren.

Was hat es nun mit den 23,5 Grad auf sich? Wie bei einem guten Globus so auch bei der Erde ist die Achse, um die sich beide drehen, um ziemlich genau 23,5 Grad gegen die Senkrechte gekippt. Diese Schieflage behält die Erde während ihres jährlichen Umlaufs um die Sonne bei. Und das ist der entscheidende Grund für den Wechsel der Jahreszeiten.

Die Erdachse neigt sich nämlich der Sonne mal mehr, mal weniger zu, und je nach Monat und Tag treffen deren Strahlen im steilen oder flacheren Winkel auf die Erdoberfläche. Da die Zufuhr von Sonnenenergie bei steilem Einfallen der Strahlen besonders stark ist, verschiebt sich mit dem Erdumlauf auch der Gürtel der stärksten Sonneneinstrahlung über die Erdoberfläche. Zweimal im Jahr, um den 21. März und um den 23. September, also zu Frühlings- bzw. Herbstanfang, liegt er genau über dem Äquator. Im folgenden Vierteljahr verschiebt sich der Gürtel nord- bzw. südwärts bis zu den Wendekreisen, die er um den 21. Juni (Sommeranfang) im Norden beziehungsweise um den 22. Dezember (Winteranfang) im Süden erreicht. Danach wandert er wieder zum Äquator zurück.

Sonnige Zeiten

In der Wettervorhersage für den kommenden Tag wird ein wichtiger Baustein des Wetters gebührend hervorgehoben: die Sonnenscheindauer. Denn nicht nur für die Nutzung der Sonnenenergie als alternativer Energiequelle spielt die Zeit, in der die Sonne mit voller Kraft strahlt, eine entscheidende Rolle. Was die Anzahl der sonnigen Stunden betrifft, liegen unsere Breiten weltweit recht genau im Mittelfeld. Gut 4000 Stunden im Jahresdurchschnitt erstrahlt die Sonne über dem Südwesten der USA, maximal etwa 2000 Stunden pro Jahr beträgt die Sonnenscheindauer zwischen der Ostsee und den Alpen.

Im Zwielicht

Mit dem Sonnenuntergang endet der helle Tag natürlich nicht schlagartig, so als ob Petrus den Lichtschalter betätigt hätte. Ebenso wenig wird es bei Sonnenaufgang sofort strahlend hell. Derart abrupte Wechsel der Beleuchtung gibt es nur auf Himmelskörpern, die keine Atmosphäre besitzen, etwa dem Erdmond. Auf der Erde sorgt die Lufthülle durch Ablenkung der Lichtstrahlen dafür, dass der helle Tag und die dunkle Nacht morgens und abends während der Dämmerung fließend ineinander übergehen.

Das stimmungsvolle Zwielicht dauert je nach Jahreszeit und geographischer Breite unterschiedlich lange. In Mitteleuropa ist es zum Beispiel nach Sonnenuntergang durchschnittlich noch etwa eine gute halbe Stunde lang hell.

Wenn die Sonne unter dem Horizont verschwunden ist, sorgt die Ablenkung der Lichtstrahlen dafür, dass der Himmel noch einige Zeit in herrliche Farben getaucht wird.

Vulkane – was bewirken sie bei Wetter und Klima?

Feuer und Wasser

Wetter und Klima sind in erster Linie das Ergebnis der tages- und jahreszeitlich sowie regional unterschiedlichen Zufuhr von Sonnenenergie. Daneben spielen aber auch irdische Faktoren eine wichtige Rolle. Der Treibhauseffekt der Atmosphäre (S. 164) gehört dazu, genauso wie das Geflecht der Meeresströmungen, die Gebirge, das Pflanzenkleid und nicht zuletzt die Aktivität der Feuerberge.

Ein Unglück kommt selten allein

„Andauernd hallten Donnerschläge durch die Nacht, so laut, dass einem das Trommelfell schmerzte. Die Atmosphäre war mit Elektrizität aufgeladen, Telefone fingen von selbst an zu klingeln ..." Der Bericht eines russischen Vulkanologen beschreibt kein normales Gewitter, sondern die Folgen eines vulkanischen Aschenregens, der am 30. März 1956 im Umkreis des Vulkans Bezymianny auf der Halbinsel Kamtschatka im Fernen Osten Russlands niederging. 35 Jahre danach, im Juni 1991, traf es die Dörfer am Fuß des Vulkans Pinatubo auf den Philippinen. Nach einem heftigen Ausbruch lösten starke Taifunregen in den lockeren Aschenschichten an den Hängen des Feuerbergs verheerende Schlammströme aus. Nicht selten arbeiten Vulkanausbrüche und Wetter Hand in Hand, folgen gewaltige Unwetter heftigen Eruptionen. Selbst längerfristige Folgen für die Witterung und das Klima sind möglich, wie der Ausbruch des Tambora im April 1815 auf der indonesischen Insel Sumbawa beispielhaft bewies.

Bei diesem stärksten Vulkanausbruch in historischer Zeit wurden schätzungsweise 100 Kubikkilometer Asche und Schwefelgase bis zu 70 Kilometer hoch in den Himmel geschleudert. Sie verteilten sich in der Atmosphäre, schwächten als Schleier die Zufuhr von Sonnenenergie und führten so zum härtesten „Vulkanischen Winter" seit Menschengedenken. Er dauerte mindestens drei Jahre. 1816, das „Jahr ohne Sommer", ist bis heute das kälteste Jahr seit Beginn regelmäßiger Wetteraufzeichnungen. Weltweit kühlte sich das Klima drastisch um etwa 2,5 °C ab – es gab auch in den sonst warmen Jahreszeiten Frost, Schneefälle, heftige Gewitter und starke Regengüsse. Und die extreme Witterung führte wiederum zu Missernten, Hungersnöten, Aufständen der verzweifelten Bevölkerung und Auswanderungswellen von Europa nach Amerika.

Wasser aus vulkanischer Glut

Die Erdatmosphäre enthält zwar nur sehr wenig Wasser, insgesamt sind jedoch die Wasservorräte unseres Planeten gewaltig. Woher stammen diese Schätze, ohne die ein Leben auf der Erde unmöglich wäre? Aus Quellen, an die man zuerst nicht denkt: den Vulkanen.

Sie sind die wichtigsten Wasserspender, indem sie das im Innern der Erde enthaltene Wasser an die Erdoberfläche transportieren. Lava enthält zwischen 0,1 und sieben Prozent Wasser. Bei Vulkanausbrüchen gelangt es in den Schmelzen an die Erdoberfläche. Jahr für Jahr dringen so etwa 0,3 Kubikkilometer Wasser aus den Kratern. Dieser ständige Wasserstrom könnte beispielsweise den Wasserinhalt der Atmosphäre in 40 000 Jahren, einem geologisch äußerst kurzen Zeitraum, vollständig erneuern.

Tambora macht Weltgeschichte

Der Ausbruch des Tambora hatte bereits nach ein paar Wochen, im Juni 1815, weltpolitische Folgen. Damals erlebte nämlich Napoleon I. sein berühmtes „Waterloo", vor allem wegen widrigen Wetters. Heftige Regengüsse verwandelten das Schlachtfeld in Belgien in eine Schlammwüste, in der die Franzosen ihre schweren Geschütze nicht rechtzeitig in Stellung bringen konnten und so den Truppen der Briten und Preußen unterlagen.

Inhalt

Wissen auf einen Blick

Wetter und Klima

Dr. Peter Göbel

NGV

Bei Ausbrüchen von Vulkanen – hier eine Eruption des Ätnas auf Sizilien – werden neben Aschen und weiteren festen Bestandteilen auch noch große Mengen an Gasen (vor allem Schwefelgase) aus dem Erdinnern nach oben befördert.

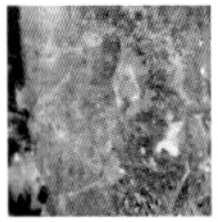

Wie beeinflussen die Ozeane das Klima?

Meere und Meeresströmungen

Der „Blaue Planet" Erde verdankt seinen Beinamen dem vom Weiß der Wolken durchsetzten Blau der Lufthülle und dem Blau der Ozeane. Diese beiden Sphären des Planeten sind auf vielfältige Weise miteinander verknüpft. Und da nahezu drei Viertel der Erdoberfläche von den Ozeanen mit ihren Randmeeren eingenommen werden, haben diese einen erheblichen Einfluss auf das Erdklima.

Wasser, ein ganz besonderer Stoff

Um Wasser in einem Kochtopf zu erhitzen, muss sehr viel Wärmeenergie aufgewendet werden. Einmal erhitzt, lässt sich die Wassertemperatur jedoch mit verhältnismäßig geringer Energiezufuhr, etwa einem Teelicht, fast konstant halten – denn Wasser speichert die Wärme viel besser als die Luft und gibt sie nur langsam wieder ab.

Dieses Phänomen ist eine wichtige Ursache für den Einfluss, den die Weltmeere auf das Klima ausüben: Sie wirken als Wärmespeicher und mildern dadurch die Temperaturextreme zwischen den Tages- und Jahreszeiten. Zudem werfen Wasseroberflächen einen mehr oder minder großen Anteil der Sonnenenergie gleich wieder in den Weltraum zurück. Wie das Glitzern des Meeres bei Sonnenuntergang verrät, ist der gespiegelte Anteil bei tiefem Sonnenstand groß, bei hohem Sonnenstand hingegen sehr gering. Die tropischen Meere, über denen die Sonne im Jahreslauf meist hoch über dem Horizont steht, saugen daher die Sonnenenergie förmlich an, während in den Polargebieten das Licht der tief stehenden Sonne die Meeresoberfläche nur streift und keine nennenswerte Energiezufuhr bewirkt.

So kommt es zu erheblichen Temperaturunterschieden – im Wasser und in den darüber lagernden Luftmassen. Meeresströmungen wie der Golfstrom, der eine Art Fernwärmeheizung Nordeuropas ist, sorgen für einen Ausgleich: sie transportieren ständig Wärme und Feuchtigkeit aus einer Klimazone in die andere.

> ### *Versiegt der Golfstrom?*
>
> *Meeresströmungen können sich im Lauf der Zeit verändern und so zum Wandel des Erdklimas beitragen. Im UN-Klimabericht wird davor gewarnt, dass der Golfstrom, der den Norden Europas mit Wärme und feuchter Luft versorgt, vielleicht eines Tages versiegt.*
>
> *Dies hätte große Auswirkungen: Zum Beispiel frören die norwegischen Häfen, die heute im Winter durch das subtropische Wasser eisfrei gehalten werden, in der kalten Jahreszeit zu – mit verheerenden Folgen für die Volkswirtschaft des Königreichs. Auf der anderen Seite wäre in Zeiten globaler Erwärmung eine leichte Abkühlung nicht unwillkommen.*

Wüsten am kalten Meer

Einer der erstaunlichsten Effekte von Meeresströmungen ist die Tatsache, dass kalte Ströme zuweilen an Küsten extrem trockene Wüsten entstehen lassen. Zu diesen Küstenwüsten, in denen meist nur Nebelschwaden ein wenig Feuchtigkeit spenden, gehört beispielsweise die Atacama an der Pazifikküste Südamerikas.

An ihr fließt der kalte Humboldt-Strom vorbei. Über dem kalten Wasser bildet sich zwar häufig Nebel, der vom leichten Seewind ins Landesinnere geweht wird, Regengüsse – im Allgemeinen dann durch das El-Niño-Phänomen (S. 118) verursacht – sind dagegen sehr selten. Grund: An der kalten Meeresoberfläche kühlt sich die Luft ab, wird dadurch schwerer, kann folglich nicht aufsteigen und in der Höhe Wolken bilden. Und wo es keine Wolken gibt, regnet es auch nicht.

Die Atacama im Norden Chiles, hier ein Satellitenbild, liegt unmittelbar am Meer und gilt als eine der trockensten Wüsten der Welt.

Weshalb bilden Gebirge Wetterscheiden?

Klimascheiden und Wetterseiten

Unsere Erde ist ein flacher Planet: Weniger als zehn Prozent seiner Oberfläche ragen 1000 Meter und mehr über das Niveau der Ozeane auf. Gebirge sind also eher Ausnahmen. Trotzdem haben Berge und Gebirge einen erheblichen Einfluss auf das Erdklima, können es in weitem Umkreis deutlich verändern, steuern die Entwicklung von Tiefdruckwirbeln, bilden markante Wetterscheiden und haben vielleicht der Erde die jüngsten Eiszeiten beschert.

Heilige Berge in Gefahr

In vielen Religionen gelten hohe Berge als heilige Stätten, für orthodoxe Hindu, gläubige Buddhisten oder tibetische Schamanen vor allem der Kailasa im westlichen Tibet. Die Verehrung hängt damit zusammen, dass man die Gipfel als Wohnsitze der Götter betrachtet, hat aber auch handfeste klimatische Gründe.

Die Schnee- und Eismassen, die sich auf ihnen ansammeln, sind für die Wasserversorgung der Menschen am Fuß der Berge unverzichtbar, besonders in den Trockengebieten der Erde. Ohne das Schmelzwasser aus den natürlichen Wasserschlössern könnten sie nicht existieren. Mit dem Gletscherschwund (S. 172) wird jedoch auch diese Quelle wahrscheinlich bald versiegen.

Wetterscheiden

Manch Urlauber musste es vielleicht schon am eigenen Leib erfahren: Während eine Gebirgsflanke im grauen Nass eines Dauerregens versinkt, herrscht an der gegenüberliegenden das schönste Wetter. Gebirge bilden vielfach markante Grenzen, die klimatische Welten voneinander trennen, am eindrucksvollsten wohl die südlichen Anden, wo über den Eisfeldern Patagoniens im Jahresdurchschnitt rund 10 000 Liter Regen und Schnee pro Quadratmeter niedergehen, während im Regenschatten des Hochgebirges weniger als 200 Liter fallen. Die extremen Unterschiede kommen in diesem Fall dadurch zustande, dass die Anden quer zur vorherrschenden Windrichtung innerhalb der Westwindzone der Südhalbkugel verlaufen.

Dabei sind die klimatischen Folgen nicht zwingend auf Gebirge und Vorgebirge begrenzt. Häufig reichen sie weit darüber hinaus. Auf den Inseln an der deutschen Ostseeküste scheint zum Beispiel die Sonne überdurchschnittlich lang, weil die Hochgebirge Skandinaviens für föhnartige Winde (S. 96) sorgen, wodurch sich die Wolken auflösen. Und mancher Tiefdruckwirbel, der uns erreicht, ist jenseits des Atlantiks im Windschatten der Rocky Mountains entstanden.

Doch nicht nur Hochgebirge prägen das Wetter und das Klima. Im Prinzip hat jede Erhebung der Erdoberfläche vom Maulwurfshügel an aufwärts ihre Wetterseite. In Mitteleuropa tragen beispielsweise Bäume an der Südwestseite ihrer Stämme einen auffällig dichten Bewuchs aus Algen und Flechten. Diese Seite ist hierzulande die Wetterseite, weil Wind und Regen überwiegend aus Südwesten kommen und die Südwestseite zugleich am stärksten von der Sonne beschienen wird.

Die Wiege der Eiszeiten?

Gebirge sind mobile Gebilde, die ihre Höhe und Gestalt ständig verändern, wenn auch nur in Millimeterbeträgen pro Jahr. Der Himalaya, das mächtigste Gebirge der Erde, wächst zum Beispiel ständig weiter in den Himmel und damit in das Stockwerk des ewigen Eises.

Nach einer von vielen Theorien über die Entstehung der Eiszeiten war die „Heimat des Schnees", was der Name „Himalaya" bedeutet, zusammen mit dem benachbarten Hochland von Tibet der Auslöser der Eiszeiten. Denn indem sich das Gebirge immer mehr mit Eis verhüllte, warf seine Oberfläche zunehmend das Sonnenlicht zurück und förderte damit die Abkühlung der Erde.

Denn mächtige Gebirge wie die Anden, hier der Cerro Torre im argentinischen Teil Patagoniens, sind stets auch Wetterscheiden und das Schmelzwasser ihrer Gletscher speist Flüsse und Seen.

Warum bedroht die Klimakatastrophe vor allem den Norden?

Landmassen und Pflanzenkleid

Die bevölkerungsreichsten Länder der Welt – China, Indien, Russland, die USA und die Staaten der Europäischen Union – liegen alle in der nördlichen Hemisphäre. Und gerade für diese sind die Prognosen der Klimaforscher besonders düster. Ursache ist der ungebremste Ausstoß von Treibhausgasen. Hinzu kommt, dass es im Norden weniger natürliche „Puffer" gibt und dass diese noch dezimiert werden.

Ungleich verteilt

Die weltweit führenden Energieverbraucher, mit großem Abstand die USA vor der Volksrepublik China, haben ihren Sitz polwärts des nördlichen Wendekreises. Beiderseits des Äquators wird dagegen in der Regel sehr sparsam mit der Energie umgegangen. Ein Einwohner des Tschad verbraucht zum Beispiel im Jahresdurchschnitt weniger als ein Promille des Energiebedarfs eines US-Bürgers. In den anderen Industrieländern sind der Energieverbrauch und damit der Ausstoß von Treibhausgasen zwar geringer, doch ändert dies nichts daran, dass auf der Nordhalbkugel verschwenderisch mit den Rohstoffen umgegangen wird.

Dabei ist die Nordhälfte unseres Planeten aus zwei Gründen für einen Klimawandel mit unabsehbaren Folgen besonders anfällig. Zum einen nehmen die Landmassen auf der Nordhalbkugel fast zwei Drittel der Erdoberfläche ein (auf der Südhalbkugel dagegen weniger als ein Fünftel), zum andern ist in dicht besiedelten Industriestaaten die Waldfläche allgemein sehr gering. Das Meer und der Wald aber könnten als natürliche Puffer Klimaänderungen verhindern oder zumindest abmildern.

Im Unterschied zu den Meeren erhitzen sich Landmassen bei Sonneneinstrahlung sehr stark und rasch, kühlen sich durch Ausstrahlung aber auch genauso stark und rasch ab. Der Temperaturverlauf ist daher im Innern der Kontinente immer viel extremer als an den Küsten, wo die Wassermassen der Meere für einen Wärmeausgleich sorgen. Maximal kann unter kontinentalen Klimabedingungen zwischen den höchsten und den tiefsten Temperaturen im Jahr eine Spanne von 100 °C liegen. Und selbst geringe Anstöße von außen können den Verlauf der Temperaturkurve noch unausgeglichener machen.

Natürliche Klimaanlagen

Auch eine geschlossene Pflanzendecke verhindert schroffe Temperaturschwankungen. Während in Wüstengebieten die Tage oft brütend heiß und die Nächte empfindlich kalt sind, zeichnet sich das Klima von Waldlandschaften allgemein und besonders in den Tropen durch geringere Temperaturunterschiede aus. Eine entscheidende Rolle spielt dabei die Wasserabgabe der Pflanzen durch Verdunstung. Durch die Verdunstungskälte werden tagsüber die Temperaturspitzen gemildert. Der verwöhnte Norden müsste in erster Linie ein Interesse daran haben, die Wälder zu schützen und den Ausstoß von Treibhausgasen zu veringern.

Grüne Klimaschützer

Die „Wohlfahrtswirkungen des Waldes", wie es im Beamtendeutsch heißt, sind unübersehbar. Dabei leistet bereits ein Laubbaum von 15 bis 20 Metern Höhe ökologisch und klimatisch Bedeutsames. Er produziert pro Jahr rund 4000 Kilogramm Biomasse und bindet so das Treibhausgas Kohlendioxid. Rund drei Millionen Liter Sauerstoff gibt er im Jahr an die Atmosphäre ab – in einer Stunde entspricht dies etwa 370 Liter! Zudem verhindert er mit seinen Wurzeln, dass pro Jahr 70 000 Liter Wasser an der Bodenoberfläche abfließen, und mit seinem Laub filtert er jährlich 7000 Kilogramm Staub aus der Luft.

In den USA wird unglaublich viel Energie verbraucht. Über den Nutzen lässt sich mitunter streiten, etwa wenn man sich die zahllosen Leuchtreklamen in den Großstädten – wie hier in New York – ansieht.

Woher kommt das Wasser und wohin geht es?

Der irdische Wasserkreislauf

Am oberen Rand der Erdatmosphäre entweichen einzelne Gasmoleküle und verschwinden auf Nimmerwiedersehen im Weltraum. Dafür geht kosmischer Staub auf die Erde nieder. Ebenso gibt die Erde ständig Energie ins All ab und erhält umgekehrt Sonnenenergie. Insgesamt halten sich Gewinne und Verluste die Waage, und vor allem vom Wasser, dem kostbarsten Schatz der Erde, bleibt dem Planeten alles erhalten.

Recycling: die Natur als Vorbild

Der natürliche Kreislauf des Wassers ist das eindrucksvollste Vorbild für die Kreislaufwirtschaft, die eine nachhaltige Nutzung vorhandener Rohstoffe und Energiequellen bewirken soll. Drei verschiedene Wege führen zu diesem Ziel: Gegenstände werden nach Gebrauch nicht einfach weggeworfen, sondern mehrmals verwendet; Abfälle werden in der Produktion wieder eingesetzt, etwa indem man Einwegflaschen einschmilzt und daraus neue Flaschen herstellt; schließlich dienen Abfälle auch zur Herstellung völlig anderer Produkte, beispielsweise stellt man Dämmstoffe aus Altpapier her. Auf allen drei Wegen können der Umwelt zuliebe Energie und Rohstoffe eingespart werden.

Auf der Erde geht es rund

Die Wasservorräte der Erde sind gewaltig: Gleichmäßig auf dem Globus verteilt würden sie eine 2718 Meter dicke Schicht bilden. Wasser im Überfluss?

Der Reichtum ist trügerisch, denn die allermeisten Lebewesen benötigen Süßwasser. Dessen Reservoir ist aber nur spärlich gefüllt, zumal das kostbare Nass vor allem in fester Form, als Eis und Schnee, vorkommt. Alles flüssige Süßwasser würde auf dem Globus nur eine etwa 20 Meter dicke Schicht bilden, die gesamten Wasservorräte der Atmosphäre brächten es sogar lediglich auf 25 Milimeter. Das winzige Reservoir am Himmel würde also gerade für einen einzigen kräftigen Regenguss ausreichen, bei dem 25 Liter auf jeden Quadratmeter Erdoberfläche niedergingen – danach begänne die ewige Dürre.

Dass die Bewohner der Erde davon verschont bleiben, verdanken sie dem von der Sonnenenergie und der Schwerkraft angetriebenen Kreislauf des Wassers, bei dem die Speicher in der Atmosphäre im Durchschnitt alle acht bis neun Tage neu aufgefüllt werden.

Ein Kreislauf besitzt natürlich keinen Anfang und kein Ende, in Gedanken lässt man den irdischen Kreislauf des Wassers jedoch meist mit der Verdunstung (S. 30) von den Meeresoberflächen beginnen. Der dabei entstehende Wasserdampf wird von den Luftströmungen in die Höhe und zu den Landmassen hin verfrachtet. Sobald die Luftfeuchtigkeit einen bestimmten Wert erreicht oder überschritten hat, verwandelt sich der Dampf durch Kondensation (S. 54) in Wolkentröpfchen und/oder Eiskristalle. Sie vereinigen sich zu Regentropfen und Schneeflocken, die als Niederschlag zur Erde fallen. Ein Teil des Wassers verdunstet gleich wieder, ein anderer versickert im Erdboden, der Rest fließt in den Flüssen zurück ins Meer.

Ein See verschwindet

Der Wasserkreislauf ist ein natürliches Phänomen, in das der Mensch jedoch ständig eingreift, beispielsweise durch die Entnahme von Flusswasser für Bewässerungskulturen. Für den Aralsee in Zentralasien, einst der viertgrößte See der Erde, hat dieser Eingriff dramatische Folgen: Er schrumpft zusehends und könnte schon in wenigen Jahrzehnten ganz von der Landkarte verschwunden sein. An den Stellen, an denen er bereits ausgetrocknet ist, erstreckt sich heute eine öde Salzwüste.

Ob kleine Bäche oder reißende Ströme, hier die Iguazú-Fälle, sie alle sind Bestandteil des Wasserkreislaufs.

Wie entsteht Wasserdampf und wie löst er sich auf?

Verdunstung und Kondensation

Eine Bergtour führt mitunter in Höhen, die von Wolken verhüllt sind. Der Kontakt mit der klammen Wolkenluft ist meist unangenehm, und der Gedanke, sie könnte wärmer sein als die trockene Luft außerhalb der Wolken, liegt fern. Tatsächlich aber nimmt die Temperatur innerhalb von Wolken zur Höhe hin viel langsamer ab als in wolkenfreier Luft, da in Wolken versteckte Wärmeenergie freigesetzt wird.

Unsichtbare und sichtbare Wettervorgänge

In einem warmen Zimmer sinkt der Wasserspiegel in einer Blumenvase langsam, aber stetig. Das Wasser verdunstet, geht bei Temperaturen unter dem Siedepunkt vom flüssigen in den gasförmigen Zustand über. Die Verdunstung ist ein unspektakulärer und unsichtbarer Prozess und doch einer der wichtigsten im Wettergeschehen. Sie wirkt überall dort, wo Wasser zur Verfügung steht, also auf Wasserflächen und feuchten Böden, auf der Haut von Pflanzen, Tieren und Menschen.

Wenn an Orten wie in den Hitzewüsten das Wasser fehlt, spricht man von der potenziellen, also theoretisch möglichen Verdunstung. Sie kann um ein Vielfaches höher ausfallen als die tatsächlich gemessenen Wasserverluste. Zudem muss die Energiezufuhr groß genug sein – die Umwandlung von Wasser in Wasserdampf verbraucht enorm viel Energie. Diese Energie geht aber natürlich nicht verloren, sie steckt vielmehr im Wasserdampf verborgen. Ebenso verschwindet das verdunstete Wasser im irdischen Ökosystem nicht spurlos, sondern speist die Wasserreservoire innerhalb der Atmosphäre.

Die Verdunstung endet dann, wenn die Luft ihren Wasserdampfhunger gesättigt hat, das heißt, ihr Feuchtigkeitsgehalt 100 Prozent (oder etwas mehr) der von der Temperatur abhängigen Höchstmenge beträgt. An diesem Punkt setzt die Verdichtung oder „Kondensation" ein. Der gasförmige Wasserdampf verwandelt sich zurück in flüssiges Wasser oder festes Eis. Ein ganz alltäglicher Prozess, der im Unterschied zur Verdunstung auch zu einem sichtbaren Ergebnis führt: Wassertröpfchen und Eiskristalle, die als Wolken und Nebel in der Luft schweben oder sich als Tau oder Reif an die Erdoberfläche anlagern. Bei dieser Umwandlung wird die im Wasserdampf versteckte Verdunstungswärme wieder frei.

Die größte Verschwenderin

Der natürliche Treibhauseffekt versorgt die Erdoberfläche mit riesigen Energiemengen: im weltweiten Durchschnitt gut zwei Millionen Kilowattstunden pro Quadratkilometer und Tag. Von diesem Energieangebot macht die Verdunstung reichlich Gebrauch. Sie verschlingt fast 90 Prozent der gewonnenen Energie, die scheinbar so energiegeladenen Winde dagegen nur neun Prozent. Da warme Luft noch mehr Energie besitzt und daher mehr Wasserdampf aufnehmen kann als kalte, verdunstet infolge des durch Menschenhand verstärkten Treibhauseffekts auch mehr Wasser. Eine Zunahme der Niederschläge ist die Folge.

Für Mensch und Tier unentbehrlich

Was haben der Hund, der mit heraushängender Zunge hechelt, die Japanerin, die sich graziös eines Fächers bedient, oder der Restaurantgast, der über die heiße Suppe im Teller pustet, gemeinsam? Alle machen sich einen wichtigen Effekt der Verdunstung zunutze: Sie kühlt ab.

Die große Energiemenge, die für die Umwandlung von Wasser in Wasserdampf notwendig ist, wird der Umgebung entzogen. Der Prozess verläuft am intensivsten, wenn die durch die Verdunstung mit Feuchtigkeit angereicherte Luft ständig durch frische, trockenere Luft ersetzt wird. Dem dient der künstlich erzeugte Luftstrom, der die Verdunstung fördert.

Auch die Verdunstung kann sichtbare Ergebnisse hinterlassen, etwa in Salzwüsten und -seen wie dem Chott el Jerid in Tunesien: Sie entstehen in trockenen Gebieten, wenn das Wasser von Seen nach und nach verdunstet, ohne dass genug neues Wasser durch Flüsse oder Niederschläge nachgeführt wird.

Woher kommen die Bausteine des Lebens?

Stickstoff, Sauerstoff und Kohlenstoff

Die Zellen und Körper aller Lebewesen bestehen aus unzähligen verschiedenen chemischen Substanzen. Vor allem drei davon spielen beim Aufbau der Biomasse und bei allen Lebensvorgängen eine entscheidende Rolle.

Lebensmittel aus der Luft

Der Stickstoff, das mengenmäßig bedeutendste Element der Luft (S. 10), gehört als Bestandteil der Aminosäuren zu den wichtigsten Bausteinen des Lebens. Um Aufgaben erfüllen zu können, muss Stickstoff aber erst einmal aus der Atmosphäre in den Boden und die gesamte Biosphäre gelangen. Dabei helfen die energiereichen Blitze, die das chemisch träge Gas, das sich sonst mit kaum einem anderen Element verbindet, in eine für die meisten Bakterien und die grünen Pflanzen nutzbare Stickstoffquelle umwandeln. Verschiedene Bodenbakterien haben ebenfalls die Fähigkeit, den Stickstoff der Luft zu binden und den Lebewesen zur Verfügung zu stellen. Sie erfüllen diese Aufgabe noch weit effektiver als Blitze.

Der Sauerstoff, zweitwichtigster Bestandteil der Luft und das am häufigsten auf der Erde vorkommende chemische Element überhaupt, stammt zum allergrößten Teil von den grünen Pflanzen, die das farb-, geruch- und geschmacklose Gas als „Abfallprodukt" der Photosynthese abgeben. Im Stoffwechsel der Zellen und Organismen ist es von zentraler Bedeutung. Außerdem wird Sauerstoff gebraucht, um abgestorbene organische Substanzen zu zersetzen und so die Lebewesen wieder mit neuen Baustoffen zu versorgen.

Kohlendioxid ist in der Atmosphäre nur in sehr geringen Anteilen enthalten, allerdings mit stark steigender Tendenz (S. 164). Aus diesem Gas gewinnen die grünen Pflanzen den für den Aufbau der Körpersubstanz notwendigen Kohlenstoff. Kohlendioxid gelangt aus vielen verschiedenen natürlichen Quellen, die in einem komplizierten Kreislauf miteinander verknüpft sind, in die Lufthülle, beispielsweise von verrottender Biomasse oder der Atmung der Organismen, den Kratern der Vulkane oder dem Meerwasser. Die größte künstliche Quelle ist die Verbrennung fossiler Brennstoffe.

Wiege des Lebens

Die Erde vor gut vier Milliarden Jahren – ein unwirtlicher Planet mit einer Hülle aus Wasserstoff, Methan, Ammoniak und heißem Wasserdampf. Unablässig zucken Blitze durch die Atmosphäre. Hinzu kommt die aggressive ultraviolette Strahlung der Sonne, die ohne den Schutz der Ozonschicht (S. 192) ungehindert bis zum Erdboden durchdringt.

Ausgerechnet in einer solch lebensfeindlichen Welt sind wohl die ersten organischen Bausteine für Lebewesen entstanden. Die Atmosphäre nährt das Leben also nicht nur, sondern war auch seine Wiege.

Deponien

Die großen Stoffkreisläufe auf der Erde laufen in ihren Etappen mit ganz unterschiedlicher Geschwindigkeit ab. Im Kreislauf des Wassers (S. 28) wird zum Beispiel das Wasser der Flüsse durchschnittlich alle 16 Tage völlig ausgetauscht, das Wasser der Seen dagegen erst in 17 Jahren. Manche Stoffe geraten in den Kreisläufen quasi auf das Abstellgleis, nehmen an den Zyklen für Jahrtausende oder gar Jahrmillionen nicht mehr teil. Das gilt vor allem für den Kohlenstoff, der in den oft schon im Erdaltertum entstandenen fossilen Brennstoffen enthalten ist oder in noch größeren Mengen im Kalkschlamm am Grund der Ozeane deponiert wurde und erst durch menschliches Zutun wieder freigesetzt wird.

Bei der Photosynthese wandeln Pflanzen mithilfe des Sonnenlichts Wasser und Kohlendioxid in den für sie notwendigen Nährstoff Glucose (Traubenzucker) um. Die Lichtenergie der Sonne wird dabei durch den grünen Farbstoff Chlorophyll absorbiert. Als Abfallprodukt scheiden die Pflanzen Sauerstoff aus.

Wie schwer ist Luft?

Der Luftdruck

Schneeflocken und Wolken kann man sehen, den Wind auf der Haut spüren. Die Maßeinheiten für die Regenmenge und die Temperatur sind leicht verständlich und im Alltag gebräuchlich. Der Luftdruck dagegen ist das wohl abstrakteste Wetterelement. Dafür besitzt der Mensch kein eigenes empfindliches Sinnesorgan, er spürt die Last im Normalfall überhaupt nicht – und die Maßeinheit, in der der Luftdruck angegeben wird, ist für Laien eher verwirrend.

Vorsicht bei Schwankungen!

Die Behauptung, der Mensch würde den Luftdruck nicht spüren, ist nur die halbe Wahrheit. Gleich bleibender Luftdruck, egal ob hoch oder tief, wird zwar nicht wahrgenommen, wohl aber rasche Luftdruckschwankungen, zum Beispiel bei der Fahrt mit der Seilbahn. Dann spürt man oft einen lästigen Druck auf den Ohren. Wetterfühlige Menschen leiden auch so unter kurzfristigen Änderungen des Luftdrucks.

In der Seefahrt gelten abrupte Luftdruckschwankungen als Alarmsignale für bevorstehende Stürme. Bereits Schwankungen von mehr als vier Hektopascal in drei Stunden lassen starken bis stürmischen Wind erwarten.

Wie entsteht Luftdruck?

Der Luftdruck hat seine Maßeinheit in der Geschichte der Meteorologie beinahe so oft gewechselt wie ein Chamäleon die Farbe. Mal wurde er in Millimeter Quecksilbersäule, dann in Torr und Millibar angegeben. Heute dient das Hektopascal (abgekürzt hPa) als offizielle Einheit.

Wie der Luftdruck zustandekommt, ist da schon einfacher zu verstehen – zumindest, wenn man sich vergegenwärtigt, dass die Erdatmosphäre mit rund 5100 Billionen Tonnen eine unvorstellbar große Masse besitzt. Unter dem Einfluss der irdischen Schwerkraft übt sie enorme Druckkräfte auf die Erdoberfläche aus. Auf Meeresniveau drücken durchschnittlich rund 10 000 Kilogramm Luft auf jeden Quadratmeter der Erdoberfläche, das heißt, dass der Luftdruck dort im Mittel etwa 1013 Hektopascal beträgt. Der Mensch spürt von der gewaltigen Last nur deshalb nichts, weil ein Gleichgewicht zwischen dem äußeren Druck und dem Druck im Innern seines Körpers herrscht.

Weniger Luft, weniger Druck

Die weltweit gemessenen Rekordwerte weichen mit 870 Hektopascal als tiefstem und 1084 Hektopascal als höchstem relativ wenig vom Mittel ab. In Deutschland fällt die Spanne mit gut 100 Hektopascal sogar noch deutlich geringer aus.

Umso schneller ändert sich der Luftdruck zur Höhe hin: In den unteren Schichten der Troposphäre (S. 14) nimmt er bei milden Temperaturen je 100 Höhenmeter um etwa 13 Hektopascal ab, auf dem Gipfel eines Sechstausenders beträgt der Druck weniger als die Hälfte des auf Meeresniveau gemessenen Wertes.

Die rasche Abnahme des Drucks hat den einfachen Grund, dass mit jedem Höhenmeter die auf der Erdoberfläche lastende Luftsäule kleiner wird. Deshalb müssen die in Wetterstationen verschiedener Höhenlage gemessenen Werte zum Vergleich grundsätzlich auf die entsprechenden Werte auf Meeresniveau umgerechnet werden.

Übrigens: Noch extremer verändert sich der Wasserdruck in den Ozeanen. Auf einem Quadratmeter Meeresboden lasten in 1000 Metern Tiefe bereits 1000 Tonnen Wasser.

Evangelista Torricelli (1608–1647) machte sich unter anderem durch die Erfindung des Quecksilberbarometers einen Namen. Dieses misst den Luftdruck, indem die Last der Luftsäule die Flüssigkeit in einem Rohr nach oben drückt. Torr, eine ältere Maßeinheit des Drucks, wurde nach ihm benannt.

Was bedeuten die Linien und Symbole auf Wetterkarten?

Hochs, Tiefs und Wetterfronten

Wanderer greifen bei ihren Touren gerne auf die Karten der Landesvermessungsämter zurück, weil sie das Gelände mithilfe von Höhenlinien (Isohypsen) sehr genau wiedergeben. Ähnliche Linien überziehen auch die Wetterkarten: Die sogenannten Isobaren verbinden die Orte mit gleichem Luftdruck und stellen auf diese Weise die großräumige Druckverteilung am Erdboden oder in höheren Etagen der Atmosphäre exakt dar.

Luftdruckberge und Luftdrucktäler

Das Bild der Wetterkarten erinnert an ein Bergland. Die Isobaren zeichnen einzelne Berge oder Rücken mit relativ hohem Luftdruck nach – die Hochdruckgebiete, kurz auch Hochs genannt. Dazwischen erstrecken sich Senken oder Tröge mit niedrigerem Luftdruck – die Tiefdruckgebiete oder Tiefs.

Wie den Bergen und Tälern der Erdoberfläche gibt man den Druckgebilden Namen. Kyrill oder Lothar sind den Mitteleuropäern in nachhaltiger Erinnerung geblieben. Und wie auf den Wanderkarten ist der Abstand der Linien ein Hinweis auf das Gefälle. Ein kleiner Abstand der Isobaren deutet auf ein starkes Luftdruckgefälle hin, ein großer auf ein schwaches. In einem Punkt aber unterscheiden sich Wetterkarten deutlich von Wanderkarten: Das Muster der Linien ändert sich ständig, von Stunde zu Stunde, von Tag zu Tag.

Wenn sich zum Beispiel die Luft abkühlt, wird sie schwerer, sinkt herab und führt am Erdboden zu höherem Druck. So entsteht ein Kältehoch. Umgekehrt wird durch die Sonneneinstrahlung stark erhitzte Luft leichter, steigt auf und hinterlässt am Boden ein Hitzetief.

Diese klassische Theorie zur Entstehung der Hochs und Tiefs, die auf dem Entzug oder der Zufuhr von Wärme beruht, trifft allerdings nur selten einmal zu. Häufiger entstehen die gegensätzlichen Druckgebilde in unseren Breiten durch Luftströmungen in annähernd horizontaler Richtung und bevorzugt entlang einer gedachten wellenförmigen Linie, die kalte arktische Luft im Norden von warmer subtropischer Luft im Süden trennt. Strömen die Luftmassen an den Wellenbergen und -tälern zusammen, erzeugen sie durch die Massenzufuhr höheren Luftdruck. Umgekehrt bewirkt das Auseinanderfließen einen Luftdruckabfall.

Wetterfronten

Neben den Isobaren fallen in den Wetterkarten Linien mit Halbkreisen und Zacken auf. Sie markieren die Grenzlinien zwischen Luftmassen mit unterschiedlicher Temperatur, an denen die spektakulärsten Wetterereignisse stattfinden, und ordnen sich in den Tiefs wie die Schnittlinien zwischen den Stücken einer großzügig aufgeteilten Torte an. An der durch Halbkreise gekennzeichneten Warmfront gleitet Warmluft auf die davor liegende Kaltluft auf. An der Kaltfront, die man an den spitzen Zähnen erkennt, schiebt sich dagegen kalte Luft unter warme Luftmassen.

Regnet es in Tiefs immer?

Tiefdruckgebiete haben einen schlechten Ruf, wenigstens in unseren Breiten, wo man sich unter „gutem" Wetter blauen, wolkenlosen Himmel und strahlenden Sonnenschein vorstellt. Solches Wetter bringen die Tiefs, die über Mitteleuropa hinwegziehen, gewiss nicht.

Andererseits hinterlassen sie aber auch keine geschlossene Regenspur. Der Niederschlag konzentriert sich vielmehr an den Wetterfronten: anhaltender Regen oder Schnee an der Warmfront, Schauer an der Kaltfront. Wärmetiefs über den Hitzewüsten bringen meist sogar überhaupt keinen Regen, bestenfalls den berühmten Tropfen auf den heißen Stein. Denn dort wird der Aufstieg der Luftmassen, der zu Wolkenbildung und Niederschlag führt, bereits in geringer Höhe von Zonen mit höherem Druck gestoppt.

Ein trister, grauer Himmel und Dauerregen – das ist das Wetter, das man üblicherweise mit einem Tiefdruckgebiet verbindet. Ein solches Schmuddelwetter verdanken wir jedoch oft den Warmfronten an der Vorderseite eines Tiefs.

Warum ändert sich das Wetter ständig?

Der Wetterzyklus

An und für sich können die Mitteleuropäer mit ihrem Wetter und Klima zufrieden sein. Dank des Golfstroms ist es hier zum Beispiel wesentlich wärmer als in anderen Regionen ähnlicher Breiten. Wenn nur der ständige Wechsel von Wetter und Witterung nicht wäre! Mal schüttet es wie aus Kübeln, mal müssen sich die Rasensprenger unablässig drehen, um das Grün vor dem Verdorren zu bewahren, mal peitschen Orkane das Land.

Aus Westen nichts Neues

Das wechselhafte Wetter der mittleren Erdbreiten, die sich nördlich des Äquators von Nordamerika über Europa und Asien rund um den Erdball erstrecken, hängt vor allem mit ihrer Lage innerhalb der Westwindzone zusammen. In dieser Zone wandern fast pausenlos Hoch- und Tiefdruckgebiete um den Globus, meist annähernd von West nach Ost. Der ständige Wechsel der Druckgebilde erscheint chaotisch, folgt aber einem bestimmten Zyklus, der grob in sechs Wetterphasen gegliedert ist. Er dauert im Durchschnitt etwa eine Woche, doch es kommt freilich auch vor, dass die Atmosphäre Phasen einfach ausdehnt oder „vergisst". Und folgt mal wieder ein Tief dem anderen, kann man glauben, das Wetter ändere sich gar nicht.

Während der Wetterphase eins liegt zum Beispiel ein Hoch über Mitteleuropa; am blauen Himmel tauchen nur einzelne Schönwetterwolken auf. Je weiter sich das Hoch in der Phase zwei nach Osten verlagert, umso mehr geraten unsere Breiten in den Zustrom feuchtwarmer Luft aus Südwest. Es können sich schon einzelne Quellwolken bilden. Ist das Hoch in der Phase drei über Osteuropa angelangt, breiten sich in den Niederungen Dunst- und in der Höhe ausgedehnte Wolkenfelder aus. Anschließend greifen in der Phase vier Wetterfronten mit oft länger anhaltendem Regen- oder Schneefall auf Mitteleuropa über. Nach dem Durchzug der Kaltfront beginnt der endgültige Wetterumschlag: Der Wind dreht meist auf Nordwest, nimmt in der Phase fünf oft kräftig zu, Gewitterwolken türmen sich am Himmel auf, bringen neben Blitz und Donner heftige Hagel-, Graupel- und Regenschauer. Nur allmählich kehrt die Atmosphäre in der Phase sechs unter Hochdruckeinfluss zum Schönwetter zurück. Und damit schließt sich der Kreis.

Biowetterphasen und -typen

Vielen schlägt der Durchzug eines Tiefs aufs Gemüt, manche haben auch körperliche Beschwerden. Jeder reagiert anders auf die Wetterphasen, zwei Typen können jedoch unterschieden werden: der Warmfront- und der Kaltfronttyp. Der Warmfronttyp ist besonders wetterfühlig, wenn sich das Ende des schönen Wetters auf der Wetterkarte mit einer von Westen her nahenden Warmfront ankündigt. Während es ihm schlecht geht und er unter Depressionen leidet, erlebt der Kaltfronttyp sein Stimmungshoch. Dafür trifft es diesen dann nach dem Durchzug der Kaltfront, wenn sich das Wetter bereits wieder langsam beruhigt, umso härter.

Die gefährliche „Vb"

Unter den Zugstraßen, denen die Tiefdruckgebiete auf ihrem Weg über Mitteleuropa meist folgen, gilt eine als besonders gefährlich: die sogenannte Vb (sprich „fünf b"). Sie führt von der Adria nordwärts zum Ostseeraum. Tiefdruckgebiete, die diesen glücklicherweise nur seltenen Weg nehmen, verfrachten feucht-warme Mittelmeerluft über die Alpen und schieben sie auf die Kaltluft im Norden. Dabei kann es im östlichen Mitteleuropa zu verheerenden Unwettern kommen.

Ein Tief wird kommen! Nicht immer muss das Wetter dabei so spektakulär wie im Bild rechts umschlagen.

Wie wird das Wetter?

Seriöse Meteorologietechnik und Bauernregeln

Wahrscheinlich wird schon der Neandertaler vor Tausenden von Jahren morgens einen sorgen- oder hoffnungsvollen Blick auf den Himmel geworfen haben. So wie der Autofahrer heute im Winter morgens auf das Thermometer schaut, um festzustellen, ob vielleicht mit Straßenglätte zu rechnen ist. Einfache oder anspruchsvollere Geräte zur Beobachtung der Wetterelemente gehören mittlerweile zur Grundausstattung vieler Haushalte. Es gibt unzählige mehr oder minder zutreffende Bauernregeln, und der „Hundertjährige Kalender" ist seit Jahrhunderten ein Bestseller.

Die unentbehrlichen Drei

Ein Thermometer zur Messung der Lufttemperatur, ein Barometer zur Messung des Luftdrucks und ein Hygrometer zur Messung der Luftfeuchtigkeit sind das instrumentelle Minimum in Sachen Wetter. Alle Geräte gibt es in verschiedenen Varianten, die sich über Jahrhunderte hinweg bestens bewährt haben.

Wie jede Technik hat natürlich auch die der Meteorologie ihre Tücken. Das Messprinzip traditioneller Thermometer beruht zum Beispiel auf der temperaturabhängigen Ausdehnung von Flüssigkeiten, im Allgemeinen von Quecksilber und verschiedenen Alkoholen. Ab etwa –40 °C – ein Wert, der auch in Mitteleuropa erreicht werden kann – versagt das Quecksilberthermometer jedoch seinen Dienst, da das Quecksilber dann in den festen Zustand übergeht. Bei Barometern ist es die Mechanik, die öfter hakt – normalerweise springt der Zeiger jedoch auf den richtigen Wert, wenn man mit dem Finger leicht auf das Instrumentenglas klopft. Hygrometer werden nach einiger Zeit oft träge. Eine zu 100 Prozent mit Feuchtigkeit gesättigte Nebelatmosphäre oder ein feuchtes Tuch, das um das Instrument gewickelt wird, aktiviert es wieder.

Noch wichtiger als das Messprinzip und die Bauweise der Geräte ist jedoch der Standort, an dem man sie aufstellt. Dies gilt auch für die Sensoren der beliebten Funkwetterstationen. Vor allem sind ein Mindestabstand von künstlichen Wärmequellen wie Häusern und der Schutz vor Sonnenstrahlung notwendig. In professionellen Wetterstationen stehen die Messinstrumente deshalb rund zwei Meter über dem Erdboden in eigens dafür konstruierten „Wetterhütten".

Bauernregeln, nicht nur für Bauern

Vor der Neuzeit standen den Menschen für Wettervorhersagen keine Messinstrumente oder gar Computermodelle zur Verfügung. Sie mussten sich auf ihre Beobachtungen verlassen. Die in Jahrhunderten gesammelten Erfahrungen über die wahrscheinliche Entwicklung des Wetters und der Witterung wurden in Reime gefasst und der Nachwelt mündlich überliefert. Zum jeweiligen Thema passend werden in diesem Buch einige von ihnen zitiert. Wie bei fast allen Prognosen sind die kurz- bis mittelfristigen am zuverlässigsten. Bei Bauernregeln, die von der Witterung in der einen Jahreszeit auf die in der nächsten schließen, ist daher größte Skepsis angebracht.

Und der „Hundertjährige Kalender"?

Moritz Knauer, Abt im fränkischen Langheim, hatte um die Mitte des 17. Jahrhunderts eine kühne Idee.

Er beobachtete sieben Jahre lang das Wetter und berechnete daraus einen siebenjährigen Witterungszyklus, der sich mit astronomischer Präzision abspulen sollte. Leider sind die im „Hundertjährigen Kalender" veröffentlichten Prognosen jedoch völlig wertlos. Unter kalender.rohrmann.com kann man sie dennoch kostenlos auf ihren Nutzen überprüfen.

Ein Meteorologe des Deutschen Wetterdienstes präzisiert eine Wetterkarte: So genau wie ein Profi wird man das Wetter zu Hause nie vorhersagen können. Einem Meteorologen stehen aber auch Computer- und Satellitendaten zur Verfügung.

Eignen sich Pflanzen und Tiere als „Wetterpropheten"?

Botschaften aus der Natur

Bauernregeln haben bis zur heutigen Zeit nichts von ihrer Anziehungskraft verloren, auch wenn einige seit der Gregorianischen Kalenderreform 1582 quasi von der Zeit überholt worden sind. Beispielsweise kann die Regel „Sonnt sich der Dachs in der Lichtmesswoche, bleibt er vier Wochen noch im Loche" einfach deshalb nicht mehr zutreffen, weil Mariä Lichtmess damals auf einen Schlag um über eine Woche im Sonnenjahr verschoben wurde. Die Regel zeigt jedoch, dass Lebewesen als Wetterboten sehr ernst genommen werden.

Skepsis ist angebracht

Frei lebende Tiere sind hochsensibel. Sie nehmen zum Beispiel als lebendige Barometer kleine, schnelle Luftdruckschwankungen wahr und reagieren darauf zuweilen sonderbar. Der Schlammpeizger, ein kleiner Süßwasserfisch, wird bei Wetteränderungen sehr unruhig, springt wild aus dem Wasser und gilt deshalb als „Wetterfisch". In der freien Natur müssen Tiere auch hochempfindliche Sinnesorgane für die Wetterelemente besitzen, weil davon ihr Überleben abhängen kann. Alle vierbeinigen Tiere etwa sind durch Blitzschlag besonders gefährdet. Organe, mit denen Änderungen des luftelektrischen Feldes registriert werden, erhöhen also die Überlebenschancen.

Manche Bauernregeln, die auf der Verhaltensweise von Tieren beruhen, verraten aber nur die halbe Wahrheit: „Siehst du die Schwalben niedrig fliegen, wirst du Regenwetter kriegen. Fliegen die Schwalben in den Höh'n, kommt ein Wetter, das ist schön." Richtig ist, dass Schwalben bei regnerischem Wetter tief über dem Erdboden fliegen, weil sich dann dort die Insekten, ihre Beutetiere, tummeln. Und bei schönem Wetter mit starker Sonneneinstrahlung steigen Heißluftblasen rasch auf und verfrachten auf diese Weise die Insekten in höhere Schichten.

Was die Regel allerdings verschweigt, ist das Phänomen, dass sich bei Wetterlagen mit schnell aufsteigenden Luftströmungen auch häufig Gewitterwolken bilden. Sie führen nicht unbedingt zu schönem Wetter, eher im Gegenteil: zu Unwettern.

Die Regel macht noch etwas anderes deutlich: Tiere sagen das Wetter meist nicht vorher, sondern passen sich nur an das bereits herrschende Wetter an. Und nicht selten ist das Zusammentreffen von bestimmten Verhaltensweisen und Wettertypen ein purer Zufall. Die Kühe auf der Weide beispielsweise legen sich an heißen Sommertagen nicht etwa deshalb hin, weil sie den heranziehenden Regenschauer ahnen. Vielmehr haben sie so viel Gras gefressen, dass sie sich nun gemütlich dem Wiederkäuen widmen.

„Wetterfühlige" Gewächse

Auch Pflanzen nehmen Wetteränderungen mitunter äußerst sensibel wahr. Der Frühlings-Krokus besitzt offenbar höchst empfindliche Wärmefühler. Sie reagieren bereits auf Temperaturschwankungen von nur 0,2 °C. Als Wetterpropheten taugen Pflanzen jedoch kaum, denn wie die Tiere sagen sie das Wetter nicht vorher, sondern reagieren lediglich auf die Wetterreize. Mittel- und langfristige Prognosen, gar über die Jahreszeiten hinweg, lassen sich von ihnen nicht ableiten.

„Kräht der Hahn auf dem Mist, ...

... ändert sich das Wetter, oder es bleibt so, wie es ist." Hier verhohnepipelt eine Wetterregel sich selbst. Der Hahn, neben dem Frosch das Wettertier schlechthin, kennt sich aber mit dem Wetter bestens aus. Bei warmer Witterung findet er in den obersten Schichten des Misthaufens genug Kleinlebewesen als Nahrung. Bei kühlem Wetter zieht sich die Beute dagegen in die Tiefe zurück, und der enttäuschte Hahn muss bei seinem Frauchen um Körnerkost betteln.

Eine besondere Eigenschaft hat der Silberdistel den Beinamen Wetterdistel eingebracht: Erhöht sich die Luftfeuchtigkeit, krümmen sich die Hüllblätter nach oben, um die Röhrenblüten vor Regen zu schützen. Es genügt bereits, die Blüte mehrmals anzuhauchen, um den Effekt zu beobachten.

Seit wann gibt es Wetterforscher?

Die Anfänge der Meteorologie

Das Naturphänomen „Wetter" betrifft und interessiert alle Menschen. In seinen Folgen für die Menschheit ist es jedoch zu schwerwiegend, als dass man seine Erforschung nur Laien überlassen könnte. Diese Aufgabe wurde daher schon vor Urzeiten der geistig-geistlichen Elite übertragen: den Schamanen der Naturvölker und den Priestern der sogenannten Hochkulturen. Nach deren Überzeugung waren für das Geschehen am Himmel ausschließlich diverse Götter und Gottheiten verantwortlich. Dass der Mensch daran maßgeblich beteiligt sein könnte, kam damals noch keinem Erdenbürger in den Sinn.

Die älteste Naturwissenschaft der Menschheit

Seit mindestens 2500 Jahren versuchen Wissenschaftler, die Rätsel des Wetters und des Klimas zu enthüllen. Im Abendland zuerst griechische Naturforscher und -philosophen wie z. B. Parmenides von Elea (um 540 bis um 470 v. Chr.) oder Aristoteles (384 bis 322 v. Chr.), der in seiner Schrift Meteorologica der Wissenschaft ihren Namen gab. Im Orient wurden um diese Zeit bereits systematische Regenmessungen durchgeführt.

Zwischen dem Zusammenbruch des Römischen Reiches und dem Ende des Mittelalters klafft eine Lücke, in der das Wissen des Altertums nur von einigen arabischen Forschern wie Al Idrisi (1100 bis 1166) überliefert wurde. Zur Naturwissenschaft im heutigen Sinn entwickelte sich die Wetterkunde erst seit dem 16. Jahrhundert mit der Erfindung wichtiger Messinstrumente, etwa des Thermometers (1592) oder des Barometers (1634). Der schwedische Astronom Anders Celsius (1701 bis 1744) definierte die bis heute am meisten gebräuchliche Temperaturskala. Bald entstanden die ersten meteorologischen Gesellschaften und Beobachtungsnetze, bei denen die Pfälzische Meteorologische Gesellschaft ab 1780 eine Pionierrolle spielte. Im selben Jahr wurde die Wetterwarte auf dem Hohenpeißenberg gegründet – keine andere Bergwetterstation der Erde kann eine längere ununterbrochene Messreihe vorweisen. Und drei Jahre später starteten die ersten wagemutigen Meteorologen mit Heißluftballons, um hoch über dem Erdboden Messungen durchzuführen. Seither hat die moderne Technik die Wissenschaft vom Wetter revolutioniert.

Synoptik ...

... heißt das Zauberwort, das seit der Wende vom 18. zum 19. Jahrhundert die Meteorologie revolutioniert hat. Die älteste tagebuchartigen Wetteraufzeichnungen reichen in England bis zur Mitte des 14., in Deutschland bis zum Anfang des 17. Jahrhunderts zurück. Dabei wurde allerdings das Wetter gewissermaßen seziert, in seine Hauptbestandteile wie Lufttemperatur, Luftdruck und Luftfeuchtigkeit zerlegt. Ein umfassendes Bild des Wetters ergibt sich aber erst durch die großräumige Zusammenschau (Synopsis) sämtlicher Wetterbausteine. Sie ist die Grundlage der heutigen Wetterkarten und damit das Fundament einer soliden Wettervorhersage.

Wettermanipulation

In den Lauf der Weltgeschichte haben Wetter und Klima mit oder ohne Hilfe der Wettergötter und Wetterkundler schon oft genug eingegriffen. Beispielsweise im Sommer 1588, der in Europa einem Rekordwinter folgte. Stürme zerstörten damals die legendäre Armada der Spanier.

Die Allianz zwischen England und dem Wetter war damals noch rein zufälliger Natur. Heute sinnt man beim Militär jedoch eifrig darüber nach, wie man das Wetter gezielt als Waffe einsetzen könnte. Etwa indem man Stürme künstlich verstärkt, Dürrezeiten einleitet oder Nebel erzeugt.

US-amerikanische Forscher schicken am 7. Mai 1936 mithilfe eines Wetterballons eine Radiosonde in die Atmosphäre. Derartige mit Helium oder Wasserstoff gefüllte Ballons werden noch heute benutzt, um Messungen in einer Höhe von bis zu 30 Kilometer durchzuführen.

Wie arbeiten moderne Wetterfrösche?

Wetterforschung auf der Erde und im Weltall

Der Meteorologe von heute bedient sich eines umfangreichen Instrumentariums modernster Geräte. Zudem ist er ständig auf den weltweiten Datenaustausch angewiesen, denn Wetter und Klima sind nur aus einer großräumig angelegten Warte zu verstehen. So gesehen, ist die Meteorologie eine wahrlich „globalisierte" Naturwissenschaft.

Mit allen Mitteln der Technik

Schon lange bevor verheerende Wetterereignisse, der Klimawandel und eine mögliche Klimakatastrophe in den Medien zu Themen wurden, beklagte sich der amerikanische Schriftsteller Mark Twain (1835 bis 1910), jeder rede über das Wetter, aber keiner ändere etwas daran. Heute fiele sein Urteil wahrscheinlich anders aus. Wie es aussieht, ist die Menschheit unabsichtlich, doch dafür umso emsiger dabei, Wetter und Klima zu verändern. Der Gebrauch moderner Technik ist eine Ursache des Klimawandels, zugleich aber auch ein Weg, ihn zu dokumentieren, zu verstehen und ihm entgegenzusteuern.

Drei Errungenschaften des 20. Jahrhunderts sind dafür nützlich, ja, unentbehrlich: die Erkundung höherer Schichten der Atmosphäre, die Beobachtung des Wettergeschehens aus dem Weltraum und die computergestützte Verarbeitung riesiger Datenmengen. In den 1920er-Jahren wurden erstmals Flugzeuge und Radiosonden eingesetzt, um meteorologische Daten in der höheren Atmosphäre zu sammeln. 1960 erreichte TIROS I, der erste Wettersatellit, seine Umlaufbahn, 1977 startete der erste europäische Wettersatellit der Reihe METEOSAT. Das Jahr 1950 markiert einen Meilenstein in der Datenverarbeitung und Wetterprognose. ENIAC, der Urahn aller Wettercomputer, lieferte die ersten brauchbaren nummerischen Prognosen, eine Arbeit, die zuvor über 60 000 mit Rechenmaschinen ausgerüstete Mathematiker erfordert hätte.

> ### *Datenfluten*
>
> *Über 12 500 Bodenstationen sind Teil des weltweiten meteorologischen Messnetzes. Einige Stationen geben stündlich, andere im Abstand von drei oder sechs Stunden ihre Messwerte in das weltweite Netz ein. Immer mehr Größen werden mittlerweile automatisch erfasst und direkt in die Datennetze eingespeist – die gewaltige Datenflut wird von den leistungsfähigsten Rechnern der Welt bearbeitet. Hinzu kommen die Daten, die zu Wasser und vor allem in höheren Schichten der Atmosphäre und im Weltraum gesammelt werden. Ein einziger Sensor eines amerikanischen NOAA-N-Wettersatelliten funkt Tag für Tag unvorstellbar große Datenmengen zur Erde: fast 1,8 Trillionen Byte.*

Klimagärten

Kernstück jeder Wetterwarte ist seit Langem die sogenannte „Englische Wetterhütte", ein weiß gestrichener, gut durchlüfteter Kasten, in dem in zwei Meter Höhe über dem Erdboden Lufttemperatur und Luftfeuchte gemessen werden. Mehrmals täglich lesen die Meteorologen an verbindlich festgelegten „synoptischen" Zeitpunkten die Werte ab.

Im Lauf der Zeit sind jedoch zahlreiche neue Messeinrichtungen hinzugekommen, sodass das Gelände einer Station heute mehr einem mit den verschiedensten Instrumenten bestückten Garten gleicht: Der Windmesser mit der Windfahne ist am oberen Ende eines zehn Meter hohen Mastes installiert, der Niederschlagsschreiber registriert den zeitlichen Verlauf der Niederschlagsmenge, der Sonnenscheinautograph zeichnet automatisch die tägliche Sonnenscheindauer auf ...

Collage von Aufnahmen des Wettersatelliten ERS-1: Selbst dichte Wolkenschichten sind für moderne, mit Radar ausgerüstete Satelliten kein Hindernis mehr.

Wie kommt es zu den Temperaturunterschieden?

Die Lufttemperatur

Die erste grobe Gliederung der Erde in drei Klimazonen, die vor rund 2500 Jahren entstand, beruht auf den Lufttemperaturen. Aus gutem Grund: Für diesen Baustein des Wetters und Klimas hat der Mensch nämlich das beste Gespür. Hitze behagt ihm ebenso wenig wie Kälte – am wohlsten fühlt er sich bei „frühlingshaften" Temperaturen um 15 °C.
Die Zufuhr von Sonnenenergie nimmt vom Äquator zu den Polen hin ab. Analog dazu wird es auf der Nordhalbkugel gen Norden und auf der Südhalbkugel gen Süden kälter. Das Temperaturgefälle ist allerdings mit fünf bis maximal 10 °C auf 1000 Kilometer recht gering. Und durch den Einfluss der Landmassen, die auf der Nordhalbkugel einen wesentlich größeren Flächenanteil einnehmen als auf der Südhalbkugel, verläuft der irdische Wärmescheitel als Zone mit den im Mittel höchsten Temperaturen gar ein wenig nördlich des Äquators.

Hitze- und Kältepole

Manche Orte genießen den fragwürdigen Ruf, Spitzenreiter bei den Temperaturextremen zu sein. Der Deutsche Wetterdienst nennt sie beim Namen.
Demnach erreichte die Lufttemperatur im August 1923 in El Asisija in Libyen 57,3 °C im Schatten, ein Weltrekord. Die höchste Durchschnittstemperatur hat mit 34,6 °C Dallol in Äthiopien für sich gepachtet. Auf eisige –89,2 °C sank die Lufttemperatur am 21. Juli 1983 an der Forschungsstation Wostok in der Antarktis. Sie führt mit –55,1 °C auch bei den Jahresmitteln der Lufttemperatur die Liste der kältesten Orte an.

Das Bergklima

Zur Höhe hin ist das Temperaturgefälle dagegen mit durchschnittlich etwa 6,5 Grad pro 1000 Höhenmetern deutlich größer. Beim Aufstieg auf die Zugspitze gelangt man daher rasch in „arktische" Breiten, zumindest von der Temperatur her.
Doch nicht immer ist die Fahrt mit der Zugspitzbahn ein Ausflug in frostige Regionen. Manchmal kommt es vor, dass es über dem rund 3000 Meter hohen Gipfel wärmer ist als am Eibsee zu Füßen der Zugspitze. Vor allem im Herbst und Winter steht der normale Temperaturverlauf zur Höhe hin mitunter auf dem Kopf: Eine sogenannte Inversion (Umkehrung) trennt kalte Luft in den Tälern von wärmerer auf den Gipfeln. Solche Sperrschichten entstehen nur bei ruhigem Hochdruckwetter.
Tiefdruckgebiete sorgen dagegen für eine intensive Durchmischung der Atmosphäre und zuweilen auch für enorme Temperaturschwankungen. So bescherte das Orkantief Kyrill Turin am 19. Januar 2007 Frost und sommerliche Hitze an einem Tag: Morgens wurden –2,5 °C gemessen, abends kletterte das Thermometer auf stolze 27,1 °C. Noch extremer war der Temperatursprung am 22. Januar 1943 im Mittleren Westen der USA, wo im Ort Spearfish die Temperatur binnen zwei Minuten von –20 °C auf 7 °C schnellte!

Gefühlte Temperaturen

Der Mensch ist kein Thermometer auf zwei Beinen. Er misst die Temperatur nicht, sondern empfindet sie. In den täglichen Wettervorhersagen werden deshalb manchmal auch die Grade der gefühlten Temperaturen genannt. Sie weichen oft deutlich von den Werten auf dem Thermometer ab. Eine entscheidende Rolle spielt dabei der Wind, der über die Verdunstung den Körper angenehm kühlt, mitunter aber auch gefährlich unterkühlt. Den Windchill (Windfrost) sollte man nicht unterschätzen. Bereits eine frische Brise lässt die gefühlte Temperatur um einige Grad unter die gemessene Lufttemperatur sinken.

Typisch für Inversionswetterlagen: Im Tal hält sich zäher Nebel, auf den Gipfeln lacht die Sonne.

Wie feucht ist die Luft?

Der Wasserdampfgehalt

Der Begriff „Wasserdampf" führt in die Irre. Denn er bezeichnet nicht nur den Dampf, der aus einem Kochtopf oder aus den Kühltürmen der Kraftwerke quillt, sondern auch ein unsichtbares, geruch- und geschmackloses Gas – eben Wasser im gasförmigen Zustand. Man sieht ihn nicht, aber man spürt ihn, bisweilen vermisst man ihn auch, besonders wenn die Luft davon zu wenig enthält. Spröde Lippen, gereizte Atemwege und eine trockene Haut sind die Folgen.

Absolut und relativ gesehen

Der Wasserdampf ist unter den Gasen der Erdatmosphäre ein Sonderling. Während fast alle anderen Gase ihren Anteil am Gemisch strikt einhalten, schwankt der Wasserdampfanteil so stark, dass man das gasförmige Wasser bei Berechnungen ausklammert und sich auf die theoretisch trockene wasserdampffreie Atmosphäre bezieht.

Pro Kubikmeter gemessen, beträgt der Wasserdampfgehalt der Luft mal weniger als ein Gramm, mal mehr als 30 Gramm. Der Gehalt hängt dabei von der Temperatur ab: Je höher die Temperatur ist, umso mehr Wasserdampf kann die Luft aufnehmen – eine einfache Regel, die jedoch zu den folgenreichsten Naturgesetzen der Meteorologie gehört. Bei Temperaturen um den Gefrierpunkt ist der Dampfhunger der Luft mit rund fünf Gramm gesättigt, wird es wärmer, kann ihr die Verdunstung mehr Wasserdampf zuführen, kühlt sich die Luft ab, muss sie mithilfe der Kondensation überschüssigen Wasserdampf abgeben (S. 30).

Der Wasserdampfgehalt erreicht freilich oft nicht die absoluten Höchstwerte, bei denen die Luft mit gasförmigem Wasser gesättigt ist. Zwischen der Sättigungsgrenze und dem realen Gehalt klafft je nach Klimazone und Jahreszeit eine kleinere oder größere Lücke. Sie wird durch die relative Feuchte, das gebräuchlichste Maß der Luftfeuchte, angegeben und mit dem Hygrometer gemessen. Enthält die Luft zum Beispiel bei einer Temperatur von 10 °C – der mittleren Temperatur in Deutschland – statt der maximal möglichen 9,4 Gramm Wasserdampf pro Kubikmeter nur 7,5 Gramm, beträgt die relative Feuchte 80 Prozent. Um diesen Wert schwankt der Wasserdampfgehalt in unseren Breiten im Jahreslauf.

Kalte Luft macht durstig ...

Die Bergsteiger und Skifahrer, die sich abends in der Berghütte treffen, sind durstig und greifen bei den Getränken kräftig zu. Der Durst kommt nicht allein vom Schwitzen beim Aufstieg. Auch ohne einen einzigen Schweißtropfen zu verlieren, sind die Wasserverluste groß – ein alltäglicher Effekt des Naturgesetzes, dass kalte Luft weniger Wasserdampf enthält als warme. Die kalte Höhenluft ist daher extrem trocken, die relative Feuchte kann nur wenige Prozent betragen. So kommt es zu enormen Wasserverlusten und zur Austrocknung des Körpers, die neben dem geringeren Sauerstoffgehalt der Luft eine Hauptursache der „Höhenkrankheit" ist.

... und feuchte Luft macht warm

Der Wärmestress, den der menschliche Organismus ertragen muss, ist bei hoher Luftfeuchtigkeit wesentlich größer als in trockenerer Luft. Besonders schwüle Hitze kann im Extremfall zu Kreislaufkollaps und Hitzschlag führen.

Bei hohem Wasserdampfgehalt der Luft und geringer Luftbewegung arbeitet die Verdunstung als natürliche Klimaanlage nur langsam. Es kommt zum Wärmestau, der sich in sehr feuchter Luft bereits ab etwa 16 °C bemerkbar machen kann. Die Tatsache, dass feuchte Luft wärmer empfunden wird, hat jedoch auch einen positiven Effekt: Wer die Luftfeuchtigkeit im Zimmer erhöht, kann die Heiztemperatur verringern und so Heizkosten sparen.

Ein Wissenschaftler bei der Installation eines Hygrometers: In Brandenburg modellierten Meteorologen 2003 für eine Fläche von 100 Quadratkilometern den Energie- und Wasserkreislauf, um davon ausgehend Klimaprognosen zu erstellen.

Was ist es, das die Sicht oft trübt?

Nebel und Dunst

„Auf gut Wetter vertrau, beginnt der Tag nebelgrau" – auf diese Bauernregel sollte man sich nicht bedenkenlos verlassen. Der Nebel nämlich zählt zu den unsicheren Wetterzeichen. Häufig beginnt und endet ein Tag nebelgrau, ohne dass sich die Sonne auch nur eine einzige Minute hätte blicken lassen. In ausgesprochenen Nebelnestern kann sich Nebel sogar tagelang festsetzen. Und dann kommt es auch noch darauf an, um welche Art von Nebel es sich handelt.

Nebulöse Atmosphäre

Der Nebel, der die Sichtweite bis auf weit unter einen Kilometer verringert, ist grundsätzlich nichts anderes als eine Wolke. Im Unterschied zu ihren Verwandten in der Höhe berühren die Nebelschwaden jedoch den Erdboden.

Zur Kondensation und damit Nebelbildung in den untersten Schichten der Atmosphäre kommt es hauptsächlich auf zwei verschiedene Weisen: zum einen durch Wärmeausstrahlung der bodennahen Luftschichten, die bis zu der Temperatur abkühlen, an der die Kondensation einsetzt (Strahlungsnebel), zum andern wenn vom Wind herangeführte feucht-warme Luftmassen auf kalten Erdboden oder kühlere Gewässer treffen (Berührungsnebel).

Meist besteht dichter Nebel aus winzigen Wassertröpfchen, die in der Luft schweben. Die Nebelschwaden können sich aber auch aus Eiskristallen zusammensetzen – so beim berüchtigten Pogonip, dem „Weißen Tod" im Westen der USA: Wenn die Eiskristalle in die Lungen eindringen, können sie zum Tod führen.

Doch auch vom normalen Nebel gehen Gefahren aus, etwa vom Strahlungsnebel, der einem in einer Geländemulde die Sicht rauben kann. Zahllose Unfälle sind auf Nebel zurückführen, ob nun zu Wasser, zu Lande oder in der Luft. Zwar kennt man Verfahren, mit denen sich Nebel verhindern oder gar auflösen lässt, etwa die Pistenheizung auf Flughäfen. Eine flächendeckende Nebelbekämpfung auf den Straßen ist jedoch wegen der hohen Kosten schlichtweg illusorisch.

Dunst – mal feucht, mal trocken

Diesiges Wetter herrscht, wenn winzige, in der Atmosphäre schwebende Wassertröpfchen die Sicht trüben. Im Unterschied zum Nebel reicht der Blick allerdings zwischen einem und acht Kilometer weit. Anders als beim Nebel beträgt die Luftfeuchte in diesem Fall auch nicht 100 Prozent, sondern liegt darunter.

Relativ häufig ist Dunst über der Iberischen Halbinsel, wo er Calina genannt wird. Durch ihre gelblich-rötliche Farbe verrät die Calina, dass sie nicht aus Wassertröpfchen, sondern als trockener Dunst aus aufgewirbelten Staubteilchen besteht. Über einem Gebiet von der Größe Bayerns können dann ohne weiteres mehr als 7000 Tonnen fein verteilter Staub in der Luft schweben. Die Auswirkungen des trockenen Dunstes auf das Wetter sind nur zum Teil bekannt, möglicherweise verhindert er die Entstehung tropischer Wirbelstürme.

Beste Sicht und schlechtestes Wetter

Feuchter Dunst verrät viel über die Wetterentwicklung. Überzieht er als milchig-weißer Schleier den Himmel und behindert so den Fernblick, dann ist dies meist ein gutes Omen. Erscheinen dagegen die Berge in kristallklarer Luft bei Sichtweiten von zum Teil mehr als 50 Kilometer wie zum Greifen nahe, steht höchstwahrscheinlich eine baldige Wetterverschlechterung bevor.

In bläuliches Licht getauchte „Blaue Berge" markieren wiederum häufig den Beginn einer Witterungsperiode mit sonnigen, klaren Tagen, an denen Wassertröpfchen und Staubteilchen die Sicht kaum trüben.

Von Nebel spricht man, wenn die Sichtweite unter einem Kilometer liegt. Im Extremfall kann die Sichtweite jedoch bis unter 50 Meter sinken. Dann heißt es: Fuß vom Gas und Nebelleuchten an.

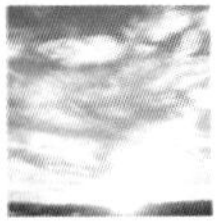

Wie unterscheiden sich die Wolkentypen?

Jede Wolke ist anders

Die naturkundlichen Museen der Welt sind prall gefüllt: mit getrockneten Pflanzen, ausgestopften Tieren und präparierten Fossilien. Einer Wolke oder Nebelschwade wird man dort aber nicht begegnen, höchstens im Bild. Die Forschungsgegenstände der Meteorologie sind eben sehr vergängliche Gebilde. Eine Wolke ist darüber hinaus eigentlich auch kein Objekt, sondern eher das Spiegelbild eines komplizierten Geflechts physikalischer Vorgänge.

Eine vielköpfige Sippe

Auch wenn sich Wolken als Naturphänomene grundsätzlich von Pflanzen und Tieren unterscheiden, folgt man einem in der Botanik und Zoologie bewährten Prinzip und gliedert sie in Familien, Gattungen, Arten, Unterarten und Formen: insgesamt vier Familien, zehn Gattungen, vierzehn Arten, neun Unterarten und neun Sonderformen. In der Kombination entsteht so eine Art Setzkasten mit vielen Fächern, in denen jede Wolke ihren Platz findet. Nach dem Vorbild der Biowissenschaften erhalten die Wolken auch lateinische Namen, obwohl diese den Laien häufig verwirren. Was ist zum Beispiel unter einem „Cumulus humilis" zu verstehen? Der dafür ebenfalls gebräuchliche deutsche Name „Schönwetterwolke" klingt da viel verständlicher.

Bei der Einteilung der vergänglichen Gebilde am Himmel spielt die Entstehungsweise nur eine untergeordnete Rolle. Alle Wolken werden durch zwei entgegengesetzte Prozesse bedingt: durch Kondensation des Wasserdampfs in Wassertröpfchen und/oder Eiskristalle und durch die Verdunstung, mit der sich die Wolken wieder ganz oder teilweise auflösen. Für die Wolkenbildung sind dabei drei meteorologische Situationen besonders günstig: Hebung der Luftmassen an Gebirgsflanken, Aufgleiten an Fronten sowie turbulente Durchmischung.

Lebende Wolken

Die Bedingungen in einer Wolke sind extrem lebensfeindlich: Lufttemperaturen bis zu −50 °C, aggressive UV-Strahlung, kaum Nährstoffe und ein Lebensraum, der sich in der nächsten Minute buchstäblich in nichts auflösen kann.
Kein Wunder, dass Forscher lange keine aktiven Lebewesen in Wolken vermuteten – ein Fehler, wie sich herausstellte. Denn die Analyse von Wolkentröpfchen und Eiskristallen, die über der 3000 Meter hohen Wetterstation Sonnblick in den österreichischen Alpen schwebten, beweist: Wolken „leben". In den weniger als einem hundertstel Millimeter kleinen Tröpfchen und Teilchen wimmelt es förmlich von quicklebendigen Organismen. Pro Milliliter Schmelzwasser wurden rund 2500 Bakterien gefunden.

Wolkenstockwerke

Die Gliederung der Wolken in Familien basiert auf der Höhe, in der sie hauptsächlich vorkommen: tiefe, mittelhohe und hohe Wolken sowie Wolken, die sich quer durch alle Stockwerke der Troposphäre erstrecken. In unseren Breiten reichen die höchsten Wolken vom Erdboden bis in Höhen um 13 Kilometer. Die unterste Etage erstreckt sich bis in zwei Kilometer Höhe, die mittlere von zwei bis sieben Kilometer und die oberste von fünf oder sieben Kilometer bis 13 Kilometer.
Die Zusammensetzung der Wolken ist ein weiteres Gliederungsprinzip. Sie können aus Eiskristallen (Eiswolken), Wassertröpfchen (Wasserwolken) sowie aus Wasser und Eis (Mischwolken) bestehen. Bei Letzteren ist das flüssige Wasser oft unterkühlt, das heißt, seine Temperatur liegt unter dem Gefrierpunkt. Schließlich steckt in den lateinischen Namen im Allgemeinen das auffälligste und anschaulichste Merkmal der Wolken: ihre äußere Form. Haufenwolken (Cumulus), Schichtwolken (Stratus) und Feder- oder Schleierwolken (Cirrus) sind am häufigsten zu beobachten.

Drei Wolkengattungen auf einen Blick: Unten dunkle Haufenwolken (Cumulus), darüber Grobe Schäfchenwolken (Altocumulus) und ganz oben Kondensstreifen als Vertreter der hohen Cirruswolken.

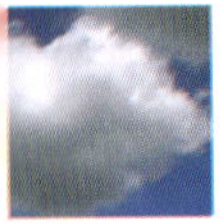

Was prophezeien die tiefen Wolken?

Cumulus & Co.

Im untersten Wolkenstockwerk ist man dem wechselhaften Wetter am nächsten. Diese Etage der Atmosphäre erstreckt sich in den mittleren Breiten unseres Planeten vom Erdboden bis in ungefähr zwei Kilometer Höhe. Die meisten Wolken, die mit den Winden durch die bodennahen Schichten der Lufthülle ziehen, gehören zur Familie der tiefen Wolken. Es gibt allerdings auch manche, die aus Bodennähe mächtig bis zum oberen Rand der Troposphäre emporquellen – diese kilometerhohen Wolkentürme verheißen nichts Gutes.

Heiter bis wolkig

Eine Wettervorhersage enthält, sofern sie denn relativ gutes Wetter prognostiziert, öfter das Wort „heiter". Damit bezeichnen die Meteorologen ein Himmelsbild, bei dem weniger als die Hälfte des Firmaments von tiefen und/oder mittelhohen Wolken bedeckt ist. Die Lücken zwischen den Wolken sind vergleichsweise groß und damit auch die Chancen auf ein paar Stunden Sonnenschein.

Bei der Prognose „wolkig" kann der Bewölkungsgrad bis auf drei Viertel der Himmelsfläche wachsen. Wenn gar das Wörtchen „bedeckt" zu vernehmen ist, sinkt die Hoffnung auf Sonnenschein zusehends – dann wird der Himmel vollständig von Wolken verhüllt sein.

Himmlisches Gemüse

Wie überdimensionaler Blumenkohl schauen die weißen Haufen- oder Cumuluswolken aus, die sich bevorzugt an Tagen mit starker Sonneneinstrahlung bilden. Sie verändern ihre äußeren Formen ständig: In den Mittagsstunden blähen sie sich gewaltig auf, quellen empor – daher auch der Name Quellwolken. Abends fallen sie wie Luftballons, aus denen Luft entweicht, in sich zusammen. Die rasche Quellung in die Höhe spricht für aufwärts gerichtete Winde, die feucht-warme Luftmassen in kühlere Schichten der Atmosphäre verfrachten, wo es dann zur Kondensation kommt. Haufenwolken bestehen fast immer aus Wassertröpfchen. In unseren Breiten fällt aus ihnen kaum Niederschlag. Eine Faustregel: Je höher die Wolkengebilde sind, umso größer ist die Wahrscheinlichkeit für Regen oder Schnee. Die niedrigen, abgeflachten Schönwetterwolken tragen ihren vielversprechenden Namen also nicht ohne Grund.

Auch bei den höher aufgetürmten Haufenwolken findet die Sonne fast immer noch eine Lücke innerhalb der Bewölkung. Die Aussichten auf schönes, sonniges Wetter trüben sich hingegen ein, wenn die Wolkennamen den Baustein „Schicht" oder „Stratus/Strato" enthalten. Die Schichthaufenwolke (Stratocumulus) bedeckt als mosaikartig aus einzelnen Haufenwolken zusammengesetzte Schicht den Himmel, die tiefe Schichtwolke (Stratus) überzieht ihn geschlossen von Horizont zu Horizont. Beide Wolkengattungen bringen nur selten und wenig Regen oder Schnee, umso häufiger und mehr dafür die Regenschichtwolke (Nimbostratus). Sie bedeckt als graue, düstere Wolke das gesamte Himmelsbild und lässt ihre nasse Fracht in Form von Regen oder Schnee über Stunden oder gar Tage hinweg zur Erde niedergehen.

Schwarze Wolken – schwere Wetter

An der Oberseite und den Flanken erstrahlen tiefe Wolken bei Sonnenschein in makellosem Weiß. Bei Wolken, die mehrere Kilometer hoch in den Himmel ragen, ist dagegen die Basis dunkel getönt, weil das Sonnenlicht auf dem Weg durch die Wolke „verschluckt" wird. In den dunkelsten, mitunter pechschwarzen Farben präsentieren sich die Unterseiten der Gewitter- und Schauerwolken (Cumulonimbus). Sie bringen, wie der Name verrät, Gewitter, heftige Regen-, Schnee- und Hagelschauer, kurzum „schwere Wetter" oder Unwetter.

Die klassische Schönwetterwolke, der Cumulus humilis, verspricht trockenes Wetter. Als Faustregel gilt: Ist sie mehr breit als hoch, ist kein Regen aus ihr zu erwarten.

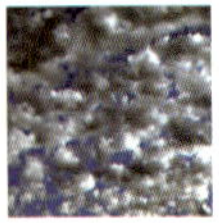

Welches Wetter bringen mittelhohe Wolken?

Schicht- und Schäfchenwolken in mittlerer Höhe

Aus etlichen Wolken, die im untersten Wolkenstockwerk auftreten beziehungsweise dort ihr Fundament besitzen, kann jederzeit ein Regenguss niedergehen. Sie eignen sich deshalb besonders für kurzfristige Wetterprognosen. Bei den Wolken im mittleren Stockwerk – in unseren Breiten zwischen zwei und sieben Kilometer über dem Erdboden – ist der Einfluss auf das aktuelle Wetter geringer, dafür sagen sie mehr über die Wetterentwicklung in den kommenden Stunden und Tagen aus.

Schäfchen …

Es gibt eine einfache Methode, um die verschiedenen Haufenwolken dem richtigen Wolkenstockwerk oder ihrer Familie zuzuordnen. Dazu muss man nur den Arm ausstrecken. Benötigt man nun mehr als drei Finger, um die Wolke zu bedecken, handelt es sich dabei um ein Exemplar der tiefen Haufenwolken (Cumulus). Feine Schäfchenwolken, die Haufenwolken des obersten Wolkenstockwerks (Cirrocumulus), sind weniger als einen Finger breit, die der mittleren Etage (Altocumulus) zwischen einem und drei Fingern. Letztere nennt man auch „grobe Schäfchenwolken". Sie bestehen vorwiegend aus unterkühlten Wassertröpfchen, bei Temperaturen unter −10 °C aus Eiskristallen. Normalerweise fällt aus ihnen kein Niederschlag – der Regenschirm kann demnach getrost zu Hause bleiben.

… und Wölfe im Schafspelz

Anders sieht es bei den Schichtwolken (Altostratus) im mittleren Wolkenstockwerk aus. Die graue, eintönige Wolkenschicht, durch die die Sonne bestenfalls matt hindurchschimmert, prophezeit kommendes und meist auch länger anhaltendes Schlechtwetter. In sechs bis spätestens zwölf Stunden wird die Schlechtwetterfront, in diesem Fall die Warmfront (S. 36), eintreffen. Doch auch schon zuvor kann es vom tristen Himmel nieseln oder leicht schneien.

Doch auch vermeintlich harmlose Schäfchenwolken entpuppen sich häufig im Nachhinein als Wetterwölfe: Mittelhohe Haufenwolken, die bereits am Vormittag die Form von Wattebäuschen annehmen und kleine Türmchen bilden, sind mit größter Wahrscheinlichkeit Vorboten von Gewittern. Denn die Quellung kommt dadurch zustande, dass die Atmosphäre bis in größere Höhen hinauf labil geschichtet ist, warme Luftmassen mit Macht aufwärts drängen und kalte umgekehrt herabstürzen – ideale Voraussetzungen für die Entstehung von Gewitterwolken. An deren Unterseite präsentieren sich die mittelhohen Wolken dann häufig in einer unverwechselbaren Form: wie die zahllosen Euter einer gigantischen Wolkenkuh. Sollte dieser Mammatus (lateinisch: Euter) am Himmel erscheinen, ist es höchste Zeit, einen vor Blitzschlag geschützten Ort aufzusuchen. Zu den im mittleren Stockwerk beheimateten Wolkenarten gehören außerdem die charakteristischen „Föhnfische" (S. 96), gleichfalls ausgewiesene Schlechtwetterboten.

Wogen im Luftmeer

Mittelhohe Wolken bilden sich vor allem in den Stockwerken der mittleren Troposphäre, in denen wärmere, leichtere auf kältere, schwerere Luftmassen aufgleiten.

Dabei kommt es zu einer Erscheinung, die man überall auf der Erde, wo sich bewegte Massen unterschiedlicher Dichte begegnen, beobachten kann: An der Grenzfläche zwischen den Massen entsteht ein Wellenmuster. Auf dem Meer erzeugt der Wind Wellenberge und -täler, die Strömungen hinterlassen am Meeresgrund ein ähnliches Muster, und manche unbefestigte Straße in den Wüsten wird durch die darüber hinwegrollenden Fahrzeuge zur „Waschbrettpiste".

Die groben Schäfchenwolken oder Altocumuli bringen nur selten Niederschläge und eignen sich nur bedingt als Wetterboten. Lediglich wenn sie bereits am Vormittag wattebauschähnlich aufquellen, sollte man die Pläne für eine Radtour oder Wanderung nochmals überdenken – ein Gewitter könnte einen Strich durch die Rechnung machen.

Was verraten uns hohe Wolken über kommendes Wetter?

Wolken des oberen Stockwerks und Kondensstreifen

Wie sieht überhaupt eine typische Wolke aus? Wohl gut 90 Prozent der danach Befragten würden eine mollige Haufenwolke aufs Papier zeichnen. Dabei gehört diese samt ihrer weitläufigen Verwandtschaft zur Minderheit. Viel häufiger sind nämlich die hohen, unscheinbaren Schleier- und Federwolken. So unscheinbar sind sie, dass sie bei der Bemessung des Bewölkungsgrades gar nicht berücksichtigt werden. Dabei spielen die hohen Wolken in der Wetterprognose eine wichtige Rolle.

Wo sind sie geblieben?

– die schönen Herbst- und Wintertage, die morgens mit wolkenlosem, blauem Himmel begannen und abends ebenso endeten. Heute breiten sich spätestens am Vormittag milchige Schleierwolken über das Firmament aus.

Sie stammen überwiegend von durch Höhenwinde zerfaserten Kondensstreifen, wenigstens im Umkreis großer Flughäfen und unter viel beflogenen Luftverkehrsstraßen. Da die Streifen wie alle hohen Wolken das Sonnenlicht sehr wirksam in den Weltraum zurückspiegeln, hat man unter den Straßen am Himmel einen spürbaren Rückgang der Temperaturen registriert. Folglich mehr Luftverkehr als Therapie gegen die Erderwärmung? Dies hieße, den Teufel mit dem Beelzebub auszutreiben.

Bei Cirren kann man irren

Der Cirrus (lateinisch: Haarlocke) führt zusammen mit seinen engsten Verwandten – den feinen Schäfchenwolken (Cirrocumulus), den hohen Schleierwolken (Cirrostratus) und den künstlich entstandenen Kondensstreifen – in puncto Häufigkeit die Liste der Wolkensippen unangefochten an. Beinahe zwei Drittel der Wolken am Himmel gehören zu dieser Familie. Und ihr Anteil wächst ständig.

Gerade die Kondensstreifen verdeutlichen lehrbuchartig zwei meteorologische Phänomene: Hinter den Jets tauchen urplötzlich Wolkenstreifen auf – sie beweisen, dass zur Wolkenbildung nicht nur ausreichend Wasserdampf, sondern auch „Keime“ notwendig sind, an denen sich das gasförmige Wasser niederschlagen kann. In diesem Fall ist es das Wasser aus den Abgasen der Triebwerke, das in der eisigen Kälte sofort gefriert. Zum andern belegen die Kondensstreifen aber auch, dass der Mensch bis in die großen Höhen mit unabsehbaren Folgen in die atmosphärischen Vorgänge eingreift.

Als Wetterboten eignen sich hohe Wolken gut für Prognosen, die Zeiträume zwischen etwa acht und 48 Stunden abdecken. Bei kurzfristigen Vorhersagen kann man sich bei ihnen allerdings irren. Mit die sichersten Schlechtwetterboten schlechthin sind die „Kommawolken“ (Hakencirrus), zu erkennen an ihrem hakenförmigen Aussehen. Erscheinen sie am Himmel, sollte man sich auf eine drastische Wetterverschlechterung in den nächsten 24 bis 48 Stunden gefasst machen.

Ein Leuchten in der Nacht

Wolken kommen fast ausschließlich in der Troposphäre, dem untersten Stockwerk der Lufthülle, vor. Selbst für hohe Wolken endet der Lebensraum bei etwa 20 Kilometern. Selten, doch dafür umso beeindruckender, tauchen bei uns in manchen Sommernächten nordwärts silbrig-weiße, dünne Wolkenschleier auf, sogenannte leuchtende Nachtwolken. Ihr natürlicher Lebensraum ist das Stockwerk um 80 Kilometer Höhe, in dem sich bei extrem tiefen Temperaturen der nur noch spärlich vorhandene Wasserdampf in Eiskristalle umwandelt. Sie werden von der bereits unter dem Horizont stehenden Sonne angestrahlt und so zum Leuchten gebracht.

Lösen sich Kondensstreifen schnell wieder auf, deutet das auf trockene Höhenluft hin.

Warum regnet es?

Der weite Weg vom Wolkentröpfchen zum Regentropfen

Zum Regen hat der Mensch ein gespaltenes Verhältnis: Einerseits ist der flüssige Niederschlag vom Himmel höchst willkommen, würden doch ohne ihn Pflanzen in kürzester Zeit verdorren. Andererseits ist der Mensch schon immer erfinderisch gewesen, wenn es darum ging, sich vor dem Regen zu schützen.

Kalter Regen

Der sprichwörtliche „warme Regen" ist leider nur eine seltene Ausnahme. Vielmehr sind die Regentropfen, die im Sommer aus hoch aufgetürmten Schauerwolken auf die nackte Haut fallen, empfindlich kalt.

Sie verraten damit viel über ihre eisige Vergangenheit. Die Wassertröpfchen, aus denen die Wolken des unteren und mittleren Wolkenstockwerks bestehen, haben einen Durchmesser von maximal etwa einem Hundertstel Millimeter. Um einen Regentropfen mittlerer Größe zu erzeugen, müssen sich mindestens eine Million solcher Wolkentröpfchen zusammenschließen.

Ein Weg dazu führt über die einfache Verschmelzung, einen Vorgang, den man sich an einer mit Regentropfen benetzten Fensterscheibe veranschaulichen kann: Ein Tropfen setzt sich in Bewegung, rinnt die Scheibe hinunter, trifft früher oder später auf einen zweiten, nimmt ihn auf, wird dadurch größer und schneller und verleibt sich auf seiner Bahn abwärts weitere Tröpfchen ein. Damit so auch Regentropfen entstehen, bedarf es sehr feuchter und warmer Luft.

Häufiger entstehen die bis maximal etwa acht Milimeter großen Tropfen in der kalten Höhenluft aus Eiskristallen, die in wärmere Schichten fallen und dabei schmelzen. Eiskristalle wirken wie winzige „Wasserdampfsauger": Gasförmiges Wasser schlägt sich rasch an ihnen nieder und geht in Eis über. Wasserdampf wird der Luft entzogen, die Luftfeuchtigkeit sinkt und der Wasserdampfhunger der Luft nimmt zu. Die dem Eiskristall benachbarten Wolkentröpfchen verdunsten und liefern weiteren Wasserdampf, der sich wiederum auf den Eiskristallen absetzt. Die Eispartikel wachsen und werden schwerer, bis sie schließlich den Weg zur Erdoberfläche antreten können.

Künstlicher Regen

Opfer an Regengötter führten offenkundig nicht zum gewünschten Ziel. Zahllose Kulturen in den Trockengebieten der Erde gingen in Dürrezeiten zugrunde. Dabei enthalten die Wolken, die über die Wüsten hinwegziehen, Milliarden Tonnen von Wasser. Man muss gewissermaßen nur die Schleusen des Himmels öffnen.

Dazu dient das „Impfen" der Wolken. Dabei wird fein verteiltes Salz oder Trockeneis in die Atmosphäre befördert, wo sie als Keime das Wachstum von winzigen Wolkentröpfchen zu großen Regentropfen fördern. Was bleibt, ist das Problem, dass der künstliche Regen in der trockenen Wüstenluft meist auf dem Weg zur Erdoberfläche wieder verdunstet.

Regenrekorde

Die Regenmenge, die innerhalb eines bestimmten Zeitraums auf die Erdoberfläche fällt, wird meist in Millimeter angegeben. Damit ist die Dicke der Wasserschicht gemeint, die sich auf dem Erdboden ansammelt, wenn kein Wasser abfließen, im Boden versickern oder verdunsten würde. Ein Millimeter entspricht einem Liter pro Quadratmeter. Weltweit liegt die höchste durchschnittliche Regenmenge bei fast 12 000 Milimeter pro Jahr. Sie geht auf einen Berg der Insel Kauai (Hawaii) nieder. In Tscherrapundschi (Indien) wurden innerhalb von zwölf Monaten aber auch schon einmal mehr als 26 000 Milimeter gemessen.

Auch wenn uns ein solches Schmuddelwetter gehörig aufs Gemüt schlägt – regelmäßige Niederschläge sind für Mensch, Tierwelt und Pflanzen gleichermaßen wichtig.

Woher kommt der Schnee?

Vom Eiskristall zur Schneeflocke

Schnee ist die häufigste Form des festen Niederschlags. Doch Schnee ist nicht gleich Schnee. Der Begriff bezeichnet vielmehr viele Varianten des weißen Zaubers. Die Inuit, naturgemäß Spezialisten auf diesem Gebiet, unterscheiden in ihrer Sprache mindestens 50 Arten von Schnee. Doch alle Arten verbindet, dass sie ursprünglich aus den höheren Schichten der Troposphäre stammen, in denen die Temperaturen zum Teil weit unter dem Gefrierpunkt liegen.

Leise rieselt der Schnee

Regentropfen prasseln zur Erde nieder, Schneeflocken schweben hingegen lautlos herab. Im Vergleich zu ihrem Durchmesser, der mehrere Zentimeter betragen kann, sind sie nämlich sehr leichte, fragile Gebilde. Sie bestehen aus einzelnen Eisplättchen und -nadeln, vor allem aber aus sternförmigen Kristallen, die in ihrer unglaublichen Vielfalt zu den größten Wundern der Natur gehören. Ob die Lebensläufe der Schneekristalle, die mit dem Gefrieren von unterkühltem Wasser oder mit der Anlagerung von Wasserdampf an einen Eiskern beginnen, in einem Schnee- oder Regenschauer enden, hängt von vielen äußeren Bedingungen ab. Sehr tiefe Temperaturen gehören nicht unbedingt dazu. Der meiste Schnee fällt bei Temperaturen um den Gefrierpunkt und in Ländern wie Japan, die man gemeinhin nicht zu den typischen Heimstätten des Schnees zählt. Bei vergleichsweise milden Temperaturen „verkleben" Tröpfchen aus unterkühltem Wasser die einzelnen Schneekristalle, außerdem verhaken sich die im Allgemeinen sechsstrahligen Gebilde ineinander – und je größer die Schneeflocke, umso größer auch die Chancen, dass sie den Erdboden heil erreicht.

Im Unterschied zum Regenwasser, das am Erdboden abfließt, versickert oder verdunstet, bleibt eine Schneedecke häufig längere Zeit erhalten und erlebt währenddessen eine mehr oder weniger starke Umwandlung: Neuschnee wird zu Altschnee, Winddruck presst den lockeren Pulverschnee zusammen, intensive Sonneneinstrahlung verwandelt die Schneedecke an der Oberfläche in eisigen Harsch. Und dauern die Umwandlungsvorgänge lange genug, verwandelt sich der Schnee in körnigen Firn und schließlich in festes Gletschereis.

Eiszwiebeln

Schneeflocken fallen mit flottem Fußgängertempo (etwa sieben Kilometer pro Stunde) vom Himmel, Hagel- und Graupelkörner, die beiden anderen Varianten des festen Niederschlags, hingegen nicht selten mit mehr als 100 Kilometer pro Stunde. Entsprechend groß ist die Wucht des Aufpralls.

Hagelkörner zerbersten häufig beim Aufprall und enthüllen dabei ihr zwiebelschalenartiges Innenleben aus diversen Eisschichten. Jede Schicht ist das Abbild einer Lebensetappe, in der das Korn durch starke Aufwinde in höhere, kältere Schichten der Atmosphäre befördert wurde und dort eine neue Eishaut erhielt.

Umweltbelastende Schneewelten

In Zeiten der Klimaerwärmung wird Schnee zum Leidwesen der Wintersportler immer mehr zur Mangelware. Ein Ausweg aus der Misere ist die Schaffung künstlicher Indoor-Schneewelten, ein anderer die Beschneiung von Skipisten. Bedauerlicherweise können beide Wege den Klimawandel beschleunigen, denn beide verschlingen enorm viele Ressourcen. Man kann erahnen, wie viel Energie buchstäblich „verpulvert" wird, um zum Beispiel das Hallen-Schnee-Resort im Wüstenstaat Dubai bei Außentemperaturen von 50 °C mit rund 6000 Tonnen Kunstschnee zu versorgen. Und mindestens ebenso umweltschädlich ist der Energie- und Wasserverbrauch der rund 3000 in den Alpenländern installierten „Schneekanonen".

Mikroskopisch vergrößert, offenbart sich die bizarre Schönheit eines Schneekristalls, der in diesem Beispiel die Form eines sechsarmigen Sterns, eines sogenannten Dendrits, besitzt.

Engelstränen oder Wolkenmilch?

Der Tau

Die winzigen Wassertröpfchen, die im Morgenlicht auf den Gräsern funkeln, haben die Fantasie der Menschen schon immer inspiriert. Die Germanen hielten den Tau für die Milch der Wolkenkühe, die von Donar gemolken werden. Verbreiteter war jedoch die Vorstellung, die Tröpfchen seien die Tränen gefallener Engel, die ihre Sünden nun jeden Abend und Morgen beweinen müssten.

Wasserdampf wird zu Wasser

In Wirklichkeit ist die Entstehung des Taus weder romantisch noch rätselhaft. Die Tauperlen gehören vielmehr zu den Wetterphänomenen, die am einfachsten zu erklären sind: Warme Luft kann mehr Wasserdampf aufnehmen als kalte. Wenn sich die Luft abkühlt, gerät sie irgendwann an den Punkt, an dem sie zu 100 Prozent mit Wasserdampf gesättigt ist. An diesem „Taupunkt" verwandelt sich der gasförmige Wasserdampf in flüssiges Wasser – und Tautröpfchen überziehen die Erdoberfläche.

In der Natur geht die Abkühlung der Luft meist auf Wärmeausstrahlung der Erdoberfläche zurück. Die Wärmeabgabe ist in sternenklaren Nächten am stärksten, da dann ein großer Teil der Energie direkt in den Weltraum entweicht. Ruhige, wolkenarme Hochdruckwetterlagen fördern folglich die Entstehung von Tau.

Auch wenn sich beispielsweise Grashalme oft unter der Last der Tautröpfchen zum Erdboden hinabbiegen, ist die in der Nacht abgesetzte Wassermenge insgesamt nur sehr gering: in unseren Breiten gewöhnlich maximal ein halber Liter pro Quadratmeter. Mehr Wasser bringt der Tau dagegen in den tropischen Trockengebieten der Erde, wo Pflanzen und Tiere mitunter fast vollständig auf diese Wasserquelle angewiesen sind. Sie können den Tau, der sich auf ihnen absetzt, auf kürzestem Wege – also ohne den Umweg über den Boden – nutzen.

Wissenschaftler sind daher seit einiger Zeit damit beschäftigt, auch für die Landwirtschaft Tausammler zu entwickeln. Sie könnten in den Gebieten, in denen Regen oder Nebel nicht in ausreichendem Maße vorhanden sind, eine Erleichterung der Wassernot bewirken.

Tau als Lebensretter

Wüstenreisende berichteten immer wieder davon, dass allein der Tau sie vor dem Verdursten bewahrt hätte. Auch die Wüstenfauna und -flora beweisen, dass die Tautröpfchen in der Tat eine wichtige Wasserquelle sind.

In den Wüsten sinkt die Lufttemperatur nachts stark und erreicht daher häufig den Taupunkt. Der meiste Tau setzt sich in den Küstenwüsten ab. Dort ist die Luft sehr feucht; ein knapper Liter Wasser pro Quadratmeter kann in einer Nacht ohne Weiteres zusammenkommen.

Um diese Wasserquelle zu nutzen, benötigt man allerdings einen Tausammler, etwa ein Tuch, das im Freien aufgehängt und noch vor Sonnenaufgang ausgewrungen wird. Es sollte möglichst flauschig sein, denn ein flauschiges Gewebe mit seiner großen Oberfläche bindet den Tau am besten.

Reif und Tau …

… machen den Himmel blau: Die flüssigen Tautröpfchen und die festen Reifkristalle sind nicht nur von ihrer Entstehungsweise her enge Verwandte, sondern haben auch denselben Ruf als Schönwetterboten. Beide Arten des Niederschlags können sich nämlich nur in vergleichsweise wasserdampfarmer Luft bilden. Ist die Luft feuchter, entsteht Nebel. Reif (S. 68) und Tau weisen also auf relativ trockene, kaum bewegte Luft hin. Und damit sind nach einer sternenklaren, windstillen Nacht die besten Voraussetzungen für einen wolkenarmen, blauen Himmel am folgenden Tag gegeben.

Tautröpfchen sammeln sich auf den Blüttenblättern einer Dahlie.

Woher kommen die Eiskristalle an klaren Wintermorgen?

Der Reif

Ein in unseren winterkalten Klimazonen während der frostigen Monate gewohntes Bild: In der sternenklaren, kalten Nacht ist keine einzige Schneeflocke gefallen und dennoch präsentiert sich das Land morgens schneeweiß. Eiskristalle überziehen in Form feiner Nadeln und hauchdünner Schichten die Hausdächer, den Boden, die Pflanzen, die geparkten Autos ... kurz: die gesamte Erdoberfläche.

Unsichtbares wird sichtbar

Der in der Luft in mehr oder minder großen Mengen enthaltene Wasserdampf ist ein unsichtbares Gas. Sichtbar wird dieses „Wassergas" erst, wenn sich die Luft abkühlt, irgendwann den Temperaturpunkt erreicht, an dem sie bis zur oberen Grenze hin mit Wasserdampf gesättigt ist und sich der überschüssigen Feuchtigkeit entledigen muss.

Bei Temperaturen oberhalb des Gefrierpunkts geht der Wasserdampf durch Kondensation (S. 30) in flüssiges Wasser über, das sich häufig als Tau an der Erdoberfläche absetzt. Fällt die Temperatur weiter, können die Tauperlen gefrieren und zu gefrorenem oder weißem Tau werden. Meist verwandelt sich der Wasserdampf bei tiefen Temperaturen allerdings direkt – also ohne den Umweg über das flüssige Wasser – in Eis. Das sichtbare Ergebnis ist dann der Reif: Eisüberzüge, aber noch häufiger nadelförmige Eiskristalle, die Borsten gleichen.

Sie überziehen die Erdoberfläche als beinahe schneeartiger Belag. Wenn sie auf Hausdächern auftauchen, ist dies ein Beweis dafür, dass der Bauherr viel in die Wärmedämmung investiert hat – denn bei stärkerem Wärmestrom aus dem Innern des Gebäudes werden die zur Reifbildung notwendigen Temperaturen nicht unterschritten. In der Natur bildet sich Reif ebenfalls am häufigsten auf Flächen, unter denen der Wärmestrom aus dem Erdboden nur schwach ist. Dazu gehören neben Grasflächen vor allem Schneedecken, die nahezu eine perfekte Dämmschicht darstellen.

Die Eisblume – eine bedrohte Art

Zahllose Pflanzen- und Tierarten sind bereits der Umweltzerstörung zum Opfer gefallen oder werden wahrscheinlich demnächst noch aus der Flora und Fauna verschwinden. Die Eisblume, eine besonders attraktive Form des Reifs, wird hingegen gerade umgekehrt durch verstärkten Umweltschutz immer seltener. Früher bildeten sich an dünnen Fensterscheiben bei Außentemperaturen unter 0 °C und hoher Luftfeuchtigkeit im Zimmer filigrane Eiskristallmuster, die einer Blume ähnelten. Bei der heute üblichen Mehrfachverglasung, die der Wärmedämmung, der Energieeinsparung und damit dem Umweltschutz dient, wird den schönen Eisblumen mehr und mehr die Existenzgrundlage entzogen. An Autoscheiben haben die eisigen Gewächse noch eines ihrer letzten Reservate – so lange, bis an frostigen Wintermorgen die Eiskratzer in Aktion treten.

Tückische Reifglätte

Die Meteorologen unterscheiden in ihren Prognosen mehrere Arten von Straßenglätte, etwa Glatteis, Schneeglätte oder überfrierende Nässe. Sie alle sind gefährlich und führen oft zu folgenschweren Unfällen.

Am tückischsten ist zweifellos die Glätte, die bei starker Wärmeausstrahlung durch Reifabsatz auf den Fahrbahnen entsteht. Denn mit ihr muss man gerade an schönen Tagen mit schwachem Wind und sonnigem Wetter rechnen – besonders im Herbst und Frühjahr, wenn die Autofahrer nicht oder nicht mehr mit Straßenglätte rechnen. In den Übergangszeiten ist die Luft am Tag relativ warm und kann deshalb viel Feuchtigkeit aufnehmen. Nachts bilden sich dann auf den Straßen durch Ausstrahlung die dicksten und rutschigsten Reifbeläge.

Auf einer frisch geputzten Fensterscheibe wird es schwierig, ein solch wunderbares Exemplar einer Eisblume zu zaubern. Staubteilchen sind als Kristallisationskeime unabdingbar.

Warum bildet sich aus nebelsatten Lüften Frost?

Der Raureif

Von der Herkunft bedeutet das Wörtchen „Reif" etwa so viel wie „etwas Zartes, das man leicht abstreifen kann". Auf die zerbrechlichen Eisnadeln des Reifs trifft dies ohne jeden Zweifel zu. Der Raureif andererseits verrät durch seinen „rauen" Namen, dass er einen robusteren Charakter hat. Und von der Entstehungsweise her liegen zwischen dem Reif und dem Raureif meteorologische Welten.

Der Frost, der aus dem Nebel kommt

Sowohl Reif als auch Raureif entstehen nur dann, wenn die Lufttemperaturen deutlich unter dem Gefrierpunkt des Wassers liegen. Damit sind jedoch die Gemeinsamkeiten zwischen den beiden wichtigsten Varianten eisiger Ablagerungen an der Erdoberfläche bereits erschöpft: Im Unterschied zum Reif, der sich nachts bei kaltem, klarem Wetter bildet, ist Raureif nämlich ein Produkt ungemütlicher, feuchter, nebliger Wetterlagen, die häufig auch tagsüber andauern. Was nicht heißt, dass die häufigste Form des Nebelfrosts keine Reize besäße. Im Gegenteil: Wenn die Nebelschwaden verschwunden sind, verwandelt sich die von Reifkristallen überzuckerte Landschaft bei Sonnenschein in ein Wintermärchen. Nur zuvor muss diese Landschaft eben von Nebel oder Wolken verhüllt gewesen sein.

Nebelfrost besteht aus winzigen Wassertröpfchen, die vom Wind gegen irgendwelche Gegenstände der Erdoberfläche getrieben werden und dort bei tiefen Temperaturen gefrieren. Weiterer Unterschied zum Reif: Während dort die Eiskristalle mehr oder weniger gleichmäßig in alle Himmelsrichtungen wachsen, werden die Wassertröpfchen beim Raureif in eine bestimmte, vom Wind vorgegebene Richtung verfrachtet. Wie eine umgekehrte Wetterfahne zeigen die Reifansätze so die vorherrschende Windrichtung zur Zeit ihrer Entstehung an.

Je nach Temperatur und Luftfeuchtigkeit ist der Nebelfrost unterschiedlich zusammengesetzt und sieht daher auch ganz verschieden aus: Das Klareis ist, wie der Name sagt, glasklar, das Raueis kompakt und fest, der eigentliche Raureif hingegen porös und locker.

Nach dem Eisbruch der Säureschock

Die Eismassen des Nebelfrosts stellen für Pflanzen gleich eine doppelte Gefahr dar: durch ihr Gewicht und durch die in ihnen enthaltenen Säuren. Beides zusammen trägt maßgeblich zum Waldsterben bei.

Während der saure Regen vergleichsweise schnell an den Bäumen abrinnt und mehr oder minder gleichmäßig über die warme Jahreszeit verteilt ist, werden die im Nebelfrost angesammelten Säuren bei Tauwetter in kurzer Zeit geballt freigesetzt. Umso heftiger ist folglich der Säureschock.

Mitunter wiegt die Last schwer, die Bäume und Sträucher am Nebelfrost zu tragen haben.

Eisiges Übergewicht

„Etwas aus den nebelsatten / Lüften löste sich und wuchs / über Nacht als weißer Schatten / eng um Tanne, Baum und Buchs. / Und erglänzte wie das Weiche / Weiße, das aus Wolken fällt, / und erlöste stumm in bleiche / Schönheit eine dunkle Welt."

Das, was Gottfried Benn 1912 in schönen Reimen pries, ist in Wirklichkeit nicht nur für Bäume eine schwere, oftmals unerträgliche Last, unter der sie zusammenknicken. „Eisbruch" oder „Duftbehang" nennen die Forstleute den mitunter dezimeter- bis meterdicken Nebelfrostansatz, der vor allem Bäume in Gebirgen überzieht.

Unter seinem Gewicht können selbst solide Bauwerke wie Funkmasten oder Aussichtstürme zusammenbrechen.

Was treibt das Himmlische Kind an?

Die Entstehung von Winden

Kein anderer Baustein des Wetters und Klimas wurde und wird mit so vielen verschiedenen Namen bedacht wie der Wind – von A wie Aurassos, dem heftigen Wind in Südfrankreich, bis Z wie Zonda, der südamerikanischen Schwester des Föhns. Die Vielfalt der Namen hat einen guten Grund: Winde wehen nicht nur unterschiedlich stark, sie bringen auch unterschiedliches Wetter.

Lufttransport auf Umwegen

Winde entstehen durch Druck- und Dichteunterschiede innerhalb der Erdatmosphäre. Kleinräumig betrachtet, stürzt dabei die kalte, schwere Luft aus einem Kältehoch als Fallwind in die benachbarten Täler, so, wie ein Fluss dem Gefälle folgt. Beim globalen Luftmassenaustausch zwischen den Klimazonen werden allerdings neben dem Druckgefälle zwischen den Hochs und Tiefs noch andere Kräfte wirksam. Deswegen folgen die Winde meist nicht der direkten, kürzesten Route vom Kern des Hochs in das Tief, sondern nehmen weite Umwege.

Der direkte Weg wird den Luftmassen zum Beispiel durch Landschaftsformen wie hohe Gebirge verwehrt. Mehr Einfluss hat jedoch die unsichtbare Coriolis-Kraft, benannt nach dem französischen Physiker Gaspard Gustave de Coriolis. Sie entsteht durch die Drehung der Erde um ihre Achse und bewirkt eine Ablenkung der Luftströmungen: auf der Nordhalbkugel stets nach rechts, auf der Südhalbkugel nach links.

Wegen der Kugelgestalt der Erde bewegt sich ein Punkt auf der Erdoberfläche am Äquator bei der Drehung sehr schnell von West nach Ost: mit mehr als 1600 Kilometer pro Stunde. Zu den Polen hin nimmt die Geschwindigkeit rasch ab. Mit folgendem Effekt: Wie alle Massen reagieren Luftmassen träge, ändern ihre Richtung und Geschwindigkeit nur langsam. Eine Luftmasse, die vom Äquator zu den Polen strömt, nimmt die größere West-Ost-Geschwindigkeit mit und eilt dadurch der geringeren Geschwindigkeit in höheren Breiten voraus. Umgekehrt behält eine zum Äquator bewegte Luftmasse die geringere Geschwindigkeit ihres Ursprungsgebiets bei und hinkt gewissermaßen der höheren Geschwindigkeit in den äquatorialen Breiten nach. In beiden Fällen kommt es zur Ablenkung der Winde: nach Osten beziehungsweise nach Westen.

Im und entgegen dem Uhrzeigersinn

Die verschlungenen Bahnen, denen die Luftströmungen auf dem Weg vom Hoch ins Tief folgen, lassen sich mit einer einfachen Regel erklären: Auf der Nordhalbkugel strömen die Luftmassen immer im Uhrzeigersinn aus dem Hoch und entgegen dem Uhrzeigersinn ins Tief. Die Bahn gleicht daher einem riesigen Fragezeichen, wobei sich das Hoch oben befindet. Auf der Südhalbkugel der Erde ist es genau umgekehrt. Hier gleicht die Bahn einem riesigen S.

Der Wettermotor

Ohne die Corioliskraft wären die Hochs und Tiefs sehr kurzlebige Gebilde. Die Luftmassen würden dann den kürzesten Weg nehmen und für einen schnellen Druckausgleich sorgen. So aber umkreisen die abgelenkten Winde die Gebiete unterschiedlichen Luftdrucks und die Gegensätze bleiben darum oft über längere Zeit erhalten.

Zum Druckausgleich kommt es erst, wenn die Winde in bodennahen Schichten durch Reibung gebremst werden, denn mit geringerer Geschwindigkeit lässt auch die ablenkende Wirkung nach. Außerdem spielt bei der Ablenkung die geographische Breite eine entscheidende Rolle; sie ist allgemein in der Nähe des Äquators am geringsten. Deswegen bleiben zum Beispiel die äquatorialen Breiten von tropischen Wirbelstürmen verschont.

Dass es am Meer oft recht stark weht, liegt daran, dass sich Luft über Land wesentlich schneller erwärmt als über Wasser. Tagsüber entsteht daher ein Hitzetief über der Küste sowie ein Kältehoch über dem Meer und der Wind frischt von der See her auf. Kühlt sich die Luft über dem Land nachts dann stärker ab, dreht sich das Ganze. Nun weht ein ablandiger Wind.

Wie stark ist der Wind?

Windgeschwindigkeit und Windstärke

Die Winde sind virtuose Meister. Sie beherrschen alle Tempi, vom Largo der sehr leichten Brise bis zum Prestissimo des schweren Orkans, der eine Spur der Verwüstung hinterlässt. Ihr Tempo wird allerdings nicht in Schlagzahl pro Minute gemessen, sondern durch den Weg angegeben, den die Luft innerhalb einer bestimmten Zeit zurücklegt.

Für den Hausgebrauch

Die Profis unter den „Wetterfröschen" messen die Windgeschwindigkeit mit einer Vielzahl von Instrumenten und geben die ermittelten Werte in verschiedenen Maßeinheiten, beispielsweise in Kilometer pro Stunde, an. Die gebräuchlichsten Geräte sehen wie kleine Windräder mit daran befestigten schalenförmigen Löffeln aus. Sie werden heute auch für den ambitionierten Amateur angeboten. Dessen Messergebnisse weisen aber oft Fehler auf. Dies liegt weniger an der Ungenauigkeit der Instrumente, als an Fehlerquellen bei ihrer Aufstellung. Üblicherweise wird die Windgeschwindigkeit in zehn Meter Höhe über dem Erdboden und in mindestens ebenso großem Abstand vom nächsten Hindernis gemessen, um den Einfluss von Gebäuden oder höheren Pflanzen auszuschließen. Solche Standorte wird man jedoch bei einer privaten Wetterstation nur selten einmal finden.

Bestens bewährt hat sich daher ein schon vor über 200 Jahren von dem britischen Admiral Sir Francis Beaufort entwickeltes Verfahren. Dabei wird nicht die Windgeschwindigkeit gemessen, sondern die Stärke des Windes nach dessen Auswirkungen auf die Erdoberfläche geschätzt. 13 Windstärkegrade (Beaufort-Grade) unterschied der Admiral damals. Sie reichen von 0 Beaufort, der Windstille, bei der Rauch senkrecht aufsteigt, über 6 Beaufort, dem starken Wind, der starke Äste bewegt und auf dem Wasser große Wellen erzeugt, bis 12 Beaufort, dem Orkan, der schwerste Verwüstungen hinterlässt und das Meer so heftig aufpeischt, dass durch verwehte Gischt keine Fernsicht mehr möglich ist.

Für den Hausgebrauch reicht die Schätzung der Windstärke aus. Auch professionelle Wettervorhersagen geben Beaufort-Grade an, beziehen sich dabei jedoch meist auf die mittleren Stärken. Einzelne heftige Windböen mit Spitzengeschwindigkeiten können durchaus um zwei Grade stärker sein.

Rekordwinde

Die übliche Skala zur Bezeichnung der Windstärke endet mit dem zwölften Beaufort-Grad, der einer Windgeschwindigkeit von knapp 120 Kilometer pro Stunde entspricht. Winde können aber durchaus doppelt so schnell sein. Um extrem starke Orkane zu charakterisieren, wurde die Skala daher inzwischen um fünf Grade bis auf 17 Beaufort (über 200 Kilometer pro Stunde) erweitert. Doch die Rekordwinde schießen noch weit über die höchste Stufe hinaus. Deutscher Rekordhalter ist ein Orkan, der am 12. Juni 1985 mit bis zu 335 Kilometer pro Stunde über den Gipfel der Zugspitze fegte. Der Weltrekord ist im US-Bundesstaat New Hampshire zu Hause, wo am 12. April 1934 auf dem Mount Washington unvorstellbare 416 Kilometer pro Stunde gemessen wurden.

Mega-Orkane über den Wolken

So beeindruckend die Rekordwerte von Stürmen auch sein mögen, sie werden noch übertroffen – am Erdboden vermutlich in den Rüsseln der Tornados (S. 88) und vor allem in der Höhe, im Stockwerk über den Wolken. Dort rasen die Jetstreams in schlingenförmigen Bahnen überwiegend aus westlichen Himmelsrichtungen um den Erdball. Manchmal geben sich die im Extremfall über 600 Kilometer pro Stunde schnellen Jetstreams durch zerrissene und zerfaserte Eiswolken am Himmel zu erkennen.

Schalenkreuzanemometer nennen Experten das gängige Instrument zum Messen von Windstärken. Dieses Exemplar bescherte den Olympischen Ruderern in Sydney 2004 einige Terminverzögerungen.

Nutzt oder schadet der Wind Boden und Pflanzen?

Die Auswirkungen des Windes

Der Wind taucht auffällig häufig in sprichwörtlichen Wendungen auf. Da ist der eine „im Aufwind", ein anderer erlebt „eine Flaute", während dem dritten gar „der Wind ins Gesicht bläst". Aus gutem Grund, denn über die einzelnen verheerenden Katastrophen hinaus macht sich der Wind tagtäglich bemerkbar, nutzt den Menschen wie der gesamten Natur oder richtet im Lauf der Zeit große Schäden an.

Windige Angelegenheiten

Viele Pflanzenarten könnten sich ohne den Wind nicht ausbreiten und vermehren, besonders jene, die an kühlen Standorten wachsen. Denn den Insekten, die sonst oft Pollen transportieren, behagt es dort nicht. Also übernimmt der Wind diese wichtige Aufgabe, verfrachtet den Blütenstaub nicht selten über Hunderte von Kilometern, in Höhen bis 1500 Meter oberhalb des Erdbodens und in riesigen Mengen.

Andererseits leiden die Pflanzen aber auch unter dem Wind. Wie die „Wetterbuchen" in den Gebirgen werden sie von der Kraft der Luftströmungen zerzaust und beschädigt. Hinzu kommen die großen Wasserverluste durch die starke Verdunstung in bewegter Luft, die die Blätter verdorren lassen. In Gegenden mit beständigen, stärkeren Winden kehren sich darum Sträucher und Bäume als „Windflüchter" mit ihren Stämmen und Kronen von der vorherrschenden Windrichtung ab.

Auch dem Erdboden nutzt und schadet der Wind. Mit den Luftströmungen werden ihm dauernd in Staubteilchen enthaltene Nährstoffe zugeführt. Der Boden wird fruchtbarer, wovon Flora, Fauna und Mensch gleichermaßen profitieren. Einer Theorie zufolge könnten die tropischen Regenwälder im nordöstlichen Südamerika auf den dort meist ausgelaugten Böden überhaupt nicht gedeihen, wenn diese nicht regelmäßig vom Wind mit nährstoffreichem Staub aus den Wüsten Afrikas gedüngt würden. Für den Boden der Regenwälder ist dies ein Gewinn, für den Wüstenboden dagegen ein herber Verlust. Nicht nur in den Trockengebieten der Erde wird die fruchtbare Bodenkrume zusehends vom Wind erodiert. Weltweit dürften die Verluste mindestens 20 Milliarden Tonnen pro Jahr betragen!

Energiequelle Wind

Die Windkraft, die heute als Quelle erneuerbarer Energie einen Boom erlebt, wird seit Urzeiten genutzt.

Windmühlen soll es im Mittleren Osten schon vor mehr als 1000 Jahren gegeben haben. Von den Kreuzrittern wurde die Technik nach Europa gebracht und dort weiter verfeinert. Die ältesten europäischen Windmühlen lassen sich seit dem 12. Jahrhundert nachweisen.

Mindestens ebenso wichtig wurden Windenergieanlagen jedoch bei Entwässerungsprojekten, insbesondere an der Nordseeküste.

Unentbehrliche Hecken

Reihen aus Bäumen und Sträuchern durchziehen als Feldhecken das Agrarland. Im deutschen Norden prägen sie vielerorts noch das Landschaftsbild, genauso wie Haushecken um alte Bauernhöfe zum Bild der Eifel und anderer deutscher Mittelgebirge gehören.

Der Schutz vor Wind ist die wichtigste Aufgabe solcher Gehölze, doch keineswegs die einzige. In ihrem Windschatten herrscht ein völlig anderes Mikroklima als im freien, dem Wind ausgesetzten Gelände: Es fällt mehr Regen und Schnee, es lagert sich mehr Reif und Tau ab, die Verdunstung ist geringer, Wind- und Wassererosion werden vermindert. Außerdem stellen Hecken für viele Pflanzen- und Tierarten unentbehrliche Lebensräume dar.

Erodierte Gesteinsformationen wie in der Wüste Arizonas hat der Wind in Jahrmillionen geschaffen.

Wie formt der Regen den Bogen?

Der Regenbogen

Einen Regenbogen hat zweifellos schon jeder einmal gesehen. Der majestätische Bogen, der den Himmel überzieht und sprichwörtlich in allen Farben des Regenbogens schillert, gehört neben Polarlichtern (S. 14) zu den sehr häufig innerhalb der Erdatmosphäre auftretenden Leuchterscheinungen. Dabei scheinen sich die Bedingungen, unter denen Regenbögen entstehen, eigentlich gegenseitig auszuschließen – wenigstens in unseren Breiten. Es muss nämlich regnen und gleichzeitig die Sonne am Himmel stehen ...

Gebrochene und gespaltene Lichtstrahlen

Nüchtern betrachtet müsste das farbenprächtige Lichtband am dunklen Himmel eigentlich „Regenkreis" heißen, denn in Wirklichkeit formt das Lichtband einen geschlossenen Kreis; der allerdings ist nur von hohen Berggipfeln oder Türmen aus zu beobachten: Lichtstrahlen werden durch die fallenden Wassertropfen abgelenkt (gebrochen) und dazu im Innern der Tropfen ein- oder zweimal gespiegelt. Wenn ein Lichtstrahl aus der Luft in das Wasser eintritt, ändert sich seine Richtung; ebenso, wenn er den Tropfen anschließend wieder verlässt. Am häufigsten weicht die neue Richtung um etwa 42 Grad von der alten ab. Der durch die so gebündelten Lichtstrahlen hell leuchtende Regenbogen umschließt deshalb in diesem Winkelabstand den Punkt, der exakt der Sonne gegenüber liegt. Im Unterschied zu anderen Leuchterscheinungen innerhalb der Atmosphäre hat man folglich beim Blick auf den Regenbogen stets die Sonne im Rücken.

Noch auffälliger als die Gestalt des Lichtbandes sind seine Farben: innen Violett, dann Blau und Grün bis hin zu Orange und Rot am äußeren Rand. Die Aufspaltung des Sonnenlichts, das dem menschlichen Auge als strahlendweiß erscheint, aber aus einem Gemisch von Farben besteht, hat eine einfache Ursache. Da die Brechung des Lichts von der Wellenlänge abhängt – blaues Licht wird zum Beispiel stärker gebrochen als rotes –, werden die Lichtstrahlen in die „Regenbogenfarben" zerlegt.

Nicht nur bei Regen

Atmosphärische Erscheinungen von der Art des Regenbogens können aber keineswegs nur im Sonnenlicht und bei Regenschauern am Himmel beobachtet werden. Nachtschwärmern wird mitunter das seltene Schauspiel des Mondregenbogens zuteil. Häufiger sind in den Farben des Regenbogens getönte Lichtbänder innerhalb der fein zerstäubten Gischt von Wasserfällen zu sehen, wohingegen sich der lichtgraue Nebelbogen – allerdings ohne die Zerlegung in die Spektralfarben des Sonnenlichts – manchmal in Nebelschwaden aufwölbt. Und ganz selten einmal erscheint der „Sandbogen" am Wüstenhimmel, obwohl sich kein einziger Wassertropfen in der unteren Atmosphäre befindet: Für die Lichtbrechung sind hier die vom Wüstenwind aufgewirbelten Sandkörner aus hellem Quarz verantwortlich.

Tipps für Regenbogenjäger

Manche Zeitgenossen „jagen" Wetterphänomene und „erlegen" sie – wenigstens mit der Kamera. Vor allem jenseits des Atlantiks machen zum Beispiel Unwetterjäger unter höchster Lebensgefahr Jagd auf Tornados. Regenbögen sind dagegen eine leichtere, ungefährlichere Beute. Man muss nur wissen, wo ihr Revier ist. Am besten sind die Chancen bei Wetterlagen, unter denen sich hohe Schauerwolken entwickeln. Aus ihnen fällt großtropfiger Regen, der für das schönste Farbenspektakel am Himmel sorgt. Wenn die Sonne vergleichsweise tief über dem Horizont steht, also etwa spätnachmittags oder am frühen Abend, wölbt sich der Bogen besonders hoch empor.

Über einer Hügellandschaft in der Toskana erhebt sich ein Regenbogen in den Wolkenhimmel. Wassertröpfchen zerlegen das Sonnenlicht in die Spektralfarben, die fließend ineinander übergehen.

Verspricht ein feuriger Abendhimmel schönes Wetter?

Abend- und Morgenrot

Der Tag geht zu Ende. Die Sonne nähert sich auf ihrer scheinbaren Bahn dem Horizont, wobei die tagsüber weiß strahlende Scheibe immer mehr orangegelbe und glutrote Farbtöne annimmt. In dem Moment, in dem sie unter dem Gesichtskreis verschwindet, ist mitunter ein rätselhafter grüner Blitz zu beobachten. Dann senkt sich die Nacht herab, doch etwa zehn Minuten nach Sonnenuntergang erglüht der Himmel noch einmal für höchstens etwa eine halbe Stunde in zartrosa bis leuchtendroten Farben.

Es grünt so grün

„Gibt es ein Grün im Paradies, dann kann es kein anderes als dieses Grün sein, das wahre Grün der Hoffnung." Den smaragdgrünen Farbton, den Jules Verne euphorisch beschreibt, darf ein aufmerksamer Beobachter gar nicht mal so selten genießen. Allerdings währt der Genuss fast immer nur ein paar Sekunden – und man muss zur richtigen Zeit am rechten Ort sein. Der Grüne Strahl oder Grüne Blitz schießt genau in dem Augenblick empor, wenn die Sonne untergeht. Am besten ist er über dem Meereshorizont zu beobachten. Zwar ist das Grün am Himmel ein Sonderling. Wie die anderen Farben entsteht es aber auch durch Ablenkung und Aufspaltung des Lichts in die Spektralfarben.

Böse Omen – endlich entzaubert

An vielen Tagen des Jahres bietet uns die Natur das faszinierende Schauspiel des Abendrots und auch des Morgenrots, das zwar in genau umgekehrter Reihenfolge verläuft, aber auf die gleiche Weise entsteht.

Davon wusste man früher freilich noch nichts. Das abendliche und morgendliche Farbspektakel galt vielmehr als Zeichen heftiger Kämpfe am Himmel, in der germanischen Mythologie beispielsweise zwischen den Lichtgeistern und den Dämonen der Nacht. Und die rote Farbe wurde oft als böses Omen, als Prophezeiung des Krieges, verstanden.

Die ominösen Zeichen und Wunder entstehen jedoch auf friedliche Weise, auch wenn dabei die Lichtwellen durch die Bestandteile der Luft radikal aus der Bahn geworfen und in ihre arteigenen Farben zerspalten werden. Denn die Abend- bzw. Morgenröte beruht auf dem einfachen Naturgesetz, dass Lichtwellen je nach ihrer Wellenlänge und Farbe in der Lufthülle mehr oder weniger stark gestreut und schließlich aus dem Spektrum herausgefiltert werden. Bei tiefem Sonnenstand und entsprechend weitem Weg durch die Atmosphäre lassen sich die langwelligen, roten Strahlungsanteile am wenigsten aus der Bahn werfen. Sie erreichen deshalb am ehesten noch die Erdoberfläche.

Und das Wetter?

„Der Abend rot und weiß das Morgenlicht, dann trifft uns böses Wetter nicht." Bauernregeln, die die Wetterentwicklung von Morgen- und Abendröte ableiten, gibt es genug. Doch bedauerlicherweise ist auf sie kaum Verlass. Der Hauptgrund dafür besteht in der Tatsache, dass die feurigsten Rot- und Violetttöne in einer Atmosphärenschicht in 20 bis 25 Kilometer Höhe entstehen, also einer Schicht, die auf die kurz- bis mittelfristige Entwicklung des Wetters am Erdboden keinen Einfluss hat.

Günstiger werden die Erfolgschancen der hausgemachten Wettervorhersagen, wenn noch ein weiteres Merkmal, etwa der Wind, berücksichtigt wird: „Westwind und Abendrot machen die Kälte tot." Tatsächlich führt der Westwind in unseren Breiten milde Luftmassen und Wolken heran, die im Licht der untergehenden Sonne rot erscheinen. Das frostige Wetter wird daher wohl bald vorüber sein.

Abend- und Morgenrot mögen vielleicht eine romantische Wirkung entfalten, ihre Entstehung aber folgt einfachen Naturgesetzen.

Welche Lichteffekte gibt es?

Halos & Co.

Zwischen Himmel und Erde gibt es eine vielköpfige Menagerie unterschiedlichster Lichtgestalten: „Sonnenhunde" und Lichtsäulen, die wie Suchscheinwerfer zum Himmel gerichtet sind, mysteriöse Brockengespenster und Heiligenscheine. Man kann sie hoch am Himmel, aber auch direkt auf dem Erdboden entdecken.

Höfe und Kränze

Während Regenbogen immer auf der der Sonne abgewandten Seite am Himmel zu erkennen sind, sind die Halos (lateinisch: Höfe) genannten Lichtflecken und -bögen stets in der Nachbarschaft der Lichtquelle – vor allem Sonne und Mond – zu beobachten. Sie entstehen durch Brechung und Spiegelung des Lichts an Eiskristallen, wie sie hauptsächlich in hohen Wolken vorkommen.

Am häufigsten ist der eigentliche Hof, ein Lichtring, der die Sonne in einem Winkelabstand von 22 Grad umschließt. Ein wenig seltener sind die Nebensonnen, helle, oft farbenprächtig getönte Lichtflecken rechts und links der Sonne. Weil sie das Gestirn am Himmel so treu begleiten wie der beste Freund des Menschen sein Herrchen, nennen sie die Engländer auch „sun dogs" (Sonnenhunde). An durchschnittlich 20 bis 30 Tagen im Jahr tauchen über oder unter der auf- oder untergehenden Sonne sonderbare rötlich-gelbe Lichtsäulen auf, die wie Scheinwerfer den Himmel abtasten. Die Säulen werden ebenfalls durch Eiskristalle verursacht. In diesem Fall schweben sie aber nicht ruhig in der Luft, sondern schwingen schnell um ihre Vertikalachse. Den Halos vergleichbare bunt schillernde Phänomene treten darüber hinaus in den unteren Luftschichten und am Erdboden auf, etwa im Eisnebel, auf Schneedecken und auf mit Reif überzogenen Flächen. Häufiger sorgen jedoch in der Luft schwebende winzige Wassertröpfchen für Lichtkränze um Sonne, Mond oder künstliche Lichtquellen wie Straßenlaternen. Und wenn zur Hauptblütezeit farbige Kränze am Himmel erscheinen, sollten vom Heuschnupfen geplagte Menschen besser zu Hause bleiben. Der in der Luft fein verteilte Blütenstaub verursacht nämlich gleichfalls farbige Lichterscheinungen.

> ### *Brockengespenster und Heiligenscheine*
>
> *Der Brocken, der sagenumwobene „Blocksberg" im Harz, bietet mit über 300 Nebeltagen im Jahr beste Chancen, dem „Brockengespenst" in natura zu begegnen.*
>
> *Von der Sonne im Rücken wird der Schatten des Wanderers auf Nebelschwaden geworfen. Und da die Schwaden vom Wind in Bewegung gehalten werden, sieht es so aus, als ob sich dieses unheimliche Schattengespenst bewege.*
>
> *Gar nicht furchteinflößend sind die Heiligenscheine, die frühmorgens auf einer mit Tau benetzten Wiese im Schattenbild um den Kopf des Beobachters zu erkennen sind. Diese hell leuchtenden Ringe entstehen durch die Ablenkung des Sonnenlichts in der untersten Atmosphäre.*

Und was bedeuten die Halos?

Die Lichtflecken und -bögen am Himmel gehören zu den zuverlässigsten Wetterboten. Sie zeigen nämlich an, dass in der Atmosphäre im Stockwerk zwischen etwa fünf und 13 Kilometer reichlich Eiskristalle vorhanden sind. Die dünnen, lichtdurchlässigen Eiswolken ziehen den Schlechtwetterfronten oft weit voraus.

„Gibt Ring oder Hof sich Sonne und Mond, bald Regen und Wind uns nicht verschont." Tatsächlich steht meist eine Wetterverschlechterung in den nächsten 24 bis 48 Stunden bevor, wenn die Sonne (oder der Mond) einen Hof hat. Mit Regenwetter muss man zum Beispiel auch beim Anblick der Nebensonnen und Lichtsäulen rechnen.

Besonders gute Bedingungen für einen Halo, einen hellen Ring um Sonne oder Mond, bestehen bei einem heranziehenden Tief, wenn Eiskristalle hohe Cirruswolken bilden.

Warum sind tropische Wirbelstürme so gefährlich?

Die Kraft von Hurrikans

Tropische Wirbelstürme sind neben Erdbeben und Tsunamis zweifellos die verheerendsten Naturkatastrophen, die die Erde regelmäßig heimsuchen. Die Zahl der Todesopfer steigen in der Karibik häufig in fünfstellige, im dicht besiedelten Bangladesch mitunter gar in sechsstellige Bereiche. Allein der Tropenorkan Katrina, der 2005 über den Südstaaten der USA wütete, hinterließ Sachschäden in Höhe von mehr als 80 Milliarden US-Dollar. Die in der Karibik beheimateten Taino-Indianer gaben den Sturmmonstern also einst aus gutem Grund ihren Namen: Hurucan, der „Gott des Bösen", steckt bis heute in den Begriffen „Hurrikan" und „Orkan".

Unabsehbare Folgen

Manche Länder in den Tropen und Subtropen bleiben von tropischen Wirbelstürmen weitgehend verschont. Ihre Einwohner können dafür dankbar sein, hinterlässt doch ein Tropenorkan mit extremen Windgeschwindigkeiten, hohen Fluten und sintflutartigen Regengüssen tiefe Spuren, nicht nur in der Natur und Wirtschaft. Die Folgen für die Umwelt und Gesellschaft sind oftmals noch gravierender, selbst in reichen Staaten wie den USA, die durch Pläne und Einsatzkräfte eigentlich auf Katastrophensituationen vorbereitet sein sollten. Doch auch dort hinterlassen Hurrikans oft ein Chaos, das nicht zuletzt auch zu Straftaten genutzt wird.

Gigantische Energiebündel

Beim Anblick der vom Orkan gepeitschten Palmen, der riesigen Wellen und der vom Wind zerfetzten Häuser kann man sich die Gewalt tropischer Wirbelstürme vorstellen. Unvorstellbar sind jedoch die Energiemengen, die bei einem solchen Wetterereignis freigesetzt werden: im Durchschnitt schätzungsweise zwölf Billionen Kilowattstunden pro Tag. Davon werden glücklicherweise nur etwa drei Prozent in Windenergie umgewandelt, sonst würden die Windgeschwindigkeiten, die bei den stärksten Hurrikans über rund 250 Kilometer pro Stunde betragen, noch weit höher sein.

Die Energie stammt aus einer unscheinbaren Quelle: der im Wasserdampf verborgenen Wärmeenergie, die bei der Kondensation (S. 30) frei wird. Je mehr Wasserdampf die Verdunstung bereitstellt, desto mehr Energie kann folglich auch die Atmosphäre enthalten. Am stärksten ist die Verdunstung an der Oberfläche warmer tropischer Meere – für die Bildung tropischer Wirbelstürme gelten etwa 27 °C als Mindesttemperatur. Die Herkunftsgebiete der Tropenorkane liegen allerdings nicht, wie man vermuten könnte, in den Zonen unmittelbar am Äquator. Die Corioliskraft (S. 72), die die Winde ablenkt und den Anstoß zur Verwirbelung der Luftmassen gibt, ist nämlich erst ab ungefähr 5 Grad nördlicher beziehungsweise südlicher Breite stark genug.

Auge und Wirbel

Je nach Herkunftsgebiet und Zugbahn tragen die tropischen Wirbelstürme unterschiedliche Namen: In Nord- und Mittelamerika heißen sie Hurrikans, in Ostasien Taifune, auf den Philippinen Baguios und in Südasien einfach nur Zyklone. Alle verbindet jedoch ein im Querschnitt ähnlicher innerer Aufbau.

Das unverwechselbare Merkmal voll ausgereifter Tropenorkane ist das sogenannte Auge im Kern, eine meist ovale Region, in der kalte Luft absinkt. Sie zeichnet sich durch Wolkenarmut und vergleichsweise schwache Winde aus. Es folgt eine kilometerhohe Mauer, die „eye-wall", die aus bis zum oberen Rand der Troposphäre emporquellenden Gewitter- und Schauerwolken besteht. Wolkenbänder ordnen sich spiralenförmig darum an, wobei die Winde nach außen hin „abflauen". Diese treffen dann als Erstes auf Land und geben einen Vorgeschmack davon, was den Menschen dort blüht.

Aus dem Weltraum betrachtet, wird die Gewalt der Wirbelstürme, im Bild der Hurrikan Jeanne aus dem Jahr 2004, sofort deutlich: Die mächtigen weißen Wolkenwirbel können einen Durchmesser von bis zu 1000 Kilometer erreichen.

Wie entstehen Hurrikans und was stoppt sie?

Katrinas kurzes und turbulentes Leben

Die Lebenserwartung tropischer Wirbelstürme ist gering. Sie beträgt in der Regel nur ein bis zwei Wochen. Zwar sind ihre Lebensetappen häufig wie in einem Drehbuch festgelegt, doch haben die Orkane ihre Launen und halten sich nicht immer pedantisch daran. Einer der verheerendsten Hurrikans nicht nur in der Geschichte der USA war Katrina. Sie forderte fast 2000 Todesopfer und verursachte Sachschäden in Höhe von über 80 Milliarden US-Doller.

Etappen auf dem Weg ins Unheil

Hoch aufquellende Haufenwolken, die auf kräftige aufwärts gerichtete Luftströmungen hinweisen, gibt es über den tropischen Meeren ungezählte. Nur aus einigen wenigen – rund 80 im Jahresdurchschnitt – entwickeln sich tropische Wirbelstürme.

Argwöhnisch werden Meteorologen erst, wenn Wolkenfelder auf Satellitenbildern die Form eines Kommas annehmen, was auffällig die großräumige Verwirbelung der Luftmassen anzeigt. Als Nächstes ziehen die Wolkenfelder in charakteristischen Spiralen um den Kern, in dem der Luftdruck bis unter 900 Hektopascal fallen kann. Das Reifestadium der tropischen Orkane ist erreicht, wenn die Luft mit Macht in die Zonen rund um den Kern einströmt, aufsteigt und dabei die hohe Wolkenmauer bildet. Zum Ausgleich sinkt Luft im Kern ab und löst das typische „Auge" in die Wolkenfelder.

Katrina – eine seltene Fünf

Um Ordnung in den Ablauf zu bringen und die Stärke der Stürme zu beschreiben, bedient man sich verschiedener Skalen. Die bekannteste ist die Saffir-Simpson-Hurrikan-Skala. Darin folgen nach dem „Tropischen Tief" und dem „Tropischen Sturm" mit „geringen" Windgeschwindigkeiten oberhalb von knapp 120 Kilometer pro Stunde die in fünf Stufen gegliederten Hurrikans. Ein Hurrikan der höchsten Stufe 5 erreicht Windgeschwindigkeiten über 250, mitunter sogar über 300 Kilometer pro Stunde.

Katrina entstand am 23. August 2005 in der nordöstlichen Karibik aus einem Tropischen Tief, das rasch zu einem gewaltigen Tropischen Sturm anwuchs und nordwestwärts in Richtung Florida zog. Als Hurrikan der Stufe 1 überquerte Katrina am 25. August die Südspitze der Halbinsel, wurde über Land etwas schwächer, saugte sich dann aber wieder über den warmen Gewässern des Golfs von Mexiko mit Energie voll. Am Morgen des 28. August stufte man den Hurrikan in die Stufe 5 ein. Er traf am nächsten Tag mit voller Wucht auf die US-Golfküste. Nachdem sie dort verheerende Schäden angerichtet hatte, schlug Katrina nordwestliche Zugrichtungen ein und verschwand am 31. August endgültig von den Wetterkarten.

Kinder der Meere

Katrina war mit Windgeschwindigkeiten von bis zu 340 Kilometer pro Stunde nicht nur einer der stärksten Hurrikans seit Beginn der Wetteraufzeichnungen. Ihr Lebenslauf zeigt auch lehrbuchartig, wie sehr tropische Orkane auf die Meere als Energiequellen angewiesen sind.

Über dem Land versiegt diese Quelle, zusätzlich wird der Wind noch durch die Reibung an der Erdoberfläche gebremst. Dabei ist gerade der sogenannte Landfall, der Zeitpunkt, an dem der Sturm mit seinem Auge vom Meer aufs Land übertritt, eine besonders kritische Phase. Im Bereich des Auges flaut der Wind ab, um dann jedoch nach dem Durchzug des windschwachen Kerns tückischerweise wieder auf Höchstgeschwindigkeiten anzuschwellen. Derweil branden Orkanfluten gegen die Küste und sintflutartige Regengüsse setzen ein. Mitunter gehen in einer Stunde 40 Liter Wasser auf jeden Quadratmeter nieder.

Hurrikans der Stärke 5 entwickeln eine derartige Kraft, dass selbst kleinere Gebäude um- oder weggeweht werden können. Küstengebiete, die tiefer als 5 Meter über dem Meeresspiegel liegen, werden bis zu 16 Kilometer landeinwärts überflutet.

Wie entstehen die rasenden Rüssel der Lüfte?

Tornados – Wirbelstürme im „Kleinen"

Aus einer mächtigen, finsteren, zuweilen leicht grünlich gefärbten Gewitterwolke hängen ein oder mehrere rüsselförmige Gebilde herab. Sie tanzen wie „Twister" hin und her – doch es ist ein zerstörerischer Tanz. Denn wo die Rüssel die Erdoberfläche berühren, entsteht ein Inferno, eine wandernde, wirbelnde Wolke aus Staub, Steinen, Pflanzenteilen und allen möglichen Trümmern. Sie zieht eine Spur der Verwüstung durch das Land, fordert häufig viele Verletzte und Todesopfer.

Im Schlachtfeld der Luftmassen

Drei Bedingungen führen zu diesen brachialen Wirbelstürmen, die in ihrer stärksten Form Windgeschwindigkeiten von mehr als 500 Kilometer pro Stunde erreichen. Erstens muss die Luft genug Wasserdampf enthalten; ähnlich wie bei tropischen Wirbelstürmen stammt die vernichtende Energie der Tornados aus der Wärme, die bei der Kondensation von Wasserdampf frei wird. Zweitens müssen die unteren Schichten der Atmosphäre labil geschichtet sein, die Temperatur muss also zur Höhe hin drastisch abnehmen, beispielsweise dadurch, dass sich sehr kalte Luftmassen über warme schieben. Dann erhält die warme Luft enormen Auftrieb und erzeugt in einem engen Schlauch kräftige Aufwinde. Drittens muss ein Anstoß verhanden sein, der die aufsteigenden Luftmassen in eine Drehbewegung versetzt. Dies geschieht vor allem dadurch, das die Windgeschwindigkeit zur Höhe hin rasch zunimmt und/oder sich dort die Windrichtung ändert.

Sollten alle drei Bedingungen erfüllt sein, beginnt bald ein erschreckend-faszinierendes Naturschauspiel, das in seiner Urgewalt kaum zu übertreffen ist: Häuser explodieren förmlich, weil der Luftdruck im Innern des Rüssels schlagartig um bis zu 100 Hektopascal fällt, während in den Häusern noch höherer Druck herrscht. Tonnenschwere Gegenstände, selbst Eisenbahnwaggons oder Lastwagen, werden wie Streichhölzer umhergewirbelt.

Wind- und Wasserhosen

Im deutschsprachigen Raum bezeichnet man Tornados auch als Wind- oder Wasserhosen. Windhosen, wenn sie über dem festen Land, Wasserhosen, wenn sie über Gewässern auftreten. Mit dem Kleidungsstück haben beide Begriffe aber überhaupt nichts zu tun. Ein „hose" ist im Englischen vielmehr ein Schlauch, der Name beschreibt also das rüsselförmige Gebilde, das aus der Wolke herabhängt.

Tornados über Wasser werden in Mitteleuropa häufiger beobachtet, zum Beispiel im August 2006 über dem Bodensee. Ihr bevorzugtes europäisches Revier ist aber der Mittelmeerraum, insbesondere die Straße von Gibraltar, wo oft zwei Winde aus entgegengesetzten Himmelsrichtungen eng aneinander vorbeistreifen.

Tornado-Alleen

Tornados sind in vielen Ländern der Erde gefürchtet. Auch in Mitteleuropa treten sie auf, decken Hausdächer ab, schlagen entlang ihrer Zugbahn, dem Åsgardsweg, Schneisen in die Wälder, werfen Baukräne um oder schleudern Wohnwagen durch die Gegend. Auch Todesopfer sind häufig zu beklagen.

In Deutschland werden pro Jahr „nur" 20 bis 30 Tornados beobachtet, die auch Schäden verursachen. Von Ausnahmen abgesehen, gehören sie den schwächeren Tornadoklassen an. Viel häufiger und heftiger wüten die Wirbelstürme im Mittleren Westen der USA, einem weithin flachen Land, in dem kalte arktische und feuchtwarme subtropische Luftmassen aufeinander prallen. Mindestens 200 bis 300 Tornados werden dort in den berüchtigten „Tornado-Alleen" pro Jahr gezählt.

Der Rüssel eines Tornados wirbelt Staub auf – doch dabei muss es nicht bleiben.

Die Schwarzen Blizzards – woher kommen sie?

Staubstürme und Staubteufel

Kora-san, der „gelbe Wind", treibt den Einwohnern der chinesischen Hauptstadt Beijing häufiger die Tränen in die Augen. Manchmal überquert der durch Staub gefärbte Wind den Pazifik und führt in Kaliforniens Wäldern zu Feueralarm, da die Staubwolken als Brandwolken missdeutet werden. Und in Island kann ein Ausflug ins Hochland bei stürmischem Wetter zum lebensgefährlichen Abenteuer werden, weil man in der aufgewirbelten schwarzen Vulkanasche unweigerlich die Orientierung verliert.

> ### *Staubige Botschaften aus der Sahara*
>
> *In der Regel ist der Himmel über den Alpen bei Föhn kristallklar. Die Luft kann manchmal aber auch gelb-rötlich getrübt sein – der normale Föhn wird zum Dimmerföhn, wie die Eidgenossen sagen. Die Trübung kommt dadurch zustande, dass südliche Luftströmungen über dem Mittelmeerraum und daran anschließend der Südföhn große Mengen von rötlichem Staub aus den Wüsten Nordafrikas in unsere Breiten verfrachten. Sie lagern sich in trockener Form überall ab oder werden vom Regen als „Blutregen" aus der Atmosphäre gewaschen.*

Fürchterliche Staubschüsseln

Dennoch werden mit Staub und Sand beladene Winde in ihrer Bedrohlichkeit oft nicht ernst genommen. Dabei können sie ein Land an den Rand einer Katastrophe treiben. In den 1930er-Jahren beispielsweise tobten in den „Staubschüsseln" des Mittleren Westens der USA nach langer Dürre verheerende Staubstürme: Im Mai 1934 wirbelte ein viertägiger Sturm eine fast fünf Kilometer hohe Wolke auf, die rund 300 Millionen Tonnen Staub enthielt und eine Fläche von mehr als drei Millionen Quadratkilometern bedeckte. In anderen Jahren gab es im Frühling an durchschnittlich jedem zweiten Tag einen „Schwarzen Blizzard" – er kam so plötzlich und tobte so heftig wie sein weißer Vetter (S. 106). Bald war das einst fruchtbare Land buchstäblich verwüstet. Die Farmer mussten Haus und Hof aufgeben. Es begann der größte Exodus in der Geschichte der USA.

Stürme, die Staub vom nackten Boden aufwirbeln und in Form imposanter Staubwolkenwalzen über weite Entfernungen verfrachten, wüten bis heute in vielen Regionen der Erde, zum Beispiel in Nordafrika oder Zentralasien. Echte Sandstürme sind dagegen selten, denn nur die stärksten Winde können die schweren Sandkörner höher in die Luft heben.

Als Ursache der Winderosion steht die Nutzung des Bodens als Acker- und Weideland inzwischen unangefochten an der Spitze. An einem geschlossen mit Pflanzen bedeckten Boden findet die Windabtragung normalerweise keine Angriffsfläche. Staubstürme richten mitunter zusätzlich durch den von ihnen weit vom Herkunftsgebiet abgelagerten Staub erhebliche Schäden an, etwa weil die Staubmassen die verschiedensten Krankheitserreger oder wie am verlandenden Aralsee Pestizide enthalten.

Staubteufel

Staubteufel sind trotz ihres diabolischen Namens weit weniger gefährlich. Auf den ersten Blick gleichen die hohen Säulen aus aufgewirbeltem Staub Tornados, doch wer genauer hinsieht, entdeckt das wichtigste Unterscheidungsmerkmal: Sie sind niemals an Gewitterwolken gebunden, sondern entstehen im Gegenteil durch intensive Sonneneinstrahlung bei wolkenarmem bis wolkenlosem Himmel. Die bodennahen Luftschichten erhitzen sich sehr stark, leichte Heißluftblasen steigen in die Höhe. Ähnlich einem Wasserstrudel, der über dem Abfluss der Badewanne entsteht, wenn man den Stöpsel herauszieht, bildet sich ein in diesem Fall aufwärts gerichteter Strudel aus verwirbelter Luft.

Selbst auf diesem Satellitenbild kann man eindeutig erkennen, wie ein Sandsturm die feinen Partikel von der Sahara aus in Richtung Kanaren transportiert.

Wann und wo wüten die „Rasenden Fünfziger“?

Stürme in den gemäßigten Breiten

Kap Hoorn, ein felsiges Kap auf einer Insel nahe der Südspitze Südamerikas, galt und gilt unter Seeleuten als ein Ort des Schreckens: Nebel, peitschende Regen- und Schneeschauer, Eisberge und vor allem Stürme machen die Schiffspassage zum unkalkulierbaren Risiko. Die Landzunge liegt recht genau in der Mitte der Zone zwischen dem 50. und 60. Breitenkreis südlicher Breite, die in der Seefahrt wegen der heftigen Stürme als „Rasende Fünfziger“ bezeichnet wird. Gleich im Norden schließen sich die „Brüllenden Vierziger“, eine genauso stürmische Zone, an.

In eben diesen Zonen des Planeten, nur nördlich des Äquators, liegt ein großer Teil Europas.

Ein Raser auf der Orkan-Autobahn

Allgemein ist die südliche Hälfte der Erde stürmischer als die Nordhalbkugel, was vor allem mit dem Eiskontinent Antarktika und dem deshalb enormen Temperaturgefälle zum Äquator hin zu tun hat. Wesentlich mehr Sturm- und Orkantiefs ziehen dort in den mittleren Breiten um den Erdball – auch in den Sommermonaten. Nördlich des Äquators toben sich Stürme dagegen fast nur im Winter aus.

Ein solcher außertropischer Wintersturm zog 1999 am zweiten Weihnachtsfeiertag mitten durch Europa, wie so oft in Begleitung von Genossen. Zusammen hinterließ das Orkan-Trio Martin, Lothar und Anatol Sachschäden von umgerechnet mehr als fünf Milliarden Euro. Ganze Wälder wurden verwüstet, über 100 Menschen verunglückten tödlich.

In den Auswirkungen unterscheiden sich die stärksten Sturmwirbel der mittleren und höheren Breiten kaum von den tropischen Wirbelstürmen, wohl aber in den Energiequellen. Tiefs wie „Lothar“ beziehen ihre Energie in erster Linie aus den Temperatur- und Luftmassenunterschieden beiderseits der Polarfront, an der subtropische Warmluft und polare Kaltluft aufeinander prallen. Sie verläuft auf der Nordhalbkugel ungefähr zwischen dem 40. und 50. Breitenkreis. In ihr entwickeln sich die wandernden Hochs und Tiefs und beim Durchzug der Druckgebilde kommt es öfters zu starken Luftdruckschwankungen, die Alarmsignale für nahende Stürme sind.

Bei der Passage von „Lothar“ fiel der Luftdruck an der französischen Kanalküste innerhalb von drei Stunden um fast 28 Hektorpascal – ein solcher Druckfall war bis dahin über dem europäischen Festland noch nie gemessen worden. Entsprechend stark tobte sich der Orkan mit Windgeschwindigkeiten bis über 200 Kilometer pro Stunde hauptsächlich über Süddeutschland und der Schweiz aus.

Wind gegen Wald

Im Binnenland hinterlassen Orkane die schwersten Schäden meist in den Wäldern. Allein Lothar und Martin knickten rund 300 Millionen Bäume ab oder entwurzelten sie.

Wie beim Orkantief Kyrill am 18./19. Januar 2007 bereiten heftige Regenfälle häufig den Kahlschlag vor, indem sie den Boden durchweichen und so Bäumen den Halt nehmen. Allerdings haben die Forstleute durch die Anpflanzung flachwurzelnder Nadelbäume dem Wind das Vernichtungswerk erheblich erleichtert.

Orkane von gestern

Sturmereignisse mit katastrophalen Folgen sind keine auf die jüngste Zeit beschränkte Erscheinungen. Sie gehören zum Klima der mittleren Breiten – in alten Chroniken findet man viele Berichte darüber. Schwere Stürme, begleitet von Hochwasser, wüteten zum Beispiel über Mitteleuropa zwischen 1480 und 1500, auch 1612 war ein Katastrophenjahr. Im langjährigen Durchschnitt jedoch nahm die Zahl der Stürme und Orkane über Deutschland von etwa zehn gegen Ende des Mittelalters auf mehr als 30 pro Jahr in der Neuzeit zu.

Januar 2007 wütete Orkan Kyrill in weiten Teilen Mitteleuropas. Der Gesamtverband der Deutschen Versicherungswirtschaft schätzte den in Deutschland entstandenen Schaden auf mindestens eine Milliarde Euro. Und allein in Sachsen hinterließ Kyrill mehr als eine Million Kubikmeter geschädigtes Holz.

Land unter an der Waterkant – wann bekommt man nasse Füße?

Sturmfluten an Nord- und Ostsee

Bei schwachem Wind und Sonnenschein schimmert das stille Meer wie ein picobello geputzter Spiegel. Doch nur ein paar Stunden später kann der „Blanke Hans" – wie man die tobende See auch nennt – ein ganz anderes Gesicht offenbaren: Sturm- und Orkanböen peitschen die Meeresoberfläche zu hohen Wellen auf, die gegen die Deiche und Kliffs branden. Und kommt es besonders schlimm, vereinigt sich das Wetter mit den Gezeiten zum Großangriff auf Küsten und Inseln.

Die unheilige Allianz

Im Umkreis der Nordsee und besonders der Deutschen Bucht wütet der „Blanke Hans" besonders häufig und heftig. Er erhält dabei gleich von mehreren Seiten Unterstützung. Typisch für das Wetter Mitteleuropas sind die Tiefs, die fast pausenlos vom Atlantik heranziehen. Nähert sich ein solches Druckgebilde dem Festland, treibt der auffrischende Wind zunächst von Südwesten her durch den Ärmelkanal gewaltige Wassermassen in die Nordsee. Nach dem Durchzug des Tiefs dreht der Wind meist auf nordwestliche Himmelsrichtungen und verfrachtet die angesammelten Wassermassen in die entgegengesetzte Richtung auf die Küste zu. Dort öffnen sich ihnen mehrere Buchten und trichterförmige Flussmündungen, in denen die Pegelstände durch Stau immer höher ansteigen, während Ebbe und Flut besonders bei hohen Springfluten den Anstieg der Pegelstände beschleunigen und verstärken.

Im Extremfall kann der Scheitel der Flut um sechs Meter über dem mittleren Meeresniveau liegen. Zum Vergleich: Diese Höhe der Flutmarke würde der eines Hurrikans der Stufe fünf entsprechen. In der Ostsee, in der sich die Gezeiten kaum bemerkbar machen, schwanken die höchsten Pegelstände zwischen zwei und drei Meter – immerhin noch die Flutmarken eines Hurrikans der Stufe zwei oder drei. Ein friedliches Gewässer ist das ringsum nahezu geschlossene Binnenmeer ohnehin nicht. Zu seinen Tücken gehört vor allem die Verfrachtung von Wassermassen durch westliche Winde in die östliche Ostsee, wo sie sich aufstauen, um dann unerwartet wieder nach Westen zurückzuschwappen, sobald die Winde nachlassen.

Manndränken

Die Liste schwerer Sturmfluten an Nord- und Ostsee ist lang. Vor allem die „Manndränken" des Mittelalters forderten Zigtausend Menschenleben. Männer, Frauen und Kinder ertranken im eiskalten Wasser, allein 50 000 bei der Luciaflut im Dezember 1287 und 100 000 bei der Zweiten Marcellusflut im Januar 1362. Diese waren damit die schwersten Naturkatastrophen in Deutschland seit Menschengedenken. Ob die derzeitigen Deiche bei langsam, aber sicher ansteigendem Meeresspiegel kommenden Sturmfluten weiterhin standhalten, muss sich noch zeigen.

Küstenschutz – ein zweischneidiges Schwert

Die ersten Deiche an der Deutschen Bucht entstanden im 11. Jahrhundert. Heute säumen sie als praktisch geschlossener Schutzwall die Küste. Ohne die inzwischen durch gewaltige Sperrwerke ergänzten Dämme hätten die Sturmfluten der jüngsten Zeit sicher verheerende Folgen gehabt, denn die Pegelstände steuern offenbar unaufhaltsam auf neue Rekordmarken zu. Andererseits kann gerade der Küstenschutz zu Landverlusten führen. Dafür ist die Westküste der Insel Sylt ein Beispiel. Dort wurde ein Schutzwall aus vierfüßigen Betonklötzen errichtet. Er hat zwar den Küstenrückgang gebremst, an den Enden des Walls schlägt die Brandung jedoch umso härter zu.

Die Halligen, kleine nicht eingedeichte Inseln an der nordfriesischen Nordseeküste, sind der Flut schutzlos ausgesetzt. Mensch und Vieh können sich nur auf Warften, künstlichen Hügeln, in Sicherheit bringen.

Warum ist der Föhn so warm?

Der Föhn – Wind aus dem Gebirge

An durchschnittlich 30 bis 60 Tagen im Jahr weht der Föhn aus Süden über die Kämme der Alpen, durch die Täler an der Alpennordseite und über das Vorland. Er hat in der Welt viele enge Verwandte, wie die föhnartigen Winde am Rand der Eifel oder den recht kühlen Fallwind an der Südflanke der Alpen, den die Italiener „Tedesco", den „Deutschen", nennen.

Brandstifter und Schneefresser

Die alten Römer nannten den Föhn „favonius", den „milden (West-)Wind". Doch der Name führt in die Irre. Der Alpenföhn ist kein laues Lüftchen, sondern meist ein böiger Sturm oder gar Orkan mit Windgeschwindigkeiten bis über 200 Kilometer pro Stunde. Mild sind nur die Temperaturen, die selbst im Herbst und Winter unter Föhneinfluss frühlingshafte bis hochsommerliche Werte erreichen. Dafür nimmt der Feuchtigkeitsgehalt der Luft binnen kürzester Zeit drastisch ab, mitunter von klammen 80 auf wüstenhafte 20 Prozent. Diese Trias – heftiger Wind, hohe Temperaturen und geringe Luftfeuchtigkeit – hat nicht selten verheerende Folgen, Brände werden entfacht und Lawinen ausgelöst, Schneedecken schmelzen in wenigen Stunden ab.

Wie jeder andere Wind entsteht auch der Föhn durch ein Luftdruckgefälle. Tiefdruckgebiete, die vom Atlantik her über das mittlere Europa hinwegziehen, saugen auf ihrer Vorderseite feuchtwarme Luft aus dem Mittelmeerraum an. Auf ihrem Weg ins Tief treffen die Luftmassen auf die Alpenbarriere und müssen aufsteigen. Dabei gelangen sie in kühlere Schichten der Atmosphäre , in denen sich der Wasserdampf in Wassertröpfchen und Wolken verwandelt.

Eben diese Kondensation ist der entscheidende Grund für die Wärme und Trockenheit des Föhns: Einerseits regnen sich die Wolken an der Südseite des Gebirges zum Teil aus, andererseits nimmt die Lufttemperatur beim Aufstieg nicht wie sonst um etwa 1 °C, sondern in den Wolken nur um 0,6 °C je 100 Höhenmeter ab, da die bei der Verdunstung von Wasser in Wasserdampf gespeicherte Wärmeenergie wieder frei wird. Unterm Strich bleibt ein erheblicher Wärmeüberschuss.

> *Föhnkrankheiten*
>
> *Bei ausgeprägten Föhnwetterlagen leiden viele Wetterfühlige am stärksten. Die Liste der Beschwerden ist lang. Sie reicht von eher harmlosen Unpässlichkeiten wie Schwindelgefühlen und innerer Unruhe über heftige Kopf- und Gliederschmerzen bis hin zu schweren Asthma- und Herzanfällen.*
>
> *Über die Ursachen sind sich die Experten nicht einig. Wahrscheinlich werden die Beschwerden aber vor allem durch Luftdruckschwankungen ausgelöst, die entstehen, wenn die trockene, warme Luft auf bodennahe Kaltluftmassen trifft. Damit wird der menschliche Organismus nicht fertig, er kann sich nicht schnell genug an den ständigen Druckwechsel anpassen.*

Zeichen am Himmel

Der Föhn hält am Nordrand der Alpen zwölf bis 36 Stunden an, ist also ein recht kurzlebiges Witterungsereignis. Ihm folgt in der Regel ein schroffer Wetterumschlag mit Temperatursturz, Gewittern, Regen oder Schnee.

Starker Föhn gilt daher als sicheres Indiz für schlechtes Wetter. Dieses kündigt sich durch das Föhnfenster an, eine auffällige wolkenarme Zone am Alpenrand. In ihr „schwimmen" nur einzelne „Föhnfische". Die für Föhnwetterlagen charakteristischen Wolken haben ihren Namen von den fisch-, linsen- oder mandelförmigen Umrissen. Manchmal sehen sie auch wie UFOs aus ...

In der sehr trockenen Luft einer Föhnwetterlage herrscht beste Fernsicht – die Alpen erscheinen in München zum Greifen nahe.

Warum sind heftige Regenschauer so gefährlich?

Sturzfluten und ihre Folgen

Regen ist nicht gleich Regen. Manchmal nieselt es nur so leicht, dass es sich nicht einmal lohnt, den Regenschirm aufzuspannen, manchmal beschert uns der Wettergott lang anhaltenden Dauerregen, und manchmal prasselt ein Regenschauer nieder, dem nur wenige Minuten später Sonnenschein und blauer Himmel folgen. Gerade die kurzen, aber heftigen Regengüsse sind für Mensch und Natur die gefährlichsten.

Fluten aus heiterem Himmel

Das Bild, das man sich auf dem europäischen Festland vom Wetter der Britischen Inseln macht, ist klar umrissen: kühl, viel Nebel und noch mehr Regen – ein leichter, andauernder, ungemütlicher Nieselregen, keinesfalls kurze Regenschauer, die typisch für das Klima warmer Länder sind. Doch dieses Bild täuscht, vor allem, was den Regen angeht.

Gerade die Halbinsel Cornwall im Südwesten Großbritanniens ist durch ihre heftigen Regengüsse von tropischer Stärke bekannt. Am Nachmittag des 16. August 2004 fielen auf den Hügeln oberhalb des Dorfes Boscastle rund 200 Liter Regen pro Quadratmeter, etwa ein Viertel des mittleren Jahresniederschlags. Das Wasser sammelte sich im Tal und bildete eine zwei bis drei Meter hohe Flutwelle, die mit zirka 65 Kilometer pro Stunde durch das Dorf schoss. Die „flash flood" (Blitzflut) produzierte Horrorbilder: Autos und Häuser trieben in braunen Fluten talwärts, verzweifelte Menschen klammerten sich an Bäume.

In den USA, wo sich Blitzfluten häufiger ereignen, führt der nationale Wetterdienst eine erschreckende Statistik. Danach sind die Fluten mit durchschnittlich fast 130 Todesopfern pro Jahr die gefährlichsten Wetterereignisse, und zwar deutlich vor Blitzschlägen und Tornados. Zum einen nämlich werden sie von lokalem Starkregen ausgelöst; während es oberhalb von Boscastle schüttete, wurde zur gleichen Zeit in benachbarten Wetterstationen praktisch kein Regen gemessen. Es gab daher keinerlei Hinweise auf ein Unwetter. Zum andern ist bei starken Regengüssen der Anteil des Wassers, der oberflächlich abfließt, sehr groß. Der Abfluss sammelt sich in den Tälern, und dort gibt es dann kaum noch Chancen auf ein Entrinnen.

Wenn Dämme brechen

Natürlich brechen Wolken nicht an ihrer Unterseite plötzlich auf, um sich ihrer Wasserlast schlagartig zu entledigen. Der Niederschlag entsteht vielmehr ganz allmählich im Innern der Wolken. Und diese regnen sich auch nicht „aus", wie es oft heißt. Normalerweise fallen maximal etwa zehn Prozent der gesamten Wassermengen zur Erde. Trotzdem wirken die kurzen, heftigen Regengüsse zuweilen wie Wolkenbrüche.

Am 26. November 1970 fielen zum Beispiel auf der Karibikinsel Guadeloupe in einer Minute gut 38 Liter Regen pro Quadratmeter – mindestens so viel wie in der gleichen Zeit in einer Duschkabine. Füssen im Allgäu brachte es am 25. Mai 1920 während eines kurzen Platzregens immerhin auf 15 Liter pro Minute und Quadratmeter.

Vom Regen verwüstetes Land

Starker, wolkenbruchartiger Regen hat für den ungeschützten Boden verheerende Folgen. Die großen Tropfen, aus denen Regenschauer meist bestehen, schlagen wie Bomben auf der Bodenoberfläche ein, reißen kleine Krater und zertrümmern die großen Bodenkrümel in kleinere Partikel, die vom Wasser verschwemmt werden können. Da der Boden den Regen nicht schnell genug aufnimmt, bilden sich an der Oberfläche Rinnsale oder auch Wasserschichten. Kommen solche Ereignisse häufiger vor, dann wird der Boden bis aufs nackte Gestein erodiert.

Wer die Badlands sucht, muss nicht unbedingt nach South Dakota in die USA reisen. Auch in Thüringen, in der Nähe der Burg der Gleichen, kann man von Starkregen erzeugte Erosionsfurchen und frei liegende Mergelsteinschichten bewundern.

Sind Hochwasser von Menschenhand gemacht?

Überschwemmungen und ihre Ursachen

Hochwasserkatastrophen mit zahllosen Todesopfern und immensen Sachschäden haben die Geschichte der Menschheit spätestens seit der Jungsteinzeit begleitet. Und sie wurden überliefert, in mündlicher oder schriftlicher Form wie die biblische Sintflut oder aber durch eingemeißelte Hochwassermarken, die am Nil rund 5000 Jahre alt sein können. Die alten Mythen deuten katastrophale Hochwasser meist als Strafen der Götter für die Sünden der Menschheit. In gewisser Weise entspricht dies dem neuesten Forschungsstand.

Der Weg zur Katastrophe

Bei „Hochwasser" müssen Flüsse nicht zwangsläufig über die Ufer treten und das angrenzende Land überschwemmen. Der Begriff bezeichnet zunächst einmal nur einen Wasserstand oder eine Abflussmenge über einem bestimmten mittleren („normalen") Wert. Steigen die Pegelstände jedoch sehr stark an, dann kommt es zu Überschwemmungen.

Solche Überschwemmungen sind am Rhein keine Seltenheit: Der Strom mit seinem riesigen Einzugsgebiet und verschiedenen Naturräumen ist ein gutes Beispiel dafür, wie unterschiedlich die Ursachen von Überflutungen sein können. Neben stärkerem oder lang andauerndem Regen, spielen auch Niederschläge, die auf gefrorenen Boden oder Schnee fallen, sowie die Schneeschmelze und Eisgang eine Rolle.

Am Rhein ist daher der Winter die wichtigste Hochwassersaison, wie das Jahrhunderthochwasser im Dezember 1993 bewies. Die verheerenden Hochwasser an Oder (1997) und Elbe (2002) waren dagegen Ereignisse der Sommermonate. Verursacht wurden sie durch extremen Starkregen, wie er in Mitteleuropa vor allem aus der Vb-Zugbahn resultiert (S. 38). Dann schwellen sogar kleine Flüsse so rekordverdächtig an, dass selbst die Mulde – ein Nebenfluss der Elbe – mitunter mehr Wasser führt als der um ein Vielfaches längere Rhein an der Pegelstation Kaub.

Der Mensch als Komplize

Dem Wetter allein darf man jedoch nicht die Schuld an Hochwasserkatastrophen geben, der Mensch ist vielmehr ein Mit-, vielleicht sogar der Haupttäter.

Durch die Rodung der Wälder im Flussgebiet wird der Abfluss an der Erdoberfläche stärker; den gleichen Effekt hat die Versiegelung des Bodens durch Asphalt und Beton. Flussbegradigungen und der Ausbau der Ufer führen dazu, dass die Hochwasserwellen schneller flussabwärts rollen, folglich schwindet die Zeit für Schutzmaßnahmen. Gleichzeitig werden die Flüsse mithilfe von Deichen immer mehr aus ihren natürlichen Ausuferungsgebieten, den Flussauen, verdrängt. Und wenn der Abfluss gleich bleibt oder sogar noch zunimmt, müssen die Hochwasserwellen in den engen, kanalisierten Flussbetten naturgemäß höher werden.

Segensreiches Hochwasser

Als Naturgewalten sind weiträumige Überschwemmungen gefürchtet, sie haben oder – genauer – hatten jedoch auch ihre guten Seiten. Nicht ohne Grund entstanden die ersten sogenannten Hochkulturen an den Ufern großer Ströme, die häufig Hochwasser führten, am Nil, Euphrat, Tigris oder Indus. Die Überschwemmungen förderten die kulturelle Entwicklung auf zweifache Weise: Zum einen war der Hochwasserschutz eine Aufgabe, die nur ein gut organisiertes Staatswesen lösen konnte. Zum andern bescherte das Hochwasser der Landwirtschaft große Vorteile: durch den im Wasser mitgeführten Schlamm, einen natürlichen Dünger, und das Wasser selbst.

Am 6. November 2002 erreichte das Hochwasser in Köln die Hochwasserschutzmarke 1, was einem Wasserstand von 6,20 Meter entspricht. Genug, um diesen Kinderspielplatz in ein Erlebnisbad mit Wasserrutsche zu verwandeln.

Wann gefriert der Regen zu Eis?

Eisregen und Blitzeis

Es ist gewiss angenehm, drinnen in der warmen Stube hinter dem Fenster zu sitzen und zuzuschauen, wie sich draußen im Garten die kahlen Laubbäume nach und nach mit einer kristallklaren, glitzernden Eisschicht überziehen. Ein traumhaftes Bild! Draußen wird dieser Traum aus Eis jedoch rasch zum Alptraum. Und auch wer im Haus bleibt, kann sich glücklich schätzen, wenn er einen Ofen und genügend Brennmaterial oder – noch besser – ein Notstromaggregat besitzt.

Glatter geht's nimmer

Das Eis, das sich im Garten auf den Bäumen bildet, überzieht auch die Straßen und Wege. Meteorologen bezeichnen die Eisschichten als Glatteis, was den Schluss zulässt, das es sich dabei um eine besonders rutschige Variante der Straßenglätte handelt. Da diese zu allem Überfluss sehr schnell auftritt, ist in den Medien die Bezeichnung „Blitzeis" gebräuchlich.

Man mag das Phänomen nennen, wie man will, jedenfalls sorgt es immer für spiegelglatte Straßen und Wege, die für jeden Verkehrsteilnehmer äußerst tückisch werden. Nicht selten fordern die Unfälle und Stürze Schwerverletzte oder gar Todesopfer: beispielsweise am 7. Dezember 1968 im Großraum Wien oder am 24./25. Dezember 2002 in Norddeutschland. Außerdem überzieht das Eis nicht nur den Erdboden, sondern die gesamte Erdoberfläche bis hinauf zu den Freileitungen. Im Extremfall erreichen die Eislasten auf den Leitungen ein Gewicht von bis zu 30 Kilogramm pro Meter – Lasten, denen kein Draht standhält. Oft stunden- bis tagelange Stromausfälle sind die Folge.

Die Begriffe „Eisregen" oder „gefrierender Regen" deuten die Ursachen des Chaos an: Regentropfen fallen aus einer wärmeren in eine kältere, bodennahe Luftschicht und gefrieren dabei zu Eiskörnern mit bis zu 4 Millimeter Durchmesser. Sie verursachen beim Fall ein hörbares Rieselgeräusch und bilden auf der Erde eine milchig-graue Schicht, die an groben Zucker erinnert. Es kommt aber ebenso vor, dass das Wasser der Regentropfen unterkühlt ist, also Temperaturen unter dem Gefrierpunkt aufweist, und sich beim Auftreffen auf die Erdoberfläche schlagartig in Glatteis verwandelt. Sofern der Erdboden gefroren ist, können darüber hinaus auch relativ warme Regentropfen beim Aufprall gefrieren.

Eisregenalarm

Die feinen Unterschiede zwischen den verschiedenen Varianten des „Blitzeises" sind im Alltag weniger wichtig als die Wetterlagen, bei denen es zu Glatteis kommt. Die verhängnisvolle Schichtung warmer Luft über kalter entsteht bei uns im Winter häufiger, wenn nach einer Frostperiode Tiefs aus westlichen Himmelsrichtungen vergleichsweise warme Luft heranführen, die sich über bodennahe Kaltluftreste schiebt. Dies ist öfter in der Zeit des Weihnachtstauwetters der Fall – rasch kann dann aus der erhofften Weißen Weihnacht eine „Eisige Weihnacht" werden.

Frostschutz durch Eis

In Obstanbaugebieten sind im Frühjahr zur Blütezeit die Bäume morgens manchmal von dünnen Eisschichten überzogen. Ist hier in der Nacht gefrierender Regen niedergegangen?

Im Prinzip schon, doch die Wassertröpfchen, die in der kalten, sternenklaren Nacht rasch gefroren sind, stammen aus Beregnungsanlagen: Das Eis soll die zarten Blüten vor dem Spätfrost schützen – ein Verfahren, das auf den ersten Blick paradox erscheint, aber gut funktioniert: Wie bei der Umwandlung von Wasserdampf in Wasser wird beim Gefrieren die im flüssigen Wasser verborgene Wärme frei. Außerdem wirken die Eishüllen um die Blüten tagsüber wie Mini-Treibhäuser.

Ein Eispanzer legt sich um die ersten Knospen eines Strauches – durchaus zum Nutzen der Pflanze.

Die weiße Pracht – wo schneit es wirklich viel?

Überdurchschnittliche Schneefälle

Schnee steckt voller Widersprüche. Das eine Jahr fällt er massenhaft und löst Katastrophenalarm aus, ein Jahr später sehnen ihn die Wintersportler händeringend herbei. In den kältesten Regionen der Erde, in der Arktis und Antarktis, wo man eigentlich die stärksten Schneefälle erwarten sollte, fallen die Schneeflocken nur spärlich, während manche Länder in den sogenannten gemäßigten Breiten regelmäßig im Schnee versinken.

Kalter Schnee aus warmem Wasser

In den ersten drei Tagen des Jahres 2006 sorgte das Tief Annekathrin vor allem am nördlichen Rand der Ostalpen für eine Schneekatastrophe. In Bad Reichenhall stürzte das Dach einer Eissporthalle ein, 15 Menschen fanden den Tod. Andere kamen um, als sie versuchten, Hausdächer vom Schnee zu befreien. Auch in Österreich hielten manche Dächer der Last der Schneemassen nicht stand.

Dabei waren die Neuschneemengen mit zum Beispiel knapp 50 Zentimeter in Berchtesgaden eigentlich nicht bemerkenswert groß. Doch der Schnee fiel bei relativ hohen Temperaturen, enthielt viel Wasser und war entsprechend schwer. „Annekathrin" kam von der Adria, über der die Luft feucht und relativ warm war. Auf der berüchtigten Zugstraße Vb (S. 38) gelangte sie an den Nordrand der Alpen. Etwa um die gleiche Zeit erstickte Japan im Schnee, ein Land, bei dem man eher an Kirschblüten als Schneewehen denkt.

In der nördlichen Hälfte der Insel Honshu und auf Hokkaido türmte sich der Schnee bis zu vier Meter hoch. Keine Ausnahme, denn diese Region zählt zu den schneereichsten Gegenden der Erde. Die katastrophal heftigen Schneefälle hängen auch dort mit einem warmen Meer zusammen. Kalte Winde vom asiatischen Festland tanken beim Weg über das Japanische Meer reichlich Feuchtigkeit und geben sie über den Inseln in Form von Schneeflocken wieder ab. Mindestens 100 Menschen wurden im Winter 2005/2006 Opfer der weißen Pracht, als sie unter Schneemassen und den Trümmern eingestürzter Häuser starben. Noch weit mehr kamen im Winter 1983/1984 um.

Schlank ist gesünder

Dass Übergewicht die Lebenserwartung verringern kann, ist durch Studien belegt. Auch Bäume leiden häufig unter Übergewicht, allerdings nicht durch die eigene Körpermasse, sondern durch die Schneelast, die sich im Winter auf ihnen ansammelt. Auf einem Baum können sich bei anhaltenden Nassschneefällen mehrere Kubikmeter anhäufen, besonders auf Nadelbäumen. Jeder einzelne Kubikmeter nasser Schnee wiegt 300 bis 500 Kilogramm!

Die Lasten verursachen in den Wäldern mitunter verheerende Schäden, Äste knicken ab, ganze Bäume stürzen um. Um sich vor dem Schneebruch zu schützen, haben vor allem Fichten und Tannen sehr schlanke Wuchsformen, die den Schnee von den Zweigen rutschen lassen.

Schneerekorde

An manchen Wintertagen fällt mehr Schnee, als es selbst dem passioniertesten Wintersportler lieb sein könnte. Beispielsweise am 29./30. Januar 1982 in Klosters (Graubünden) 130 Zentimeter, am 31. Januar 1986 in Sillian (Osttirol) 170 Zentimeter oder am 14./15. April 1921 in Silver Lake (US-Bundesstaat Colorado) gar 193 Zentimeter. Im Lauf des Winters können sich gewaltige Schneemengen ansammeln: auf dem Zugspitzplateau 1944 bis Anfang April etwa 830 Zentimeter, auf dem Säntis (Appenzell) 1999 bis zum April ebenso stattliche 816 Zentimeter. Die aber sind freilich weit vom Weltrekord entfernt. Den hält der Mount Rainier (US-Bundesstaat Washington), auf dem sich die Neuschneemengen im Winter 1971/72 auf gut 26 Meter summierten.

Die Natur weiß sich zu helfen: Manche Nadelbäume, beispielsweise Fichten, schützen sich vor allzu großer Schneelast durch einen schlanken Wuchs. Werden die Schneemassen zu schwer, folgen sie der Erdanziehungskraft und gleiten zu Boden.

Sind Blizzards nur ein nordamerikanisches Phänomen?

Die Entstehung von Schneestürmen

Schnee geht auf rund vier Fünftel der Festländer nieder, regelmäßig in der kalten Jahreszeit oder als seltene Ausnahme. Meistens rieselt er leise bei ruhigen Wetterlagen. Hin und wieder kommt es jedoch vor, dass sich zum Schnee der Sturm gesellt. Gemeinsam erzeugen sie ein regelrechtes Unwetter: peitschender Wind, beißende Kälte, die noch durch den Windfrost verstärkt wird, schlechte Sicht und nicht zuletzt Schneemassen, die Straßen und Wege blockieren.

Schneedünen

Schnee hat viele Gemeinsamkeiten mit Sand. Wie die Mineralkörner werden die Schneekristalle beim Schneetreiben vom Wind dicht über die Erdoberfläche gefegt, lassen die Sicht zuweilen bis auf wenige Meter schrumpfen und richten an Pflanzen durch das „Schneestrahlgebläse" schwere Schäden an.

Noch größere Probleme bereiten freilich die Schneewehen, Dünen aus Schnee, die sich hinter Hindernissen ansammeln und beträchtliche Höhen erreichen können. Solche Verwehungen zu beseitigen, ist eine wahre Sisyphusarbeit, werden die Passagen doch oft gleich wieder zugeweht.

Weiße Höllen

Das Weihnachtstauwetter tritt durchschnittlich in vier von fünf Jahren auf, so auch 1978. Beinahe frühlingshafte Temperaturen von 10 bis 12 °C ließen in Deutschland zu Weihnachten den zuvor gefallenen Schnee rasch schmelzen. Doch der Winter legte nur eine Pause ein. Am 28. Dezember kam von der Ostsee her ein massiver Kälteeinbruch. Der Regen, der zunächst noch kräftig fiel, ging in Eisregen und schließlich in Schnee über. Gleichzeitig frischte der Wind kräftig auf und wurde zum Schneesturm, der drei Tage lang wütete und weite Teile Norddeutschlands in ein Katastrophengebiet verwandelte. Mehrere Menschen erfroren in der eisigen Kälte – manche Opfer wurden erst Ende Februar gefunden, nachdem die Schneemassen geschmolzen waren.

Die entscheidende Ursache für Deutschlands „Jahrhundertschneesturm" war eine scharfe Luftmassengrenze, die warme Luft im Süden von kalter im Norden trennte. Solche Luftmassengrenzen verlaufen häufiger durch Nordamerika und machen den Kontinent zum bevorzugten Revier der Schneestürme, auch weil dort offene, unbewaldete Ebenen den Schneeverwehungen gute Angriffsfläche bieten. Blizzards heißen sie dort, wahrscheinlich weil die Unwetter blitzartig einsetzen.

Die in puncto Schneestürmen erfahrenen Amerikaner sind wählerisch und sprechen erst dann von einem Blizzard, wenn der Schneesturm vier Bedingungen erfüllt: Er muss mindestens Windstärke 7 erreichen, die Lufttemperatur muss unter –7 °C sinken, es müssen mindestens 25 Zentimeter Neuschnee fallen, und die Sichtweite darf höchstens 400 Meter betragen. Der „Große Blizzard", der Mitte März 1993 an der Ostküste der USA mit Windgeschwindigkeiten von über 170 Kilometer pro Stunde tobte und durchschnittlich etwa einen Meter Neuschnee brachte, erfüllte diese Bedingungen spielend. Entsprechend verheerend war die Bilanz: rund 300 Todesopfer und Sachschäden von schätzungsweise zehn Milliarden US-Dollar.

Viel Schnee aus großen Seen

Mit den Großen Seen im Zentrum des Kontinents besitzt Nordamerika eine wichtige Quelle für Feuchtigkeit und Schnee. Die Blizzards bedienen sich daran reichlich. Trockene Polarluft wird auf dem Weg nach Süden über den riesigen, relativ warmen Wasserflächen wärmer und feuchter. Der aufgetankte Wasserdampf wird dann an den südlichen Ufern der Seen abgegeben, wo zwei- bis dreimal so viel Schnee wie im Hinterland fällt.

Nur wenige Passanten trotzten dem Blizzard, der am 12. Februar 2006 durch die Straßen New Yorks fegte und die Metropole binnen Stunden lahmlegte.

Wann droht der „Weiße Tod"?

Lawinen und ihre Ursachen

Lawinen sind Naturgewalten, die weltweit alljährlich Opfer fordern. Mit kostspieligen Bauten versucht man, sich vor dem „Weißen Tod" zu schützen. Häufig ohne nachhaltigen Erfolg, denn die Schnee- und Eismassen, die immer wieder mit verheerenden Folgen von den Berghängen stürzen, sind nur schwer zu berechnen. Viele verschiedene Faktoren spielen bei der Auslösung von Lawinen eine Rolle.

Weiße Unwetter in Lee und Luv

Der Januar 2006 war in den deutschen Alpen einer der schneereichsten Monate seit Jahren. Vielerorts war die Grenzmarke erreicht, ab der mit katastrophalen Lawinenabgängen gerechnet werden muss: Bereits bei einem halben Meter Neuschnee besteht große bis akute Lawinengefahr. Die Lawinen ließen dann auch nicht lange auf sich warten, im Berchtesgadener Land beispielsweise wurden zehn Wanderer von den Schneemassen begraben, drei starben.

Die Neuschneemenge allein ist jedoch kein zuverlässiger Maßstab bei der Einschätzung der Lawinengefahr. Nur selten bleibt der gefallene Schnee nämlich an dem Ort liegen, auf den er niedergegangen ist. Oft wird er von Höhenwinden über die Kämme und Kuppen geweht, um sich in deren Windschatten (Lee) abzulagern und dort die Schneedecke zu erhöhen. Schneefall und Wind wirken deshalb bei der Entstehung von Lawinen immer zusammen. Stets sind jene Bergflanken am stärksten gefährdet, die im Lee der vorherrschenden Windrichtung liegen, während an den Luvhängen die Schneedecke durch den Winddruck zusammengepresst und verfestigt wird.

Nicht nur Wind und Wetter beeinflussen die Lawinengefahr, auch Geländebeschaffenheit und Pflanzenkleid der Berghänge spielen eine Rolle: Dichter Wald vermindert das Risiko. Die Bergwälder in den Alpen stehen deshalb häufig als Bannwälder unter strengem Schutz. An steilen, unbewaldeten Hängen mit einem Gefälle von mehr als 20 Grad kommt es dagegen nach Schneefällen öfter zu Lawinenabgängen.

Eine Schneedecke merkt sich alles

Das Wetter in den mitteleuropäischen Hochgebirgen ist äußerst wechselhaft: Mal schneit es, mal regnet es, mal peitscht der Föhn, mal scheint tagelang die Sonne. Die Wechselbäder der Witterung hinterlassen in den Schneedecken Spuren. Was äußerlich kompakt erscheint, besteht in Wirklichkeit fast immer aus verschiedenen Lagen: lockerer Pulver- und fester Altschnee, Reif- und Harschschichten. Jede Grenzfläche zwischen den Lagen erhöht das Risiko, dass die Schneemassen ins Rutschen geraten. Es braucht also gute Kenntnisse, um den herannahenden „weißen Tod" zu erahnen.

Gefahrenstufen

Die Lawinengefahr wird in den Alpenländern allgemein durch bestimmte Gefahrenstufen gekennzeichnet und in den Medien regelmäßig veröffentlicht. Wintersportler sollten die Warnhinweise unbedingt beachten: Bei der Gefahrenstufe 1 zum Beispiel ist die Schneedecke an den Hängen überall gut verfestigt und daher stabil. Zu Lawinen – ob nun vom Menschen ausgelöst oder ohne Fremdeinwirkung – kommt es nur extrem selten. Bei der Gefahrenstufe 5, der höchsten, sind die meisten Hänge dagegen mit labil geschichteten Schneedecken überzogen. Es können sich daher verbreitet große Lawinen von selbst lösen. Noch gefährlicher wird die Situation, wenn Wintersportler die Schneedecke auch nur geringfügig belasten. Dann kann ein einzelner Skiläufer eine Katastrophe verursachen.

Besonders an Tiefschneehängen ist die Gefahr von Lawinen hoch.

Was unterscheidet eine Staub- von einer Schneebrettlawine?

Lawinenarten und ihr Risikopotenzial

Die Alpen sind eine grandiose wie gefährliche Naturlandschaft. Einheimische und Touristen stürzen ab, werden vom Blitz erschlagen, ertrinken in Sturzfluten und kommen nicht zuletzt bei Lawinenabgängen ums Leben. Jedes Jahr sterben Menschen, nachdem sie unter Schnee- und Eismassen begraben wurden. Doch dies ist nur die Spitze des Eisbergs, denn Lawinenunglücke ereignen sich in allen Hochgebirgen der Erde, mit manchmal Hunderten von Todesopfern.

Labile Schneehänge

Lawinen sind ungeachtet ihrer verheerenden Urgewalt sehr sensible Geschöpfe. Oftmals genügt bereits Lärm, um sie talwärts in Bewegung zu versetzen. Die Bergung und Rettung von Lawinenopfern mithilfe von Helikoptern ist daher eine heikle Angelegenheit, denn durch die lauten Geräusche der Triebwerke können Nachlawinen ausgelöst werden.

Am empfindlichsten reagieren Staublawinen auf Geräusche. Das Gemisch aus lockerem Schnee und Luft gerät mitunter schon durch lautes Rufen als Staubwolke in Bewegung. Sie rast mit bis zu 350 Kilometer pro Stunde bergab, schleudert durch Druckwellen Menschen gegen Hindernisse oder in Abgründe und presst tödlichen Schneestaub in ihre Lungen.

Lockerschneelawinen aus nassem oder trockenem Neuschnee bahnen sich dagegen mit relativ geringer Geschwindigkeit von 50 bis 70 Kilometer pro Stunde ihren Weg, machen jedoch die Trägheit durch den ungeheuren Staudruck der bewegten Masse wett. Die Opfer werden von mitgeführten Bäumen und Gesteinsblöcken erschlagen oder ersticken unter fest gepacktem Schnee.

Für Wintersportler aber sind Schneebrettlawinen die größte Gefahr. 95 Prozent der Todesopfer gehen auf ihr Konto: Oft lösen sie sich am Hang auf mehreren hundert Metern Länge und lassen den Menschen keinen Fluchtweg offen. Nicht selten werden ganze Gruppen unter Schollen und Geröllen aus Schnee begraben, ohne dass es Überlebende gibt, die die Verschütteten retten oder zumindest Rettungstrupps alarmieren könnten.

Tödlicher Leichtsinn

Die meisten Lawinen werden auf natürliche Weise ausgelöst, Lawinenunglücke mit Toten und Verletzten sind jedoch meist das Resultat von Leichtsinn und verantwortungslosem Verhalten. Lawinen werden in Gang gesetzt und Menschenleben gefährdet, weil sich Skifahrer, Snowboarder und Tourengeher außerhalb der gesicherten Pistenbereiche bewegen – für immerhin rund 80 Prozent der Fälle trifft dies zu. Vielfach werden auch Meldungen von Lawinenwarndiensten missachtet und einfache Grundregeln nicht befolgt. Beispielsweise sollte man früh am Tag losgehen, denn morgens und vormittags weist die Schneedecke in der Regel eine größere Festigkeit auf.

Aktiv gegen Lawinen

Den besten Schutz für Siedlungen, Verkehrswege und Skigebiete bieten noch immer die Bergwälder – ein Schutzwall von immensem Wert. Sollten die Bergwälder Opfer des Waldsterbens werden, müssten allein die Schweizer Steuerzahler für den Neubau von Schutzeinrichtungen schätzungsweise 500 Milliarden Euro bezahlen.

Der Schutz der noch intakten Wälder beziehungsweise die Aufforstung von unbewaldeten Hängen sind die erfolgreichsten Maßnahmen, um sich aktiv vor Lawinen zu schützen. Künstliche Schutzbauten wie Netze oder Gitter, die man vor allem in Skigebieten findet, bieten keinen absoluten Schutz. In kritischen Situationen werden vielfach Sprengungen durchgeführt, um kontrolliert kleine Lawinen auszulösen – eine Methode, die allerdings sehr viel Fingerspitzengefühl erfordert.

Staublawinen entwickeln mitunter sehr starke Druckwellen, die im Extremfall tödlich sein können. Eine noch größere Gefahr geht jedoch von dem Schnee-Luft-Gemisch aus, das in die Lungen der Opfer eindringt und zum Ersticken führt.

Wann liegt Hochspannung in der Luft?

So braut sich ein Gewitter zusammen

Zuckende Blitze, grollender Donner, heftige Regen-, Hagel- und Graupelschauer, Fallböen, die selbst große Jets in die Tiefe reißen können, Wirbelstürme von der Art der Tornados – ein Gewitter ist kein einzelnes Unwetter, sondern ein ganzes Bündel von Wetterphänomenen, und seine Urgewalt wird seit Menschengedenken gefürchtet. Bis heute sind ihnen Mensch und Tier im Freien hilflos ausgeliefert. Wenigstens weiß man inzwischen, wie Gewitter entstehen – zumindest in groben Zügen.

Elektrisch geladene Wolken

Die Atmosphäre steht unter Spannung, der Mensch bemerkt davon nur nichts. Zu Blitzen, gewaltigen, sichtbaren Funkenüberschlägen zwischen elektrisch positiv und negativ geladenen Feldern innerhalb der Erdatmosphäre und/oder der Erdoberfläche, kommt es erst dann, wenn die Spannungen zu groß werden.
Die zur Entstehung eines Gewitters erforderlichen enormen elektrischen Spannungen können nur in kilometerhohen Wolkentürmen entstehen, den Gewitter- und Schauerwolken. In ihnen werden Wassertröpfchen oder Eisteilchen von starken Auf- und Abwinden mit Geschwindigkeiten von bis zu 250 Kilometer pro Stunde wild durcheinander gewirbelt. Dabei stoßen Tröpfchen und Teilchen immer wieder zusammen. Gerade diese Kollisionen spielen offenbar eine Hauptrolle beim Elektrisierungsprozess. Zudem bewirken sie eine Trennung der Atmosphäre in unterschiedlich geladene Wolkenfelder. So sind die Teilchen im obersten Wolkenstockwerk meist positiv, im mittleren überwiegend negativ und im untersten in der Regel wieder positiv geladen. Da sich Gegensätze bekanntlich anziehen, werden die Spannungen durch Blitze ausgeglichen.
Die Frage nach den Ursachen von Gewittern ist damit letztendlich die Frage danach, wie Gewitter- und Schauerwolken entstehen. Diese Wolkentürme bilden sich vor allem bei starker Sonneneinstrahlung am Erdboden (Wärmegewitter) oder wenn sich kühlere Luft entlang einer Kaltfront unter feuchtwarme Luftmassen schiebt (Frontgewitter).

Die Welt steckt voller Gewitter

Zwischen Nordsee und Alpen sind Gewitter vergleichsweise selten: Ungefähr 15 Gewittertage zählt man an der Küste pro Jahr, gut 35 sind es über Alpen und Alpenrand. Trotzdem geht die Zahl der Blitze in die Hunderttausende und Millionen. Allein am 20. Juni 2003 wurden in Deutschland knapp 200 000 registriert. Zum Äquator hin nimmt die Zahl der Gewittertage rasch zu. In den feuchten Tropen kann es durchschnittlich an jedem zweiten Tag blitzen und donnern, besonders über den Gebirgen, die als ausgesprochene Gewitternester gelten.
Weltweit toben im Jahresmittel stündlich etwa 3000 Gewitter mit jeweils rund 100 000 Blitzen. Doch davon trifft lediglich etwa ein Fünftel die Erdoberfläche. Bei Gewittern werden also überwiegend elektrische Heimspiele innerhalb der Erdatmosphäre ausgetragen.

> *Tanzt das Stroh im Wirbelwind, ...*
>
> *... kommt ein Unwetter geschwind. Tatsächlich sind Wirbel aus Stroh oder Heu, die an Sommertagen über den Erdboden tanzen, Alarmsignale für bevorstehende Gewitter, weisen sie doch auf eine starke Überhitzung der Erdoberfläche hin. Aussagekräftiger noch sind die Wolken. Sie gehören gewissermaßen zu einem Drei-Stufen-Alarmplan, mit dem die Natur vor Gewittern warnt. Alarmstufe 1: Am Vormittag quellen die Schäfchenwolken zu wattebauschartigen Gebilden auf. Alarmstufe 2: Mittags oder am frühen Nachmittag entwickeln sich mächtige Wolkentürme. Alarmstufe 3: An der Unterseite dieser Wolken entstehen euterförmige Aufquellungen – höchste Zeit, einen sicheren Ort aufzusuchen.*

Rabenschwarze Gewitterwolken verheißen herannahendes Unheil: Die Badegäste sind gut beraten, jetzt möglichst schnell ihre Sachen zusammenzupacken.

Wie entlädt sich die Luft?

Blitz und Donner

Das ebenso faszinierende wie furchteinflößende Spektakel eines Gewitters wurde früher meist als Strafgericht erzürnter Götter gedeutet. Thor, Gottheit der Germanen, schleuderte seinen eisernen Hammer wutentbrannt so heftig zur Erde, dass die Funken sprühten und der Himmel erdonnerte.

Donnerwetter!

Der eigentlich harmlose Donner wirkt oftmals erschreckender als die gefährlichen Blitze. Er entsteht durch die schnelle Erhitzung der Luft innerhalb der nur wenige Millimeter dicken Blitzkanäle. Dabei treten Temperaturen von bis zu 30 000 °C auf, die höchsten Temperaturen, die unter natürlichen Verhältnissen auf der Erde vorkommen. Luft dehnt sich explosionsartig aus und entsendet eine Schockwelle, die im näheren Umkreis des Einschlagsorts einen scharfen Knall, den Donner, verursacht.

In unmittelbarer Nähe des Blitzkanals hört man ein Zischen, in größerer Entfernung dagegen ein dumpfes Grollen. Dies kommt dadurch zustande, dass die Donnerechos von den Wolken und der Erdoberfläche zurückgeworfen werden und einander überlagern. Ab maximal etwa 25 Kilometer vom Einschlagsort entfernt ist von den Donnergeräuschen überhaupt nichts mehr zu vernehmen.

Der Donner breitet sich in Schallgeschwindigkeit, also mit rund 1200 Kilometer pro Stunde, aus. Wesentlich schneller, wahrhaft blitzartig, rasen die Entladungen mit bis zu 360 000 Kilometer pro Stunde durch die Kanäle. So schnell, dass sie vom menschlichen Auge als geschlossener Lichtbogen wahrgenommen werden, obwohl – wie das Flackern verrät – jeder Blitz aus mehreren Hauptentladungen besteht.

Sie folgen im Abstand von Sekundenbruchteilen aufeinander und legen Entfernungen von mehreren Kilometern zurück. Je nachdem, welche Zielgebiete die Blitze ansteuern, unterscheidet man Wolkenblitze (innerhalb der Wolke) und Blitze, die zur Erdoberfläche gerichtet sind. Diese Erd- beziehungsweise Seeblitze sind zum Glück recht selten.

Kobolde & Co.

Noch vor rund 20 Jahren waren die Experten fest davon überzeugt, dass Blitze nur bis ins höchste Stockwerk der Troposphäre zucken. Berichte von blitzartigen Lichtphänomenen, die von den Wolken bis in eine Höhe von 100 Kilometer nach oben schlagen, galten als Hirngespinste übermüdeter Jet-Piloten.

Doch die Trolle, Elfen und Kobolde, wie die Lichterscheinungen genannt werden, gibt es tatsächlich. Ebenso wie das relativ seltene Elmsfeuer, eine elektrische Funkenentladung, die an hohen, spitzen Objekten glimmt, oder die mysteriösen Kugelblitze. Tausende von Augenzeugen können sich wohl nicht irren.

Gewitter über Zürich: Blitze machen die Nacht für einen Augenblick zum Tag.

Wo ist man vor Blitzschlag sicher?

Am sichersten ist man in einem massiven Haus mit Blitzableiter möglichst weit entfernt von elektrischen Geräten und Anschlüssen. Draußen bieten Autos mit geschlossenen Fenstern nach dem Prinzip des Faraday-Käfigs, der elektrische Ströme rundum ableitet, optimalen Schutz – sofern man nicht gerade unter einem Baum parkt. Die meisten Gewitteropfer sind nämlich nicht durch Blitzschlag, sondern durch heftige Winde und Windbruch zu beklagen. Wenn einen also das Gewitter in der Natur überrascht, dann gewährt der geschlossene Wald im Innern noch den besten Schutz. Waldränder, einzeln stehende Bäume (nicht nur Eichen!), Bergspitzen oder Gewässer ziehen hingegen die Blitze magisch an.

Versiegt der Regen?

Dürre und Waldbrände

Jahre und Jahrzehnte, in denen kaum Regen fiel, der Boden austrocknete, die Ernte verdorrte, Menschen und Tiere verhungerten, hat es in der Geschichte immer wieder gegeben. Selbst ganze Reiche und Kulturen wurden vermutlich Opfer von Dürren, etwa das Alte Reich der Ägypter oder die Kultur der Maya. Und zur Wassernot kamen und kommen oft noch verheerende Busch- und Waldbrände, die sich in den ausgedörrten Landschaften rasch ausbreiten. Stellen also künftig nicht „Jahrhundertfluten", sondern Dürre und Feuer die größten Gefahren dar? Eine Frage, die derzeit unbeantwortet bleiben muss.

Brände als Naturpfleger

Viele Wald- und Buschbrände werden von Brandstiftern gelegt, auch von solchen, die ehrenwerte Motive haben. Feuer – vorausgesetzt, man legt es sachgemäß! – kann auch der Natur- und Landschaftspflege dienen. Besonders auf die sogenannten „Feuerpflanzen" wirkt es sich günstig aus. Bei manchen dieser Gewächse öffnen sich die Früchte erst nach Feuereinwirkung, um die Samen auszustreuen. Durch die heißen aufsteigenden Luftströmungen werden sie anschließend über ein weites Gebiet verteilt. Bodenfeuer haben zudem zwei weitere Vorteile: Sie vernichten auf dem Boden die Schicht aus verdorrten Blättern und Nadeln, in der die Samen nur schlecht keimen können. Gleichzeitig liefern die Brände nährstoffreiche Asche.

Wenn der Regen ausbleibt

Der Begriff „Dürre" ist dehnbar. In den Trockengebieten der Erde sind Perioden, in denen kein nennenswerter Regen fällt, normal. Die längste soll in der südamerikanischen Wüste Atacama rund 400 Jahre angehalten haben. Dort hat sich der Mensch an den Wassermangel angepasst und kann überleben.

Kritisch wird es, wenn in Regionen mit eigentlich genügend Niederschlägen, diese ausbleiben. Die Folgen können katastrophale Ausmaße haben, etwa sechs Millionen Todesopfer forderte allein die Dürre 1876/77 in Indien. Heute leiden verschiedene Regionen der Erde unter Wassernot, beispielsweise Australien, der Westen der USA oder die Länder am Horn von Afrika. Vieles spricht dafür, dass der Regenmangel weniger regionale als globale Ursachen hat, vor allem Phänomene wie La Niña und El Niño (S. 118), die paradoxerweise beides bringen können: Dürre und Hochwasser.

Zu den Regionen der Erde, die seit Jahrzehnten von katastrophalen Dürren heimgesucht werden, gehört die Sahelzone am Südrand der Sahara. Optimistische Beobachter des Klimawandels nehmen an, dass diese Zone durch die Verschiebung der Klimazonen in den Genuss tropischer Regen kommen könnte. Wahrscheinlich wird sich dort die Wassernot jedoch noch verschärfen. Denn dadurch, dass die Troposphäre bis in die höchsten Stockwerke hinein wärmer wird, verringert sich das Temperaturgefälle und folglich auch der Drang feuchter Luftmassen, aufzusteigen und in der Höhe Regenwolken zu bilden.

Brennende Welt

Dürren und Wald- beziehungsweise Buschbrände gehören untrennbar zusammen, ob die Feuer nun auf natürliche Weise durch Blitzschlag entstehen, fahrlässig entfacht oder absichtlich gelegt werden. Heute sind Brände ein globales Problem, sie kommen in vielen Klimazonen vor, vom Schnee-Wald-Klima der Taiga über das mediterrane Klima bis zum wechselfeuchten Klima der Savannen. Jahr für Jahr gehen riesige Waldgebiete verloren, auch in Deutschland; im August 1975 etwa brannten in der Lüneburger Heide über 7400 Hektar Wald nieder. Doch ist das noch vergleichsweise wenig: 1998 wurden in Indonesien gar zwei Millionen Hektar Wald Opfer der Flammen.

Baum in Flammen: Im Juli 2004 wüteten im Norden Portugals Waldbrände, die rund 1500 Feuerwehrleute sowie 20 Löschflugzeuge und -hubschrauber verzweifelt bekämpften. Erschwerend kommt bei solchen Katastrophen hinzu, dass sogenannte Feuerstürme die Brände noch weiter anfachen.

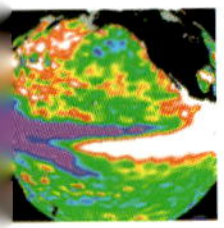

Wie können sich Meeresströmungen plötzlich umkehren?

El Niño und La Niña

Wissenschaftler bedienen sich in ihren Vorträgen und Schriften häufig des „Fachchinesischen", einer mit vielen unverständlichen Fremdwörtern und geheimnisvollen Abkürzungen gespickten Sprache. Wie bei der Beschreibung eines Klimaphänomens, das etwa alle drei bis acht Jahre im östlichen Pazifik gewissermaßen die meteorologische Welt auf den Kopf stellt. El Niño und La Niña lauten die klangvollen, spanischen Namen des Phänomens – doch was haben „das Christkind" und „das kleine Mädchen" mit dem Wetter zu tun?

Von der Trockenheit in die Traufe

La Niña ist das jüngere der beiden Geschwister. Der Begriff wurde nur eingeführt, um den Normalfall vom Extremfall zu unterscheiden. In den normalen La-Niña-Jahren führt der Humboldtstrom kaltes Wasser an der Pazifikküste Südamerikas entlang nach Norden und dann in westliche Himmelsrichtungen bis über die Galápagos-Inseln hinaus. Da eine kalte Meeresoberfläche die Bildung von Wolken und Regen behindert, herrscht große Trockenheit. Dafür quillt das Leben im kalten, nährstoffreichen Wasser förmlich über.

In manchen Jahren aber – meist um die Weihnachtszeit, daher der Name El Niño – kehrt sich die Meeresströmung am Äquator plötzlich um: Warmes, nährstoffarmes Wasser schwappt nach Osten, die Meerestiere und die von ihnen abhängigen Landtiere verhungern zu Abertausenden, über der warmen Meeresoberfläche bilden sich dichte Regenwolken, sintflutartige Regengüsse gehen nieder.

Der abrupte Sinneswandel der Meeresströmungen hängt höchstwahrscheinlich mit großräumigen Schwankungen des Luftdrucks über dem Stillen Ozean und damit wiederum mit der Stärke und Beständigkeit der Passatwinde zusammen. In den La-Niña-Jahren sorgt ein kräftiges Hoch über dem östlichen Südpazifik für beständige Passate, die gewaltige Wassermassen nach Westen verfrachten und sie im Zentralpazifik zu einer Art Wasserbuckel auftürmen. Schwächt sich dieses Hochdruckgebiet in den El-Niño-Jahren ab, lassen auch die Passate nach, die im Wasserbuckel angehäuften warmen Wassermassen setzen sich ostwärts in Bewegung und erreichen nach etwa einem Vierteljahr die Küste Südamerikas.

In den Jahren 1982/83 und dann wieder 1997 war das El-Niño-Phänomen übrigens besonders stark ausgeprägt. Die Wassertemperatur lag damals um bis zu sieben Grad über den normalen La-Niña-Werten.

> *Der Atlantik und unser Winter*
>
> *Großräumige Schwankungen des Luftdrucks werden auch über anderen Ozeanen registriert. Für das Klima zwischen Nordsee und Alpen sind – vor allem in den Wintermonaten – beispielsweise das Azorenhoch und das Islandtief entscheidend. Ist das Druckgefälle zwischen den beiden Gebilden groß, sind die Winter meist mild und stürmisch. Bei geringeren Druckunterschieden ist dagegen mit häufigen Kaltlufteinbrüchen aus Nordosten zu rechnen. Und wenn die beiden Druckgebilde gar ihren Platz tauschen, folgt meist ein „sibirisch" kalter Winter.*

Weltweites Wetterchaos

El Niño wirkt sich auf die unterschiedlichste Weise und fast rund um den Erdball aus, sorgt in weit entfernten Regionen für Wetterextreme: Dürreperioden und Buschbrände in Australien und Ostafrika, sintflutartige Niederschläge in Indien und an der tropischen Pazifikküste Südamerikas. Sein Einfluss reicht wohl selbst bis nach Mitteleuropa. 1983 war zum Beispiel in unseren Breiten ein Jahr der Rekorde: ein Föhnorkan mit 226 Kilometer pro Stunde oberhalb von Andermatt, tiefster Pegelstand der Donau in Österreich seit 100 Jahren und Rekordhitze in der Oberpfalz (über 40 °C).

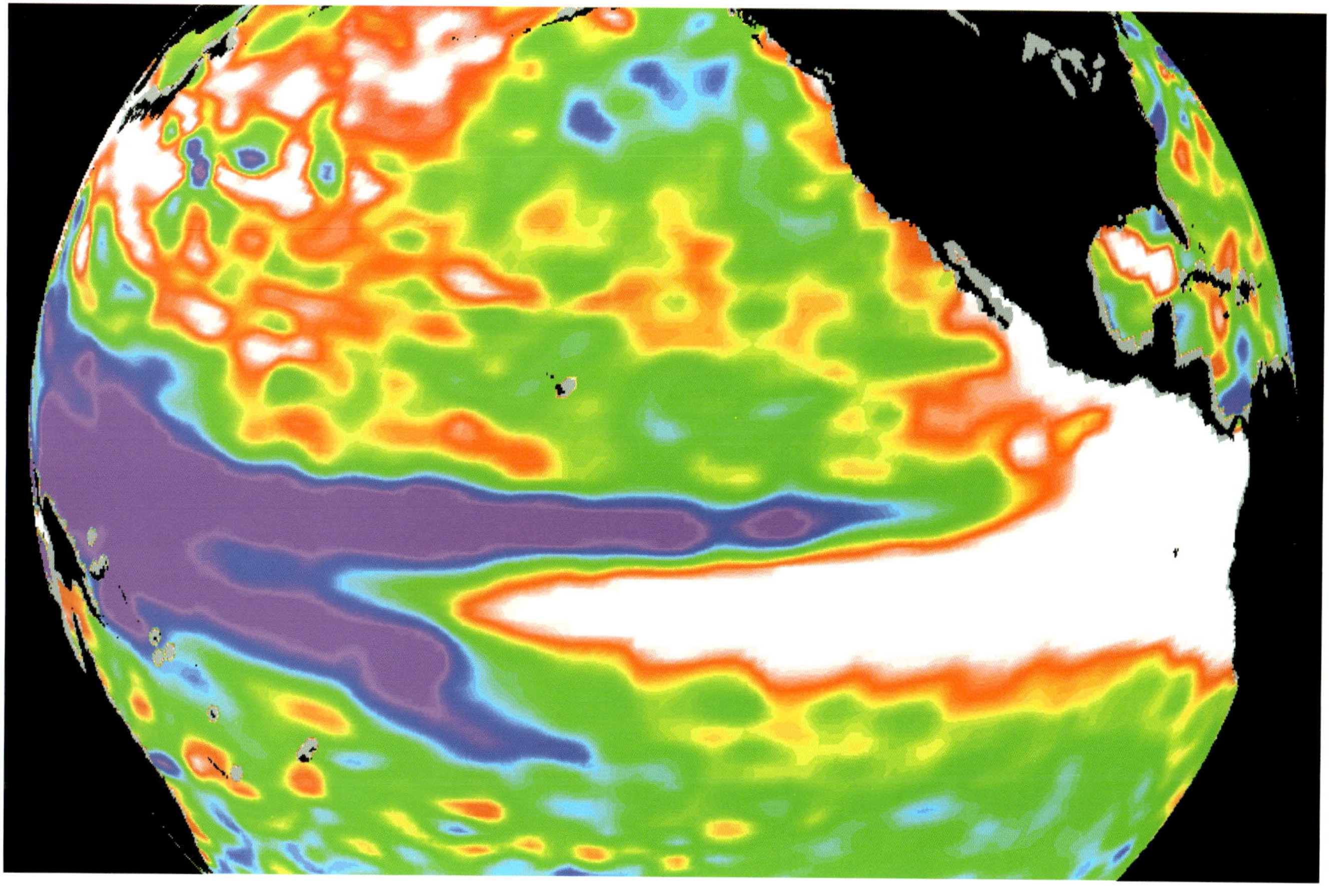

Auf dem Satellitenbild der Nasa ist deutlich El Niño des Jahres 1997 zu erkennen: Die weiße Zone entlang des Äquators, die nordwärts bis nach Kalifornien reicht, kennzeichnet die weit über dem Durchschnitt liegenden Wassertemperaturen.

Wie kalt ist es an den Kältepolen?

Das Eis- und Frostklima der Polargebiete

Die Erde hat mehrere Pole: geographische, magnetische und solche, die anhand der Temperatur festgelegt werden. Die Kältepole liegen erwartungsgemäß im höchsten Norden und im tiefsten Süden des Globus, inmitten ausgedehnter Eiswüsten, die immerhin mehr als ein Zehntel des irdischen Festlands einnehmen. Neben den Hitzewüsten sind sie die extremsten Lebensräume des Planeten und zugleich die Regionen, in denen sich der Klimawandel wohl am deutlichsten bemerkbar machen wird. Darüber hinaus prägen die Eiskappen aber auch das Klima bis weit über die Polarkreise hinaus.

Winter von Januar bis Dezember

Rund −42 °C beträgt der Kälterekord der Eidgenossen, knapp −38 °C der in Deutschland. Solche Werte werden freilich in unseren Breiten nur sehr selten gemessen. Für den „Pol der Unzugänglichkeit" in der Antarktis dagegen ermittelte man eine Durchschnittstemperatur von −58 °C, die absoluten Tiefsttemperaturen können noch 20 bis 30 Grad tiefer liegen!

Abseits der Kältepole ist der Frost nicht ganz so streng. Sonnige Stunden, in denen die Lufttemperaturen zum Teil 15 °C und mehr erreichen, sind in den polaren Kältewüsten nicht so rar, wie allgemein angenommen wird. Die mittlere Temperatur des wärmsten Monats überschreitet jedoch nirgends 6 °C.

Extreme Kälte passt gut ins Bild vom polaren Klima, pausenlos tobende Schneestürme, die das Land mit einer dicken Schneedecke überziehen, eher nicht. Vielmehr gehören die Polarregionen zu den ausgesprochen niederschlagsarmen Gebieten der Erde. An den Polen schneit es im Lauf des Jahres durchschnittlich weniger als im Oberharz. Und Regen ist in der Arktis und der Antarktis ohnehin ein sehr seltenes Naturereignis – die eisfreien Oasen Antarktikas haben wahrscheinlich seit Jahrmillionen keinen einzigen Regentropfen gesehen.

Ewiger Tag und ewige Nacht

Der tägliche Wechsel von hellem Tag und finsterer Nacht ist für die Bewohner der Klimazonen zwischen dem Äquator und den Polarkreisen eine Selbstverständlichkeit. Jenseits der Polarkreise, die in etwa 66,5 Grad nördlicher bzw. südlicher Breite den Erdball umschließen, wird dieses scheinbare Naturgesetz jedoch außer Kraft gesetzt: Dort geht die Sonne im Sommer an mindestens einem Tag nicht unter und taucht im Winter an mindestens einem Tag nicht über dem Horizont auf. Am Nordpol dauert der Polartag zum Beispiel 188 Tage, die Polarnacht 175 Tage.

Gerade die dunkle Jahreszeit stellt Menschen, die in den Polargebieten überwintern, auf eine harte Bewährungsprobe. Sie erscheint ihnen endlos lang, beinahe ewig. Die spärliche Flora und Fauna hat sich an die tage- bis monatelange Finsternis angepasst, sie profitiert im Sommer besonders von der Mitternachtssonne, die den Polargebieten eine beachtliche Energiezufuhr beschert.

Polarjahre

Wo wird das irdische Klima „gemacht"? An und für sich überall, vor allem aber in den Eiswüsten der Antarktis und Arktis – also gerade dort, wo das Netz der Klimastationen noch immer äußerst weitmaschig ist.

Um Versäumtes nachzuholen, widmet sich die Forschung während des Internationalen Polarjahrs 2007 bis 2009 besonders intensiv den nahezu menschenleeren Gebieten jenseits der Polarkreise. Denn im Klimasystem der Erde spielen die Polargebiete eine entscheidende Rolle, zudem reagieren sie sehr sensibel auf Klimaschwankungen. Schmilzt zum Beispiel das Eis der Polarkappen weiterhin so schnell, dann werden bald viele Inseln in der Südsee unter dem Meeresspiegel verschwinden.

Die aus Süßwasser bestehenden Eisberge gehören zu den typischen Merkmalen der Polarmeere. Sie bilden sich in der Regel, wenn große Brocken eines Gletschers oder des Schelfeises abbrechen und dann auf dem Wasser treiben.

Wo endet der Wald?

Das Klima der Tundra

Das ewige Eis ist zählebig. Nach dem Ende der jüngsten Eiszeit dauerte es Jahrhunderte oder gar Jahrtausende, bis die von den Gletschern zurückgelassenen Eisblöcke weggeschmolzen waren. In der Klimazone, die sich an die des Eis- und Frostklimas anschließt, reicht die Sommerwärme aus, um die winterliche Schneedecke zu schmelzen. Dafür zieht sich das ewige Eis tief in den Erdboden zurück, wo es eine natürliche Tiefkühltruhe bildet, in der seit gut 10 000 Jahren Mammuts lagern. Und an der Erdoberfläche sorgt der Dauerfrostboden für unwirtliche Lebensbedingungen, denen nur wenige Pflanzen und Tiere gewachsen sind.

Leben am Limit

Tunturi heißen die kahlen, unbewaldeten Bergrücken im finnischen Teil Lapplands. Sie haben der Tundra den Namen gegeben. Das Klima des Tundrengürtels zeichnet sich vor allem durch strenge Winter aus, in denen die Temperaturen unter –40 °C fallen können. Die Sommer dagegen sind kurz und kühl, die mittlere Temperatur des wärmsten Monats schwankt zwischen 9 und 11 °C. Selbst im Sommer treten Fröste auf, besonders über moorigem Untergrund.

Und Moore mit Tümpeln, in denen unzählige Mücken, eine berüchtigte Plage der Tundra, ihre Brutstätten haben, nehmen jenseits der Polarkreise weite Flächen ein. Für Stechmücken mag die Tundra ein Paradies sein, für die Pflanzen ist das Klima hingegen eine ständige Herausforderung. Anspruchslose Gewächse wie Flechten, Moose und Zwergsträucher können unter solchen Bedingungen gedeihen, Bäume stoßen jedoch an ihr klimatisches Existenzminimum.

> ### *Permanenter Bodenfrost*
> *Die Meteorologen sprechen von Bodenfrost, wenn die Lufttemperatur unmittelbar in Bodennähe unter den Gefrierpunkt fällt. Der Erdboden gefriert erst in längeren Frostperioden und taut normalerweise im Sommer wieder vollständig auf. In höheren Erdbreiten bleibt der Boden als Permafrost oder „ewige Gefrornis" jedoch häufig auch in tieferen Schichten das ganze Jahr über gefroren.*
>
> *Im nördlichen Sibirien reicht der Dauerfrostboden stellenweise 1400 bis 1500 Meter tief in die Erdkruste hinein. Insgesamt umfasst das Areal der Dauerfrostböden mindestens 21 Millionen Quadratkilometer. Doch aufgrund der globalen Erwärmung könnte es rasch und mit dramatischen Folgen schrumpfen.*

Dabei ist es weniger der eiskalte Winter, der den Gehölzen zu schaffen macht. Entscheidend sind die kurzen Sommer, in denen die Samen nicht ausreifen. Die Bäume können sich folglich nicht vermehren. Eine Ausnahme stellen lediglich die Baumveteranen in der nordnorwegischen Provinz Finnmark dar, die im nördlichsten Kiefernwald der Welt als Überbleibsel einer wärmeren Klimaperiode der Nacheiszeit vor etwa 4500 Jahren erhalten geblieben sind. Verleiht ihnen die aktuelle Erderwärmung neue Vitalität? Diese könnte nämlich den Dauerfrostboden beseitigen, der die Wasser-, Luft- und Nährstoffversorgung der Bäume erschwert.

Ein Phänomen der Nordhalbkugel

Das Klima der Tundra herrscht fast nur in der nördlichen Hemisphäre. Die Fläche der Klimazone beträgt hier rund 4,5 Millionen Quadratkilometer, was etwa 3 Prozent der Landoberfläche der Erde entspricht. Die größten Tundrengebiete liegen in Nordamerika. Dort reicht der Tundrengürtel auch besonders weit nach Süden, ungefähr bis zum 53. Breitenkreis. In Skandinavien wird die Südgrenze der Tundra dagegen durch die Ausläufer des warmen Golfstroms weit nach Norden verschoben. Sie folgt hier auf Meereshöhe annähernd dem 70. Breitenkreis.

Karg und trostlos erscheint die baumlose Landschaft der subpolaren Tundra, hier auf der norwegischen Insel Vestvågøy. Die Vegetationsperiode erstreckt sich gerade einmal über zwei bis maximal vier Monate.

Wo ist es in der bewohnten Welt am kältesten?

Das Schnee-Wald-Klima

In vielen Gegenden der Erde herrscht ein extremes Klima. Mancherorts schüttet es wie aus Kübeln, in anderen Regionen verdorrt das Land, weil der Regen monate- oder jahrelang ausbleibt. Was Kälte und allgemein Temperaturgegensätze zwischen Sommer und Winter betrifft, führt jedoch das Schnee-Wald-Klima die Liste der extremen Klimate unangefochten an. In dieser Klimazone liegt der Kältepol der von Menschen besiedelten Welt und werden die größten jahreszeitlichen Temperaturunterschiede registriert.

Kälte und Hitze

Die Besatzungsmitglieder, die in den Forschungsstationen der Antarktis überwintern, leben und arbeiten wahrlich an einem extremen Ort. Temperaturen unter −60 °C sind keine Seltenheit und machen den Eiskontinent zu einem unwirtlichen Ort. Menschen können hier nur überleben, weil sie von außen mit allem Notwendigen versorgt werden.

Anders sieht es für die ständigen Bewohner der Taiga Nordamerikas und Sibiriens aus: Sie müssen sich von dem ernähren, was ihnen die Natur unter dem unwirtlichen Klima bietet. Und die Kälte ist in der nördlichen Nadelwaldzone kaum geringer als in den Eiswüsten. Am Yukon im hohen Norden Kanadas zeigt das Thermometer mitunter Werte unter −60 °C an, im sibirischen Oimjakon, dem Kältepol der bewohnten Welt, sogar unter −70 °C.

Den eisig-kalten Wintern folgen milde bis warme Sommer. In Oimjakon wurden schon Temperaturen um 33 °C gemessen. Die jahreszeitliche Temperaturspanne kann also maximal etwa 100 Grad betragen – für Mensch und Natur ein unerträgliches Wechselbad? Die Natur hat sich bemerkenswert gut an das extreme Klima angepasst, besonders die Nadelbäume, die hier das Nahrungsfundament fast des gesamten Ökosystems bilden. Im Unterschied zu den Laubbäumen stehen die immergrünen Nadelhölzer im Frühjahr quasi schon in den Startlöchern und können die meist nur drei bis vier wärmeren Monate vom ersten bis zum letzten Tag für Wachstum und Vermehrung nutzen.

Die Taiga in Flammen

Mai 2006. Im Gebiet Tschita in Ostsibirien wüten verheerende Waldbrände. An über 40 Stellen brechen sie aus und äschern insgesamt rund 8400 Hektar der Taiga ein. Der Wind treibt den Qualm bis ins mehrere Tausend Kilometer entfernte St. Petersburg. Feuer im nördlichen Nadelwaldgürtel Sibiriens werden offenbar immer häufiger – aus gutem Grund. Zum einen sind nämlich die mittleren Jahrestemperaturen in Sibirien seit Ende des 19. Jahrhunderts um ein bis zwei Grad gestiegen. Das Klima ist also wärmer geworden. Und zum andern haben die Pflanzen mit den höheren Temperaturen auch mehr leicht entzündliche Biomasse produziert.

Ein Hauch von Ozean

Die sibirische Taiga erstreckt sich im kältesten Teil der Alten Welt. Dass selbst ein kalter See auch hier das Klima spürbar erwärmen kann, beweist der Baikalsee, der tiefste See der Erde, auf eindrucksvolle Weise.

An seinen Ufern herrscht ein fast ozeanisches Klima, das sich durch kühlere Sommer und damit deutlich geringere jahreszeitliche Temperaturgegensätze auszeichnet. Im Herbst und Winter gibt der See dagegen die im Sommer gespeicherte Wärme nur langsam wieder ab und lässt so die durchschnittlichen Lufttemperaturen an den Ufern um bis zu zehn Grad über die Werte in der weiteren Umgebung steigen. Nur eine einzige Klimastation in ganz Sibirien weist eine Jahresmitteltemperatur über 0 °C auf – sie liegt am Baikalsee.

Das Schnee-Wald-Klima hat sich nur auf der Nordhalbkugel, etwa in Alaska, ausgebildet. Die Regionen werden rund neun Monate von Schnee und Eis beherrscht. Im langen Winter müssen sich Mensch und Tier vor eisigen Temperaturen schützen, und auch im Sommer wird es nur mäßig warm.

Wie gemäßigt ist gemäßigtes Klima?

Das Buchenklima

Bei der Klassifikation von Klimaten hat sich ein System durchgesetzt, das weniger von den Ursachen des jeweiligen Klimas als vielmehr von dessen Effekten ausgeht. Dies verraten schon Namen wie „Buchenklima" oder „Ölbaumklima", die eben die Gewächse nennen, die unter dem herrschenden Klima optimal gedeihen. Daneben haben sich auch noch andere Begriffe wie „kühlgemäßigtes Klima" durchgesetzt – doch die sollte man nicht zu wörtlich nehmen.

Beständig unbeständig

Der Gürtel des Schnee-Wald-Klimas geht an den Rändern der nördlichen Kontinente nahtlos in eine Klimazone über, die zu den „gemäßigten" gezählt wird. In der Tat sind hier die Winter in den Tiefländern mit einer mittleren Temperatur des kältesten Monats von über –3 °C recht mild, die Sommermonate mit zum Beispiel 15 bis 17 °C zwischen Nordsee und Alpen normalerweise nicht sonderlich heiß. Die Niederschläge verteilen sich recht gleichmäßig über die Jahreszeiten, ausgeprägte Regen- und Trockenzeiten fehlen jedenfalls. Die Erfahrungen mit dem Wetter in unseren Breiten lehren jedoch, das man Statistiken und Durchschnittswerten nicht bedingungslos vertrauen sollte.

Mit anderen Worten, auch gemäßigtes Klima kennt Extreme: Die Temperaturen können im Lauf des Jahres um bis zu 80 Grad schwanken, mal leiden wir unter tropischer Hitze, mal unter sibirischer Kälte. Auch hinsichtlich der Niederschläge sind Durchschnittswerte nur die eine Seite der Medaille – dahinter können sich beachtliche Ausreißer verstecken, etwa wenn in einem Jahr nur 240 Liter pro Quadratmeter (Straußfurt, Thüringen, 1911) und in einem anderen Jahr 3500 Liter (Balderschwang, Allgäu, 1970) niedergehen. Ganz zu schweigen von den kurzfristigen Wetterumschwüngen, die auch nicht so recht ins Bild passen.

Schlachtgetümmel an der Polarfront

Das durchwachsene Klima und wechselhafte Wetter Mitteleuropas ist in erster Linie die Folge der Lage unseres Erdteils. Er liegt nämlich genau in der Zone zwischen 40. und 70. nördlichen Breitengrad, in der sich die Polarfront mit den Jahreszeiten verschiebt. Im Winter verläuft diese Grenze zwischen kalten arktischen und warmen subtropischen Luftmassen am südlichsten. Die warme Luft gleitet an ihr auf die kalte auf, was naturgemäß nicht ohne Reibung vor sich geht.

Die Luftmassen geraten in Schwingungen, es bilden sich Wellen und kleine Wirbel, die im Lauf der Zeit zu mehr oder minder kräftigen Tiefs heranwachsen. Sie überqueren regelmäßig Mitteleuropa, meist von Westen her, und bringen unbeständiges Wetter. Und nur hin und wieder drängt sich ein Hoch in die Kette der Tiefs und sorgt für Wetterberuhigung.

Für das in Deutschland herrschende Buchenklima sind sommergrüne Laub- und Mischwälder typisch.

Ein wirklich beständiges Klima ...

... ohne stärkere Schwankungen findet man nur in wenigen Ecken der Welt, beispielsweise in der Tiefsee, auf tropischen Inseln oder – wem die Anreise zu lang sein sollte – in einer der zahllosen Höhlen Europas und der Welt. Das Höhlenklima ist in seiner Gleichförmigkeit, ja Eintönigkeit kaum zu übertreffen: Winde fehlen im Untergrund fast ganz, Sonnenstrahlen ohnehin. Die Luftfeuchte liegt permanent bei rund 100 Prozent, die Temperaturschwankungen sind minimal. Meist pendelt die Temperatur innerhalb der Höhle um die Jahresdurchschnittstemperatur an der Erdoberfläche, in Mitteleuropa um etwa 10 °C.

Sind Sommer und Winter in Stein gemeißelt?

Das Jahreszeitenklima

Wer sehnt sich nicht am Ende eines langen, dunklen, tristen Winters nach dem Frühling, in dem die Tage wieder länger und heller werden?! Seit Urzeiten wird in unseren Breiten der Sieg des Frühlings über den verhassten Winter ausgelassen gefeiert. Und in Skandinavien ist die Mittsommernacht, die den Beginn des Sommers markiert, ein Höhepunkt im Festkalender. Das Jahreszeitenklima der mittleren und höheren Erdbreiten bestimmt nicht nur den Rhythmus der Natur, sondern auch viele Aktivitäten der Menschen.

Frühling, Sommer, Herbst und Winter

Im Unterschied zum Tageszeitenklima der Tropen herrscht in den Zonen polwärts der Wendekreise ein mehr oder weniger stark ausgeprägtes Jahreszeitenklima, das heißt, es gibt markante jahreszeitliche Temperaturschwankungen. In den Tropen hingegen sind es eben normalerweise die tageszeitlichen Temperaturgegensätze, die deutlicher ausfallen. Darüber hinaus kommt es nicht selten vor, dass dort der Winter, also die Zeit mit tiefem Sonnenstand, sogar wärmer ist als der Sommer. Und überhaupt gibt in den Tropen der Wechsel von Regen- und Trockenzeiten – mehr als die nach den Temperaturen abgegrenzte Abfolge der Jahreszeiten – den Takt in der Natur an.

Allgemein unterscheidet man drei Arten von Jahreszeiten: Die astronomischen Jahreszeiten sind nach dem Lauf der Erde um die Sonne festgelegt und, von Schwankungen von einem oder zwei Tagen abgesehen, praktisch unveränderlich. Ebenso die meteorologischen Jahreszeiten, bei denen der Frühling von März bis Mai, der Sommer von Juni bis August, der Herbst von September bis November und der Winter von Dezember bis Februar reicht. Sie wurden verbindlich festgelegt. Dem Pulsschlag der Natur am nächsten sind jedoch die sogenannten phänologischen Jahreszeiten, die sich an Ereignissen in der Natur wie der Blüte bestimmter Pflanzenarten orientieren. Sie ändern sich von Ort zu Ort und Jahr zu Jahr und haben sich in neuerer Zeit bereits deutlich im Kalender verschoben (S. 184).

Die Grundfesten des Klimas

Im Wort „Klima" steckt das Wort „klinein" (griechisch: neigen). Gemeint ist der Neigungswinkel, in dem die Sonnenstrahlen abhängig von geographischer Breite, Geländeform, Tages- und Jahreszeit auf die Erdoberfläche treffen. Als einer der wichtigsten Klimafaktoren bestimmt er maßgeblich, wie viel Sonnenenergie auf die Erdoberfläche trifft. Und zwar nach einer einfachen Faustregel: je steiler der Winkel, desto größer die Energiezufuhr.

Dieses Naturgesetz wird auch ein vom Menschen verursachter oder natürlicher Klimawandel sicher nicht außer Kraft setzen. Ebenso wenig wie sich die Tageslänge in den verschiedenen Zonen der Erde ändern wird.

Ist der Winter warm, wird der Bauer arm

Glaubt man dieser Bauernregel, wird die Ernte nach einem milden Winter dürftig ausfallen, wohl weil der Sommer ein Reinfall wird. Doch wie passt das zu den nicht wenigen Jahren, in denen im Winter Väterchen Frost regierte und der Juni dennoch ins Wasser fiel?

Man sieht also: Bauernregeln, die nach der Witterung in einer Jahreszeit die in den folgenden Monaten oder gar im ganzen Jahr vorhersagen, sind mit Skepsis zu genießen. In der Zwischenzeit kann nämlich in der Atmosphäre viel geschehen.

In den gemäßigten Breiten hat sich die Natur auf den Wechsel der Jahreszeiten eingestellt. Klassisches Beispiel ist etwa der Laubfall im Herbst.

Richtet sich das Wetter nach den Bauernregeln?

Regelfälle der Witterung

„Regnet es am Siebenschläfertag, es noch sieben Wochen regnen mag." Diese Bauernregel beherzigend, schaut mancher bange auf den 27. Juni: Verregnet es wieder den herbeigesehnten Sommerurlaub? Immerhin soll ja das Wetter, das an diesem Tag herrscht, gleich noch ein paar Wochen lang andauern.
Aber: War oder ist auf diese und zahllose andere Regeln, die an Tage und Jahreszeiten geknüpft sind, überhaupt Verlass?

Geordnetes Chaos

Sicher ist: Die Wechselhaftigkeit gehört zu den hervorstechendsten Merkmalen des mitteleuropäischen Klimas. Dennoch kehren in der scheinbar chaotischen Folge verschiedenartiger Witterungsperioden in der Region zwischen Nordsee und Alpen einige regelmäßig wieder. Mit bemerkenswerter Pünktlichkeit und einer beachtlichen Wahrscheinlichkeit von oft über 75 Prozent.
Diese Regelfälle der Witterung waren unseren Vorfahren wohlvertraut. Sie erhielten Namen, die häufig an Heilige erinnern – so etwa die „Eisheiligen", eine nasskalte Witterungsperiode, die uns zuweilen mitten im Wonnemonat Mai noch Schnee beschert. Der inzwischen durch statistische Verfahren abgesicherte und erweiterte Kalender dieser Regelfälle umfasst immerhin zwei bis drei Dutzend Einträge.
Drei typische Witterungsperioden gelten als Musterbeispiele für die Großwetterlagen, bei denen sie entstehen: Die Schafskälte gehört zu den zuverlässigsten Regelfällen. In durchschnittlich neun von zehn Jahren stoßen etwa Mitte Juni kalte arktische Luftmassen von Nordwesten her nach Mitteleuropa vor und lassen die frisch geschorenen Vierbeiner vor Kälte erzittern. Insgesamt zählt man von Anfang April bis Anfang September knapp zehn solcher Kaltlufteinbrüche. Regelmäßige Schönwetterperioden sind wesentlich seltener. Die bekannteste und wohl auch angenehmste ist der Altweibersommer, der meist um den 25. September beginnt und sich bis in den Oktober hineinzieht. Und in rund vier von fünf Jahren wird der zuvor gefallene Schnee Opfer des Weihnachtstauwetters.

Pflaumenregen und Sommermonsun

Regelmäßig wiederkehrende Witterungsperioden kennt man fast überall in der Welt. In Nordamerika ist der farbenprächtige Indian Summer das Gegenstück unseres Altweibersommers, in Schweden der Birgitta-Sommer. Von Mitte Mai an leiden die Japaner während der gehassten „fünften Jahreszeit" einige Wochen lang unter dem „Pflaumenregen", der unerträglich schwüles Wetter bringt. Und an der Südspitze Indiens bricht um den 1. Juni der Sommermonsun mit sintflutartigen Regengüssen, Blitz und Donner los.
Und was ist jetzt mit unserem Siebenschläfer? Nun, zunächst einmal wurde die Regel formuliert, als noch der Julianische Kalender galt. So fällt im heute gültigen Greogorianischen Kalender der Tag auf den 7. Juli. Eine einigermaßen gute Trefferquote bekommt man jedoch nur dann, wenn man die Großwetterlage der ersten Juliwoche betrachtet und eine Trendaussage nicht gleich für sieben, sondern lediglich für zwei bis drei Wochen wagt.

Vom Klimawandel rechts überholt?

Wer die Klimachroniken der vergangenen Jahre liest, kann den Eindruck gewinnen, die Regelfälle der Witterung hätten sich inzwischen in Ausnahmefälle verwandelt, besonders was die Perioden mit kaltem Wetter betrifft.
Der Hochwinter 2007 fiel quasi ins Wasser; im annähernd in der Mitte Deutschlands gelegenen Erfurt machten die Eisheiligen im Mai 2006 ihrem Namen keine Ehre, und etwa einen Monat später stieg die Temperatur ausgerechnet während der Schafskälte auf Rekordwerte von über 28 °C.

Für das warm-trockene Wetter des Altweibersommers mit zum Teil noch sommerlichen Temperaturen sorgt ein stabiles Hoch über Mitteleuropa. Da in den Nächten die Luft deutlich abkühlt, schlägt sich in den Morgenstunden Tau nieder – ein klassisches Merkmal der Warmwetterperiode, die bis Mitte Oktober andauern kann.

Das Wetter an der Küste – besser als sein Ruf?

Das ozeanische Klima

Die Ozeane, die immerhin fast drei Viertel der Erdoberfläche einnehmen, waren wegen der nur geringen Zahl fester Wetterstationen lange Zeit eine meteorologische Terra incognita. Erst die flächendeckende Erkundung der Weltmeere durch Wettersatelliten hat dies geändert. Doch noch immer enden auf Klimakarten die Grenzen der Klimazonen vielfach abrupt an den Küsten, so als ob das offene Meer kein Klima besäße.

Der riesige Moderator

So etwa stellt man sich das Wetter an den Küsten gemeinhin vor: wechselhaft, stürmisch, kühl, regnerisch, feucht, trüb, neblig – kurz ein „Schmuddelwetter" in Reinkultur. Dabei lässt sich leicht belegen, dass dieses Bild für die meisten Bausteine des Wetters verzerrt ist. Die Sonne scheint beispielsweise über den deutschen Küsten im langjährigen Durchschnitt länger als über dem Binnenland; Spitzenreiter ist Zinnowitz auf der Insel Usedom mit gut 1900 Stunden im Jahr.

Ohnehin haben die ozeanischen Klimate natürlich auch viele Gemeinsamkeiten mit benachbarten kontinentalen Klimaten. In einem entscheidenden Punkt gibt es jedoch einen deutlichen Unterschied: Die offenen Ozeane, die Inseln und Küsten kennen weniger krasse Temperaturgegensätze als das Binnenland. Die Sommer sind kühler und die Winter milder als in küstenfernen Regionen, zudem werden extreme Temperaturschwankungen zwischen Tag und Nacht gedämpft.

Hauptursache des ausgeglichenen Temperaturverlaufs ist die hohe Wärmekapazität des Wassers. Was dies bedeutet, kann man sich mit einem kleinen Experiment veranschaulichen: Die Luft in einem leeren Kochtopf erwärmt sich bei eingeschalteter Herdplatte sehr schnell, kühlt sich aber auch rasch wieder ab, wenn die Energiequelle versiegt. Wesentlich länger dauert es, Wasser im Kochtopf zu erhitzen, dafür behält es aber seine Temperatur auch viel länger. In der Natur machen sich vor allem die unterschiedlichen Wärmeeigenschaften von Wasser und Erdboden bemerkbar: Um die Wassertemperatur nur um ein Grad zu erhöhen, muss einer bestimmten Wassermenge fast fünfmal so viel Wärme zugeführt werden wie dem Erdboden.

Besser in der Nachsaison

Die Fähigkeit der Meere, eine Menge Wärmeenergie zu speichern und den Speicher nur langsam wieder zu entleeren, sowie die ständige Durchmischung der Wassermassen durch Strömungen haben auch im Alltag große Bedeutung, nicht zuletzt bei der Wahl der Reisezeit. Wochen über den Frühlingsanfang hinaus ist beispielsweise das Wasser der Nord- und Ostsee noch empfindlich kalt, an ein Bad im Meer ist nicht zu denken. Nur langsam erwärmt sich das Wasser im Lauf des Sommers und erreicht erst im Spätsommer und Frühherbst die jährlichen Höchstwerte.

Land- und Seewind

Absolute Windstille herrscht über den Meeren und Küsten nur selten, selbst bei ausgeprägten Hochdruckwetterlagen, wenn die Luft über dem Binnenland „steht". Denn gerade dann tritt ein Windpaar auf den Plan, das übrigens auch über größeren Seen zu spüren ist, etwa dem „Schwäbischen Meer", dem Bodensee. Tagsüber weht der Seewind vom Meer zum Land, nachts der Landwind vom Land zum Meer.

Der regelmäßige Wechsel der Winde ist ebenfalls eine Folge der unterschiedlichen Wärmeeigenschaften von Wasser und Boden. Am Tag entwickelt sich über dem stark erwärmten Land ein leichtes Hitzetief, das Luft aus dem Hoch über dem kühleren Meer ansaugt. Nachts kehrt sich das Ganze um, jetzt weht der Wind aus dem Landhoch in das Tief über dem wärmeren Meer.

Gewitterstimmung an der Küste von Ahrenshoop auf der Halbinsel Fischland-Darß-Zingst in Mecklenburg-Vorpommern: Scheinbar grenzenlos gehen Himmel und Wasser ineinander über, während Wind und Wellen an den Strand peitschen.

Warum ist in den Bergen das Wetter so vielseitig?

Das Hochgebirgsklima

Bergsteiger und -wanderer müssen für die unterschiedlichsten Wetter gewappnet sein: Hitze und Kälte, Regen und Schnee, dichter Nebel und blauer Himmel – und das alles mit plötzlichen Wetterumschlägen gewürzt. Jedes Hochgebirge ist vom Wetter und Klima her gewissermaßen ein Kontinent in der Nussschale.

Position und Exposition

Zur Höhe hin nimmt die Lufttemperatur spürbar ab, zwar nicht immer, aber meistens. Wer also bei einem Ausflug in den Bergen nicht unerwartet frieren möchte, sollte einen Rückgang um etwa ein Grad pro 100 Höhenmeter einkalkulieren und darüber hinaus den Windfrost auf den Gipfeln berücksichtigen. Wasserdampf- und Sauerstoffgehalt der Luft sinken zur Höhe hin ebenfalls. Im Gegensatz dazu werden die meisten übrigen Wetterelemente mit wachsender Meereshöhe stärker – vor allem die Sonneneinstrahlung in der klaren, ungetrübten Luft und innerhalb des Spektrums besonders die aggressive ultraviolette Strahlung. Sie ist im Sommer 3500 Meter über dem Meer doppelt so stark wie in 200 Meter Höhe, im Winter entwickelt sie gar fast die fünffache Kraft.
Allein schon wegen der Lage in luftiger Höhe ändern sich demnach die Klimaverhältnisse im Hochgebirge auf engstem Raum. Hinzu kommt die sogennante Exposition, die Ausrichtung der Bergflanken zur Sonne und/oder den vorherrschenden Windrichtungen. Die Zufuhr von Sonnenenergie auf die Oberfläche der Sonnenhänge ist wesentlich größer als an den Schattenhängen. So bekommt in den Alpen ein 30 Grad steiler Südhang im Lauf eines Jahres zwei- bis dreimal mehr Sonnenenergie ab als ein vergleichbarer Nordhang. Kein Wunder also, dass der Bergwanderer an dem einen Hang schwitzt und an dem anderen friert, an dem einen im Regen steht und am anderen zur Feldflasche greift.

Unsichtbare Gefahren

Den strahlend blauen, manchmal violetten Himmel sieht der Hochgebirgstourist, er bemerkt auch, wie sich seine Haut rötet, der Sauerstoffmangel der Höhenluft (S. 10) bleibt ihm jedoch zunächst verborgen. Da sich in der Höhe zunächst die roten Blutkörperchen, die den Sauerstoff im Blut transportieren, vermehren, kann der menschliche Körper seine Organe anfangs noch ausreichend mit Sauerstoff versorgen. Doch mit jedem Meter, den man höher steigt, wird der Sauerstoffmangel bedrohlicher, man leidet unter Kopfschmerzen, Schwindelgefühlen und Übelkeit. Heftige Atemnot und Halluzinationen stellen sich ein. Und in schweren Fällen führt die Höhenkrankheit sogar zum Tod.

Der Mount Everest, Rekordhalter unter den irdischen Bergen: Wer ihn besteigen will, braucht normalerweise ein Sauerstoffgerät.

Tal- und Bergwind

Zwischen den Küsten und den Hochgebirgen liegen zwar meteorologische Welten, doch eine Gemeinsamkeit haben die beiden Lebensräume: kleinräumige Windsysteme, die sich im Lauf des Tages gegenseitig ablösen.
Tagsüber strömt der Talwind durch die Täler. Er ersetzt die Luftmassen, die sich über den sonnenbeschienenen Bergflanken erwärmen, dadurch leichter werden und in höhere Schichten der Atmosphäre aufsteigen. Nachdem die Sonne untergegangen ist, kühlt sich die Luft über den Bergen rasch ab, wird schwerer und strömt als Bergwind in tiefere Lagen. Wenn die Winde durch enge Täler oder Bergscharten wehen, können sie durch den Düseneffekt beachtliche Stärken erreichen.

Warum ist es in Städten so warm?

Das Klima der Großstädte

„Stadtluft macht frei", so hieß es im Mittelalter. Heute sagt man, Stadtluft mache krank. Die angeblich befreiende Wirkung der Stadtluft hatte wenig mit dem Klima zu tun, die Luftbelastung hat es dagegen schon. In der Tat herrscht in den großen Städten ein besonderes Klima, das sich von ihrem jeweiligen Umland klar unterscheidet.

Nebellöcher und Wärmeinseln

Dank moderner Heizungsanlagen und verschärfter Abgasnormen ist die Luftqualität in den Städten der reichen Industriestaaten in den letzten Jahrzehnten deutlich besser geworden. Doch trotzdem sind die Großstädte Europas und Nordamerikas beileibe keine Reinluftgebiete. Besonders der durch Emissionen entstehende Feinstaub belastet die Stadtluft. Wenn der Wind nur schwach oder gar nicht weht, wölben sich über den Städten graue Dunsthauben aus Wassertröpfchen und Staubteilchen auf. Viel häufiger als über dem Umland verdichten sie sich zu Wolken; auf Städte fällt deshalb mehr Regen und Schnee, die Sonnenscheindauer ist geringer, und die Zahl der nebeligen Tage kann durchaus doppelt so hoch sein wie auf dem flachen Land. Das markanteste Merkmal des Stadtklimas ist jedoch die gegenüber dem Umland fast immer höhere Lufttemperatur. Große Städte sind Wärmeinseln, vor allem nachts und im Winter. Dann kann die Temperatur in der City um bis zu zehn Grad über der am Stadtrand liegen. Die ungewöhnliche Wärme hat gleich mehrere Ursachen: Bei Sonneneinstrahlung heizen sich Asphalt und Beton stark auf, mitunter bis über 50 Grad Celsius. Der Anteil der Grünflächen, die Wasser verdunsten und so für Abkühlung sorgen, ist meist gering, während die engen Häuserschluchten den Wind bremsen und die Frischluftzufuhr erschweren. Hinzu kommt die Wärmeabgabe durch Motoren und Heizungsanlagen. Für die Bewohner kann das warme Klima im Sommer zur enormen Belastung werden. Tagsüber leiden sie unter der Hitze, nachts fehlt in der stickigen Luft der erholsame Schlaf, weil die Baumaterialien die aufgenommene Energie speichern und wieder abgeben.

Großstädte als Inseln des Lebens

In den Jahrzehnten der schlimmsten Luftverschmutzung galten unsere Großstädte als unwirtliche Lebensräume, in denen selbst die robusten Flechten nicht existieren konnten. Seither haben sich diese „Flechtenwüsten" in Biotope mit einer reichen Flora und Fauna verwandelt. In Hamburg zählt man beispielsweise rund 360 einheimische und eingebürgerte Gehölzarten. Über 350 Insektenarten können die Innenstädte bevölkern. Gründe für die Artenvielfalt sind das warme Klima und das engräumige Mosaik unterschiedlichster Lebensräume, das von kahlen Häuserfronten über begrünte Fassaden bis zu Parks und Gärten reicht.

Wieso fällt der Wochenendausflug öfter ins Wasser?

Wohl jeder, der die Woche über hart arbeiten muss, hat die bittere Erfahrung gemacht, dass oft nach schönen Tagen ausgerechnet am Wochenende das Wetter umschlägt. Amerikanische Forscher bestätigen diese Erfahrung und erklären sie mit der höheren Luftverschmutzung an den Werktagen: Der Anteil der Staubpartikel, die als Keime der Wolkenbildung wirken, nimmt im Lauf der Woche in den Städten zu. Gegen Ende der Woche ist die Belastung am höchsten. Es kommt zu Niederschlag, der die Luft rein wäscht. Und das Spiel geht wieder von vorne los.

An Sommertagen kann es in den Betonwüsten der Städte mitunter unerträglich heiß werden – da ist jede Abkühlung willkommen.

STOP

Welches Klima macht krank, welches gesund?

Das Bioklima

Alle Lebewesen dieser Erde sind ständig den Wetter- und Klimareizen ausgesetzt, sofern sie sich nicht in den Erdboden, in Höhlen oder in die Tiefsee zurückziehen. Oftmals wird schon ein leichter Reiz zum Stress. Darunter leidet auch die Spezies Homo sapiens, obwohl die Menschheit größtenteils den Rückzug angetreten hat und nach Kräften versucht, sich in geschlossenen Räumen eigene klimatische Welten zu schaffen. Dabei ist das Raumklima wahrlich kein günstiges Bioklima.

Zurück zur Natur

Zu viel Schonung im Umgang mit den Klima- und Wetterreizen ist nicht unbedingt sinnvoll, der Rückzug in die vier eigenen, klimatisierten Wände oft das falsche Rezept.

Die Heliotherapie, bei der die Patienten den sonst unter Textilien verborgenen Körper gezielt der Sonnenstrahlung aussetzen, ist zum Beispiel ein bewährtes Verfahren zur Linderung und Heilung von Hautkrankheiten. Beim Luftbad verzichtet man ganz oder teilweise auf die Kleider, die sonst den Körper von der Atmosphäre abschotten. Auf diese natürliche Weise stimuliert man den gesamten Stoffwechsel und regt durch die Kältereize den Kreislauf an.

Belastend, reizend … und heilend

Mitunter haben wissenschaftliche Untersuchungen verblüffende Ergebnisse. Bei der Belastung der Luft durch krebserregenden Feinstaub war man davon ausgegangen, dass die Belastung der Luft im Freien am stärksten sei. Schulen, die sich an viel befahrenen Straßen befinden, wurde deshalb geraten, Fenster und Türen geschlossen zu halten. Messungen ergaben dann aber, dass der Feinstaubgehalt in den Schulzimmern vielfach doppelt bis dreifach so hoch war wie der EU-Grenzwert. Zu hohe Lufttemperaturen und zu geringe Luftfeuchtigkeit in den Räumen sind auch nicht eben gesundheitsfördernd.

Das Raumklima ist daher wohl eine besonders weit verbreitete Variante des Belastungsklimas, zu dem als weitere Variante das Stadtklima gehört. Anders das ozeanische und das Hoch- und Mittelgebirgsklima, deren Merkmale – kräftige Sonneneinstrahlung mit hohen ultravioletten Anteilen, niedrige Temperaturen, frische böige Winde – auf den ersten Blick als für den Organismus eher belastend erscheinen. Doch gerade in der Kombination mit der meist sehr reinen Luft werden diese beiden Klimatypen zu ausgesprochenen Reiz- und Heilklimaten. In der langen Liste heilklimatischer Kurorte und Seeheilbäder tauchen daher besonders viele Orte am Meer und im Gebirge auf: von Westerland auf Sylt bis Davos in Graubünden.

Das Klima, ein „sanftes Medikament"

Am sanftesten geht das Schonklima mit den Menschen um. Es zeichnet sich neben reiner Luft ohne starke Pollenbelastung vor allem durch mäßige Klimareize aus: schwache, aber beständige Winde, eine mittlere Luftfeuchtigkeit und einen ausgeglichenen Temperaturverlauf. Damit deckt sich das Schonklima beinahe haargenau mit dem Waldklima Mitteleuropas. So gesehen ist ein Waldspaziergang ein wichtiger Bestandteil der „sanften Medizin". Nach schädlichen Nebenwirkungen muss man den Arzt und Apotheker nicht befragen. Auch wenn der Begriff „Sauerstoffanionen" nach massivem Einsatz von Chemikalien klingt. Diese Sauerstoffteilchen, die in der Waldluft reichlich enthalten sind, entstehen jedoch auf natürliche Weise, fördern die Sauerstoffanreicherung im Blut und damit die Leistungsfähigkeit und die Abwehrkräfte.

„Das Meer wäscht alle Beschwerden weg" – was der Grieche Platon schon vor rund 2400 Jahren wusste, hat auch heute noch Gültigkeit. Meerluft lindert und heilt vor allem Erkrankungen der Atemwege.

Scheint am Mittelmeer das ganze Jahr die Sonne?

Das Ölbaum- und das Lorbeerwaldklima

Die Werbefachleute der Touristikbranche sind geradezu euphorisch, wenn es darum geht, die klimatischen Vorzüge einer Reiseregion mit vollmundigen Sprüchen anzupreisen. Ein Wintersportgebiet ist natürlich „schneesicher", an einer Küste herrscht „ewiger Frühling" und auf einer Insel „überwintert" die Sonne. Doch vor Ort entpuppen sich die verlockenden Sprüche dann oft genug als leere Versprechungen

Im Sommer trocken, im Winter feucht

„Der Nordost tobt draußen grimmig, und durch die Spalten der Fensterpfosten sickert dann und wann ein kalter Sprühregen ...". Erzherzog Ludwig Salvators Tagebuchnotiz aus dem 19. Jahrhundert stammt von einer Insel. Wer nun aber an Helgoland oder Hiddensee denk, irrt. Tatsächlich schrieb er die Sätze auf Mallorca nieder, der beliebten Ferieninsel, dem angeblichen „Winterdomizil der Sonne".

Zumindest im Sommer ist in der Zone des Mittelmeer- beziehungsweise Ölbaumklimas auf die Sonne meist Verlass. Rund 3000 Stunden pro Jahr scheint sie zum Beispiel an der südspanischen Costa del Sol vom Himmel, fast doppelt so lang wie im bundesdeutschen Durchschnitt. In den heißen Sommermonaten fällt kaum Regen, längere Dürrezeiten sind nicht selten. Normalerweise gleicht die Natur die sommerliche Trockenheit im milden Winter durch Regenfälle aus. Insgesamt gesehen sind daher die jährlichen Niederschlagsmengen nicht geringer als nördlich der Alpen, vielfach sogar höher. Im Hinterland der dalmatinischen Adriaküste liegt mit 4650 Litern pro Quadratmeter und Jahr gar Europas „Regenpol". Und oftmals geht der Regen in Form von Wolkenbrüchen nieder, etwa am 4. November 1966, als der Arno seine Abflussmenge um fast das Hundertfache steigerte und in Florenz viele unersetzliche Kunstschätze vernichtete.

Der schroffe Wechsel von heißen, trockenen Sommern und feuchten, milden Wintern ordnet das Ölbaumklima der Klasse der winterfeucht-sommertrockenen Klimate zu. Dieser Wechsel entsteht dadurch, dass der Mittelmeerraum in den Sommermonaten im Einflussbereich des Azorenhochs und anderer kräftiger Hochdruckgebiete liegt. Im Winter verlagert sich dagegen die Polarfront (S. 126) nach Süden und ebnet den Weg für Tiefdruckgebiete. Balearentief, Genuatief und Adriatief übernehmen das Zepter.

Im Westen trocken, im Osten feucht

Bei der Betrachtung einer Klimakarte fällt auf, dass die Klimate an der Westseite der Kontinente meist in einer Jahreszeit oder gar das ganze Jahr über trocken sind. Zu den Regionen des Ölbaumklimas gehören daher auch Kalifornien und der Südwesten Australiens. An den Ostseiten der Festländer weist das Klima in denselben Erdbreiten hingegen keine Trockenzeit auf, ja die stärksten Regengüsse gehen im Unterschied zum Ölbaumklima im Sommer nieder. Unter solchen Klimabedingungen, die denen der immerfeuchten Tropen sehr gleichen, entwickeln sich artenreiche Lorbeerwälder – daher nennt man das hier herrschende Klima Lorbeerwaldklima.

Perfekt ans Klima angepasst

Klimagerechte Architektur ist keine Erfindung der heutigen Zeit. Es gibt in allen Erdteilen Beispiele traditioneller Bauweise, die optimal an das jeweilige Klima angepasst sind, etwa die niederdeutschen Hallenhäuser, die mit tief herabgezogenen Dächern dem Sturm trotzen. In den Mittelmeerländern ist der Schutz vor der sommerlichen Hitze ein Hauptziel. So stehen die Häuser eng beieinander, um sich gegenseitig Schatten zu spenden. Häufig befinden sich die Orte auf Hügeln, auf denen frische Winde für etwas Abkühlung sorgen.

In Südeuropa ist im Sommer eine erfrischende Brise viel wert. Daher liegen viele Ortschaften – hier Casares in Spanien – auf einem Hügel.

Was macht die Pampas zur „Pampa"?

Das Steppenklima

Das Wörtchen „Steppe" hat einen unerfreulichen Unterton – wenn irgendwo fruchtbares Land austrocknet, seine Pflanzen- und Tierwelt verarmt, der Boden erodiert wird, spricht man von „Versteppung". Dabei gehören die in den mittleren Breiten beheimateten Grasländer, die ungefähr acht Prozent des irdischen Festlands einnehmen, zu den artenreichsten und produktivsten Lebensräumen unseres Planeten.

Pampa, Prärie, Puszta

Das winterkalte Klima, das Bäumen nicht behagt, Gräser dafür aber umso kräftiger sprießen lässt, gibt es auf fast allen Kontinenten der Erde. Die Grasländer der mittleren Breiten tragen folglich verschiedene Namen: In Südamerika heißen sie Pampas, in Nordamerika Prärien, in Osteuropa und Zentralasien Steppen, und die Ungarn steuern mit der Puszta eine weitere Variante bei. Letztere ist allerdings nur zum Teil ein Ergebnis des Klimas, erstreckt sie sich doch als „Kultursteppe" in einer Gegend, die von Natur aus eigentlich dicht bewaldet sein müsste. Sonst sind die Steppen im Zentrum praktisch unbewaldet und gehen an den stärker beregneten Rändern in Waldsteppen, im trockeneren Grenzsaum in Wüsten über.

Warme Sommer mit durchschnittlichen Julitemperaturen von 20 bis 25 °C und kalte Winter mit Mitteltemperaturen weit unter dem Gefrierpunkt zeichnen das Steppenklima aus. Pro Jahr gehen 300 bis 400 Liter Niederschlag pro Quadratmeter nieder. Dabei fällt der Regen mal reichlicher, mal spärlicher, ausgesprochene Dürrejahre sind keine Seltenheit. Für den Wasserhaushalt der meisten Steppen ist daher die winterliche Schneedecke sehr wichtig. In nördlichen Steppen kann sie bis 40 Zentimeter dick sein und bis 140 Tage lang den Boden verhüllen.

Ein besonderes Phänomen der weithin ebenen Steppen, Pampas und Prärien sind die Winde und Stürme, die im Winter als Schneestürme und im Sommer häufig als Staubstürme über dem waldlosen Land toben. Während der Sommermonate peitschen heiße Stürme oft tagelang die Steppen und entziehen dem Boden den letzten Tropfen Wasser.

Klimatische Schwellenländer

Die Frage, wo genau die Grenze zwischen den trockenen (ariden) und den feuchten (humiden) Zonen der Erde verläuft, beschäftigt die Forscher, seitdem es das Fachgebiet Klimatologie gibt. Zahllose Formeln wurden entwickelt, um die Grenze an einem Ort festzulegen, wirklich befriedigende Ergebnisse liefert keine. Sicher ist nur, dass sich die Steppen im Grenzsaum zwischen den beiden Zonen erstrecken. Die mögliche Verdunstung erreicht nämlich die Summe der Niederschläge oder übertrifft sie im Kern der Grasländer um etwa das Doppelte.

Schwarze Erde

Enge Beziehungen bestehen zwischen dem Klima und dem Boden. Jede Klimazone besitzt ihre charakteristischen Bodentypen: das Schnee-Wald-Klima die nährstoffarmen Bleicherden, das Klima unserer Breiten die Braunerden mit mittlerem Nährstoffgehalt, das Savannenklima ausgelaugte Roterden und das Steppenklima die fruchtbaren, humusreichen Schwarzerden.

Die Anhäufung von Humus ist hier eine Folge des typischen Witterungsverlaufs. Im Frühjahr und Sommer gedeihen die Pflanzen auf dem noch von der geschmolzenen Schneedecke und dem Sommerregen durchfeuchteten Boden prächtig, später werden die verdorrten Pflanzenreste durch Tiere in den Boden eingearbeitet, verwesen dort im kalten Winter jedoch nicht vollständig, sondern wandeln sich in Humusstoffe um.

Bisons im Yellowstone National Park: Die Prärie in den nordamerikanischen Great Plains ist wie andere Steppen klassisches Weideland.

Warum fällt in der Sahara so wenig Regen?

Das Wüstenklima

Öd und leer, mit einem lückenhaften Pflanzenkleid, das weniger als die Hälfte der Bodenoberfläche bedeckt (Halbwüste) oder sich völlig in einzelne kleine Oasen zurückgezogen hat (Vollwüste) – so sieht die Erde in vielen Regionen aus. Die Ursachen der spärlichen Vegetation sind vielfältig: extreme Kälte oder Hitze, heftige Bodenerosion, mit Salzen und Schwermetallen verseuchte Böden ... Am häufigsten setzt jedoch chronischer Wassermangel dem Pflanzenwachstum ein Ende.

Weizen aus der Wüste?

Als Antwort auf die rasch wachsenden Bevölkerungszahlen und den damit steigenden Nahrungsmittelbedarf hat das Areal der Bewässerungskulturen in den letzten Jahrzehnten drastisch zugenommen. Selbst in extremen Wüsten findet man heute bewässerte Felder.
Das notwendige Wasser wird entweder mit fossilem Grundwasser gefüllten Speichern im Untergrund oder aber Stauseen und sogenannten Fremdlingsflüssen entnommen, die die Wüstengebiete queren. Neben den wegen veralteter Bewässerungsverfahren oft enormen Wasserverlusten, hat sich die Versalzung der Böden zu einem schwerwiegenden Problem entwickelt. Weltweit sind etwa rund 30 Prozent der bewässerten Flächen davon betroffen.

In der Wüste ertrunken?

Wenn hohe Lufttemperaturen, geringe Luftfeuchtigkeit und starker Wind zusammentreffen, muss die Verdunstung (S. 30) hoch sein, genauer: die mögliche Verdunstung. Denn wo kein Wasser ist, kann auch keines verdunsten. Unter den Bedingungen der zentralen Sahara könnten zum Beispiel pro Jahr mindestens 3500 Liter Wasser von jedem Quadratmeter Erdoberfläche verdunsten, es fallen jedoch durchschnittlich nur um 50 Liter Regen pro Quadratmeter und Jahr. In den extremsten Wüsten geht der Jahresniederschlag auf knapp über null zurück, als Obergrenze der Regenmenge in Wüsten gelten rund 200 Liter.
Eine Nachricht vom 14. August 1999 scheint nicht in das Bild ausgedörrter Landschaften zu passen. Danach waren in der Wüste von Rajasthan in Westindien 48 Kamele, also ausgewiesene Wüstentiere, in Sturzfluten ertrunken. Eine Faustregel löst den scheinbaren Widerspruch jedoch auf: Je weniger Regen durchschnittlich pro Jahr fällt, umso stärker schwanken die aktuellen Regenmengen von Jahr zu Jahr und Tag zu Tag. An einem einzigen Tag kann der gesamte Jahresniederschlag fallen.

Der unter dem Strich chronische Wassermangel hat zwei Hauptursachen: Absteigende Luftbewegungen, bei denen sich wie in den Wurzelzonen der Passate (S. 146) unter Hochdruckeinfluss die regenbringenden Wolken auflösen, oder aber die Lage im Regenschatten hoher Gebirge und fern von der Küste. Kalte Meeresströmungen (S. 22) können den Wassermangel noch beträchtlich verschärfen.

Der Wüstenplanet

„Blauer Planet" wird die Erde gern genannt. Doch zwischen den Wassermassen der Ozeane sind auf den Festländern aus dem Weltraum auch ausgedehnte gelbe, rötliche und braune Flecken zu erkennen: die Wüsten und Halbwüsten. Insgesamt nehmen sie 15 bis 25 Prozent der Landmassen ein, je nachdem, wo die Grenzen zwischen Trockensteppen, Trockensavannen und Wüsten gezogen werden.
Ein nahezu geschlossener Wüstengürtel zieht sich von Nordafrika über den Nahen und Mittleren Osten bis nach Indien. Er umfasst vor allem die Sahara, die mit Abstand größte Wüste der Erde. Weiträumige Trockengebiete gibt es auch im Innern Asiens, die Wüsten der Südhalbkugel sind allgemein kleiner, reichen jedoch von Afrika über Australien bis nach Südamerika rund um den Erdball.

Risse und Furchen durchziehen den völlig ausgetrockneten Wüstenboden, der vom Wind bis auf die darunterliegenden Gesteinsschichten erodiert wird. Dies fördert die Bildung von Wadis, wasserlosen Flusstälern, die sich bei Starkregen in stürzende Ströme verwandeln.

Warum wehen manche Winde immer in die gleiche Richtung?

Die Passatwinde

Abgesehen von den tropischen Wirbelstürmen (S. 84) wehen Winde in den Subtropen und Tropen im Allgemeinen nur schwach bis frisch, dafür aber meist sehr beständig. Wer zum Beispiel im Urlaub auf die Kanaren reist, kann sich darauf verlassen, dass der Wind beinahe pausenlos aus nordöstlichen Himmelsrichtungen bläst. Auf den Seychellen kommt der Wind hingegen fast immer aus Südost. Beide zusammen, der Nordostpassat und der Südostpassat, bilden das markanteste Windsystem unseres Planeten.

Antipassat und Passat

Der Begriff „Passat" stammt aus dem Portugiesischen – „passar" bedeutet so viel wie „vorbeigehen". Er bezeichnet Winde, die wie Passanten auf dem Weg zu einem Ort oder Ereignis beharrlich einer bestimmten Richtung folgen. Im Englischen heißen die beständigen, mäßig starken Winde auch „trade winds" (Handelswinde), verliehen sie doch über Jahrhunderte hinweg Handelssegelschiffen den zur zügigen Überquerung der tropischen und subtropischen Ozeane notwendigen Rückenwind.

Ein Engländer, genauer der Meteorologe George Hadley, war es dann auch, der noch vor seinem französischen Kollegen Gaspard Gustave de Coriolis (S. 72) das Rätsel der Passate enthüllte. Das von den beiden beschriebene Zirkulationssystem heißt folglich „Hadley-Zelle". Danach steigen die von der Sonne erhitzten Luftmassen über der äquatorialen Zone auf, erzeugen in der Höhe ein Hochdruckgebiet, aus dem zwei entgegengesetzte Höhenwinde auf der Nord- beziehungsweise Südhalbkugel mehr als zehn Kilometer oberhalb der Erdoberfläche als Antipassate polwärts wehen. Über den Wendekreisen kommt es dann zum Stau: Ein Teil der nunmehr abgekühlten Luftmassen muss absteigen, erzeugt dabei am Erdboden Hochdruckgebiete, aus denen die Passate zur Tiefdruckrinne am Äquator strömen. Allerdings nicht auf dem kürzesten Weg, denn durch die ablenkende Kraft der Erdrotation (S. 72) werden die Luftströmungen von der „Direttissima" abgehalten.

Regenwald in Luv, Wüste in Lee

Auf dem weiten Weg über die subtropisch-tropischen Meere saugt sich die von den Passaten transportierte Luft mit Feuchtigkeit voll. Über den Meeren behält sie ihre Fracht, treffen die Luftmassen allerdings auf höhere Küstengebirge oder Inseln, müssen sie in kühlere Stockwerke der Atmosphäre aufsteigen. Dabei wandelt sich der Wasserdampf in Wolkentröpfchen und schließlich in Regentropfen um. Weil die Passate aus einer bestimmten Himmelsrichtung wehen, erhalten die Luvhänge der Gebirge immer mehr Regen als die Hänge im Windschatten. Entsprechend groß sind die Gegensätze im Pflanzenkleid: Mitunter breitet sich im Luv der Regenwald aus, im Lee indessen die Wüste.

Wo der Wind verebbt

Heute werden Schiffe von PS-starken Motoren angetrieben. Im Zeitalter der Segelschifffahrt mussten sie sich hingegen auf die Windkraft verlassen. Ein Gürtel der Erde war den Seeleuten deshalb ein Graus: Die sogenannten Rossbreiten zwischen etwa 25 und 35 Grad nördlicher beziehungsweise südlicher Breite. Im Bereich dieser Erdbreiten lagen die Schiffe oftmals bei Windstille tage- bis wochenlang fest. Die an Bord mitgeführten Pferde mussten wegen Nahrungs- und Wassermangel geschlachtet werden – daher der Name. Verantwortlich für die verhängnisvolle Windstille waren und sind die beständigen Hochdruckgebiete in den Zonen, in denen die vom Antipassat polwärts verfrachteten Luftmassen zur Erdoberfläche sinken.

Die Passatwinde wehen in einer Höhe von maximal zwei Kilometer. In dieser bodennahen Zone schieben sie die Passatwolken vor sich hin, die sich dann an höheren Bergen wie hier am Pico de Teide auf Teneriffa stauen. Die Regionen unter den Wolken sind daher häufig in den Passatnebel gehüllt.

Weshalb regnet es in den Tropen vor allem im Sommer?

Das Savannenklima

Die jahreszeitliche Verteilung der Niederschläge ist weltweit beinahe die Regel. Vor allem in den äußeren Tropen bestimmt der Wechsel von Regenzeiten im Sommer und Trockenzeiten im Winter den Jahreslauf.

Ein wechselfeuchtes Klima

Regen ist nicht gleich Regen. Da gibt es von der Stärke und der Größe der Tropfen her den feinen Niesel- oder Sprühregen und den großtropfigen Starkregen. Nach der Entstehungsweise unterscheidet man außerdem den Steigungsregen durch Stau an Gebirgsflanken, den Frontregen, der von Wetterfronten gebracht wird, und schließlich den Konvektionsregen, der in den Tropen auch Zenitalregen genannt wird. Die kräftigsten Regengüsse gehen dort nämlich dann nieder, wenn die Sonne mittags im Zenit steht, also etwa senkrecht über der Erdoberfläche.

Konvektion – vom lateinischen „convehere", „zusammenbringen" – bedeutet, dass Luftmassen am Erdboden durch Sonneneinstrahlung erhitzt und dadurch leichter werden und aufsteigen. Wenn der Prozess erst einmal in Gang gekommen ist, strömen immer mehr Luftmassen zusammen und bilden in der Höhe mächtige Regenwolken. Da die Sonne auf ihrem scheinbaren Weg zwischen den Wendekreisen über einem bestimmten Ort zur Sommerzeit jährlich zweimal mittags im Zenit steht und dadurch die Konvektion angeregt wird, sind die äußeren Tropen eine Sommerregenzone mit meist zwei Regenzeiten. In den Wintern, wenn die Sonne mittags nicht so hoch über den Horizont aufsteigt, fällt dagegen weniger oder überhaupt kein Regen.

Die Wiege der Menschheit

Ein Klimawandel von dem Ausmaß, wie er gegenwärtig zu beobachten ist, greift tiefer als gedacht in die Natur ein. Als Teil des globalen Ökosystems muss sich der Mensch den Änderungen gleichfalls anpassen. Wahrscheinlich ist er sogar selbst das Produkt eines tief greifenden Klimawandels, der sich vor Millionen von Jahren in der zweiten Hälfte der Erdneuzeit im Osten Afrikas abspielte. Mit der fortschreitenden Abkühlung der Erde im Lauf des Tertiärs wurde das Klima der Tropen trockener. Die tropischen Regenwälder schrumpften und machten schließlich Savannen Platz. Daher mussten die Urahnen des Homo sapiens ihren ursprünglichen Lebensraum aufgeben und sich auf zwei Beinen aufrecht durch die tropischen Grasländer bewegen – ein entscheidendes Merkmal des Menschen.

Brauner Dunst

7. Oktober 2006: Die Wolkenkratzer-Skyline der südostasiatischen Metropole Singapur verschwindet in grau-braunem Dunst; den Menschen fällt das Atmen schwer, Mundtücher helfen kaum gegen den stinkenden Qualm. Wegen der geringen Sichtweite müssen auf dem Flughafen zahlreiche Flüge gestrichen werden.

Braune Dunstschwaden ziehen häufiger über Südostasien hinweg, bisher am schlimmsten im Jahr 1997, als sie volkswirtschaftliche Schäden in Höhe von schätzungsweise zehn Milliarden US-Dollar hinterließen – und gewiss auch langfristige gesundheitliche Schäden bei den Einwohnern der Region. Die Herkunft des Qualms war auf Satellitenbildern eindeutig zu erkennen: Von Menschen gelegte Brände in den Savannen und Wäldern der Inseln Borneo und Sumatra gerieten außer Kontrolle, als El Niño (S. 118) die dort übliche Regenzeit in eine Dürreperiode verwandelte.

Am Fuß des Kilimandscharo in Tansania erstreckt sich eine klassische afrikanische Savanne.

Warum „ertrinkt“ Indien regelmäßig im Regen?

Der Monsun

Indien gilt als Subkontinent. Klimatisch könnte die Halbinsel, die sich weit in den Indischen Ozean hinein erstreckt, aber ebenso gut ein Kontinent sein. Mit allen Witterungsextremen: Hitze- und Kältwellen, wochenlange Dürre und einer Regenzeit, in der in nur vier Monaten rund vier Fünftel der gesamten jährlichen Regenmenge niedergehen. Allgemein sind in Südasien die Gegensätze zwischen den Jahreszeiten – besonders zwischen Sommer und Winter – ungewöhnlich stark ausgeprägt.

Der Tag, als der Regen kam

26. Juli 2005: Mumbai, das frühere Bombay, erlebt einen der schwärzesten Tage in seiner Geschichte. In 24 Stunden stürzen unglaubliche 944 Liter Regen auf jeden Quadratmeter der Erdoberfläche nieder und verursachen immense Sachschäden. Dabei sind sintflutartige Regengüsse in den Monaten Juni bis September für die Inder nichts Neues, ebenso wie die staubtrockenen Wintermonate, in denen etwa in Mumbai jeweils nur rund drei Liter Regen pro Quadratmeter fallen.

Der Wechsel zwischen einem äußerst feuchten Sommer und einem trockenen Winter deckt sich mit einem deutlichen Wechsel der Windrichtung: Von Dezember bis in den März hinein weht der kühl-trockene Wintermonsun von Nordosten her über das Land, etwa ab Anfang Juni frischt der feucht-warme Sommermonsun aus südwestlichen Himmelsrichtungen auf.

Die Wurzeln des Wintermonsuns reichen bis nach Zentralasien, wo sich im eisig kalten Winter ein kräftiges Hochdruckgebiet aufbaut. Aus diesem Hoch wehen kühl-trockene Winde über den Himalaja südwärts. Im Sommer jedoch wird der Kontinent stark erhitzt, über Mittel- und Südasien fällt der Luftdruck, es bildet sich ein Hitzetief. Gleichzeitig wandert im Sommer mit der allgemeinen Verlagerung der Luftdruck- und Windgürtel die Tiefdruckrinne beiderseits des Äquators polwärts und verleibt sich das Hitzetief ein. Gemeinsam saugt die Allianz von Tiefs vom Indischen Ozean her feucht-warme Luftmassen an. Sie strömen nordwärts und bringen der Südspitze Indiens etwa ab dem 1. Juni gewittrige Regengüsse.

Die Jahreszeitenwinde

Südasien ist zwar das „klassische“, doch keineswegs das einzige Revier der Monsune. Winde, die ihre Richtung im Lauf der Jahreszeiten (arabisch „mausim“) um mindestens 120 Grad ändern, wehen auch in anderen Gegenden der Erde. Ein Monsunklima herrscht unter anderem in Südostasien, Teilen Australiens und Ostafrikas. Monsunartige Winde kennen die Meteorologen außerdem in Mitteleuropa. Die Vorstöße arktischer Luftmassen im Frühjahr und Sommer, beispielsweise die Schafskälte, werden von den Wissenschaftlern Monsunwellen genannt. Von der Entstehungsweise her haben diese Wellen allerdings nichts mit den Monsunen der Tropen zu tun.

Der Himalaja – wo sich die Monsune scheiden

Der Himalaja ist eine Wetter- und Klimascheide ersten Ranges. Aus welcher Richtung die Monsune über Indien auch wehen mögen, immer müssen sie die annähernd von West nach Ost verlaufenden, bis fast 9000 Meter hohen Gebirgskämme überqueren.

Dadurch, dass der Nordostmonsun kühle, trockene Luft heranführt, der Südwestmonsun aber feucht-warme, unterscheiden sich die Regenmengen an den Gebirgsflanken gewaltig: Während in der indischen Stadt Simla an der Südflanke des Himalaja im Jahresdurchschnitt rund 1600 Liter Regen pro Quadratmeter fallen, kommt Leh, der Hauptort von Ladakh, gerade einmal auf etwa 90 Liter pro Quadratmeter.

Ein Bild, das in Mumbai während des Monsunregens im Sommer schon fast zum Alltag gehört. Die Regenmassen überfluten die Straßen und bringen den Verkehr teilweise zum Erliegen.

Regnet es am Äquator ständig?

Das immerfeuchte Regenwaldklima

Über die Lebensräume unmittelbar beiderseits des Äquators herrschen außerhalb der Tropen nicht selten falsche Vorstellungen. Von ihrer atemberaubenden Artenvielfalt wird oft berichtet, doch selbst ein Experte wie der britische Naturforscher Alfred Russel Wallace musste bei seinen Expeditionen durch Südostasien enttäuscht in sein Tagebuch notieren, dass er tagelang kein größeres Tier gesehen hätte. Und wer vom immerfeuchten Regenwaldklima pausenlose Regengüsse erwartet (oder aber befürchtet), wird bei einer Reise bald eines Besseren belehrt werden.

Klimatische Vielfalt

Zahlreiche in den tropischen Wäldern heimische Pflanzen sind beliebte Zierpflanzen, die unsere Räume schmücken, so etwa der Gummibaum (Ficus) oder das Fensterblatt (Monstera). Sie gedeihen dort unter einem Raumklima, das meist viel zu trocken ist, sich von der schwülwarmen Atmosphäre am Äquator auf den ersten Blick gesehen deutlich unterscheidet.

Doch die ledrigen, mit Wachsschichten überzogenen Blätter der Gewächse, die Wasserverluste vermindern, verraten, dass es auch in den immerfeuchten Tropen trockene Zeiten und trockene Standorte gibt. Das Bild vom tropischen Klima wird noch widersprüchlicher, wenn man sich die markanten Blattspitzen dieser Pflanzen anschaut: Sie sind so geformt, dass bei den heftigen Regengüssen das Wasser möglichst schnell von der Blattoberfläche abfließt.

Die Grüne Hölle – besser als ihr Ruf

Durchschnittlich mindestens 2000 Liter Regen pro Quadratmeter und Jahr sind im tropischen Regenwaldklima der Standard. Es können freilich auch 4000, 6000 oder mehr als 10 000 Liter sein. Entscheidend ist aber nicht die Höhe der Niederschläge, sondern die Tatsache, dass sie sich – ohne längere Trockenzeiten – gleichmäßig über das Jahr verteilen. Beiderseits des Äquators ist immer Regenzeit.

Dabei fällt der Regen außerhalb der Gebirge stets in kurzen, heftigen Schauern. Zwischendurch scheint die Sonne vom heiter bis wolkigen Himmel länger als an den meisten Sommertagen Mitteleuropas. Gleichmäßig bewegt sich auch die Kurve der Lufttemperaturen durch das Jahr. In keinem Monat werden Durchschnittstemperaturen unter 18 bis 20 °C gemessen. Die Höchsttemperaturen halten sich dagegen in gemäßigten Grenzen – rund 37 °C verzeichnet zum Beispiel das westfälische Münster als Temperaturrekord, etwa 38 °C das amazonische Manaus. Wärme und Regen sind demnach gleichmäßig über das Jahr verteilt – und das offenbar bereits seit Jahrmillionen: Unter dem gleichmäßigen Klima der inneren Tropen haben sich Lebewesen erhalten, die sonst unter den Wechselbädern des Eiszeitalters zugrunde gegangen sind.

Patient Regenwald

Die tropischen Regenwälder oder – genauer – die davon erhaltenen Überbleibsel werden gern als „Grüne Lunge" des blauen Planeten bezeichnet. In der Tat produzieren die Pflanzen des Regenwaldes Jahr für Jahr Unmengen lebensnotwendigen Sauerstoff. Auf der anderen Seite wird bei der Zersetzung der abgestorbenen Pflanzen- und Tierreste aber auch viel Sauerstoff verbraucht. Unterm Strich bleibt daher die Bilanz ausgeglichen.

Während jedoch der Anteil von Kohlendioxid in der Atmosphäre (S. 166) zunimmt, schwindet angesichts des voranschreitenden Waldsterbens die Chance, die Wälder als Deponie für das Treibhausgas nutzen zu können. Stattdessen wird durch die Brandrodung riesiger Flächen noch mehr Kohlendioxid produziert.

Tropische Regenwälder gedeihen rund um den Globus jeweils etwa bis zum zehnten Breitengrad.

Waren die Sommer früher wärmer?

Vier Milliarden Jahre Klimageschichte

Großmütter und -väter erzählen ihren Enkeln gern von den guten alten Zeiten, in denen spätestens im Mai die Badesaison begann, und es spätestens Anfang Dezember höchste Zeit war, die Kufen der Rodelschlitten zu polieren. Die in Mitteleuropa seit der Wende vom 19. zum 20. Jahrhundert systematisch gesammelten Daten belegen, dass es solche Mustersommer wie -winter immer wieder gegeben hat. Doch es gab freilich auch Jahreszeiten, die ihren Namen nicht verdienten. Und wer tiefer in die Erdgeschichte zurückschaut, entdeckt eine wahre Klima-Achterbahn.

Das Klima der Vorzeit

Paläoklimatologen, die sich mit der Erforschung der Klimabedingungen längst vergangener Zeitalter, Perioden und Epochen der Erdgeschichte beschäftigen, kennen auf die oben gestellte Frage eine eindeutige Antwort: In den letzten 500 bis 600 Millionen Jahren waren die Sommer in mindestens vier Fünfteln des Zeitraums wärmer oder wenigstens genauso warm wie heute. Und oft auch noch trockener, wie vor rund 400 Millionen Jahren oder auch 240 Millionen Jahren, als Mitteleuropa jeweils eine seiner vielen Wüstenzeiten durchlebte.
Feuchter und regnerischer waren zum Beispiel die Jahrmillionen der Karbonzeit vor ungefähr 300 Millionen Jahren oder – als Beispiel aus der neueren Erdgeschichte – der Zeitraum vor 20 und 50 Millionen Jahren. Dafür sprechen vor allem ergiebige Braunkohlen- und Steinkohlenlagerstätten. Kehrt das Klima jetzt nach dem frostigen Eiszeitalter einfach nur wieder zum überwiegend warmen Normalzustand zurück? Immerhin hielt das warme Klima vom Beginn des Erdmittelalters bis weit in die Erdneuzeit über 200 Millionen Jahre lang an.
Auf der anderen Seite gab es im Erdaltertum und besonders in der Erdurzeit längere Perioden mit kalter Witterung und großflächigen Vergletscherungen. Etwa gegen Ende des Erdaltertums, als weite Teile der heutigen Südhalbkugel unter einem gewaltigen Eispanzer lagen. Und in der Erdurzeit glich womöglich die gesamte Erde zeitweise einem riesigen Schneeball, der ganz mit Schnee und Eis bedeckt war.

Stumme Zeugen

Die ältesten schriftlichen Aufzeichnungen über das Wetter und Klima reichen allenfalls ein paar Jahrtausende zurück. Für die Jahrmilliarden davor sind die Experten auf weniger beredsame Klimazeugen in der Natur angewiesen, deren Befragung beinahe kriminalistischen Spürsinn erfordert. Doch die Aufklärungsquote ist bemerkenswert hoch. Nahezu jeder Baustein des Wetters und Klimas hinterlässt nämlich bleibende Spuren, so etwa das Jahreszeitenklima in den Jahresringen von Bäumen und anderen Organismen, der Regen in versteinerten Regentropfeneindrücken, die Dürre in Salzablagerungen oder der Frost in gesprengten Gesteinsblöcken. Man muss sie nur zu lesen wissen.

Die Vergangenheit – ein Schlüssel zur Zukunft?

Ein wichtiges Prinzip der historischen Erdwissenschaften ist das des Aktualismus. Es besagt, dass von den heutigen aktuellen Zuständen, Vorgängen und Zeitabläufen Rückschlüsse auf die Vergangenheit gezogen werden dürfen. Nach den Befunden in heute vergletscherten Gebieten gilt zum Beispiel ein polierter und mit Schrammen versehener Felsrücken als Hinweis auf einstige Vergletscherung.
Im Umkehrschluss können aber auch Vorgänge in der Vergangenheit Anhaltspunkte für künftige Entwicklungen sein. So ging etwa der kältesten Phase der jüngsten Eiszeit ein Zeitraum mit starken Niederschlägen voraus. Ist folglich bei zunehmenden Niederschlägen mit einer neuen Eiszeit zu rechnen? Vielleicht, vielleicht auch nicht.

Dass es auch in Deutschland Wüstenzeiten gab, kann man an Buntsandstein-Schichten erkennen, wie sie etwa an der Werra zu sehen sind. Sie entstanden, als vor bis zu 251 Millionen Jahren lockerer Sand zu festem Stein verkittet wurde.

Wann war die letzte Eiszeit?

Die jüngste Klima-Achterbahn

Dass die Gletscher Skandinaviens bis nach Mitteldeutschland reichten, ein solcher Gedanke ließ sogar einen erfahrenen Geologen wie Bernhard von Cotta um die Mitte des 19. Jahrhunderts noch frösteln. Tatsächlich gelang 1875 der entscheidende Nachweis des Eiszeitalters, einer Epoche voller Klimakastrophen, die der Mensch zum Teil miterlebt hat.

Mal kalt, mal warm

Das jüngste Eiszeitalter, das vor etwa 2,6 Millionen Jahren begann und vor rund 12 000 Jahren endete, hatte eine lange Vorgeschichte. Vor rund 50 Millionen Jahren herrschten in unseren Breiten noch tropisch anmutende Temperaturen. Dann wurde es jedoch ständig kühler; vor zwei bis drei Millionen Jahren geriet die Temperaturkurve in lebhafte Schwingungen. Zunächst waren die Ausschläge nach unten nur mäßig, doch im Lauf des Eiszeitalters wurde die Kälte immer extremer. Mindestens acht- bis zwölfmal stießen Gletscher auf breiter Front aus Nordeuropa und den Hochgebirgen nach Mitteleuropa vor. Während ihrer größten Ausdehnung bedeckten sie annähernd ein Drittel der heutigen Fläche Deutschlands sowie fast die gesamten Alpenländer. Weltweit lagen in der kältesten Phase der jüngsten Eiszeit rund 42 Millionen Quadratkilometer – also etwa die Fläche Asiens – unter dem „ewigen" Eis begraben.

Die Vergletscherungen sind aber nur eine Seite des Eiszeitalters, denn immer wieder wurden die Eiszeiten von Warmzeiten unterbrochen, in denen die mittleren Lufttemperaturen kräftig anstiegen, oftmals um mehr als zehn Grad. Hatten die Pflanzen und Tiere den Kälteschock glücklich überstanden, folgte häufig nach kurzer Zeit ein Hitzeschock, der vor allem an die Kälte angepasste Tiere wie beispielsweise die Mammuts zermürbte. Nicht ohne Grund kam es also am Ende der jüngsten Eiszeit zu einem Massenaussterben von ganzen Arten.

Das Eis macht reinen Tisch

Wie die Klimazeugen belegen, pendelten die durchschnittlichen Temperaturen in der jüngsten Warmzeit vor rund 115 000 bis 128 000 Jahren in Mitteleuropa um 12 °C. In den kältesten Abschnitten der folgenden Eiszeit fielen sie dagegen auf –6 °C. Ein derartiger Temperatursturz um fast 20 Grad hatte katastrophale Folgen. Zahlreiche Pflanzen- und Tierarten starben aus, das Eis machte in der Flora und Fauna reinen Tisch – es hinterließ eine Wüste.

Die Verarmung der Pflanzen- und Tierwelt ist bis heute noch zu erkennen, besonders bei den Pflanzen. Beispielsweise sind heute in ganz Mitteleuropa lediglich etwa 50 Baum- und Straucharten heimisch; im Osten der USA kommen mitunter in einem einzigen Nationalpark mehr als 130 Gehölzarten vor.

Die Meere auf dem Rückzug

Eine der Folgen der globalen Erwärmung ist ein möglicher, zum Teil bereits nachgewiesener Meeresspiegelanstieg (S. 178). Umgekehrt häufen sich in Zeiten, in denen das Klima frostiger wird, Wassermassen in Form von Gletschereis auf den Kontinenten an. Dadurch wird dieses Wasser dem Wasserkreislauf entzogen und der Meeresspiegel sinkt.

In den kältesten Perioden der Eiszeiten lag er deshalb 100 bis 120 Meter unter seinem heutigen Niveau. Dieser Rückzug des Meeres von den Küsten war ebenfalls eine folgenreiche Begleiterscheinung der Eiszeiten, denn durch ihn öffneten sich Landbrücken zwischen Kontinenten und Inseln. Und ohne ihn wären manche Gebiete der Erde wohl erst sehr viel später vom Menschen besiedelt worden.

Den Kräften des Eisfrostes hält auch der stärktste Stein nicht stand – dieser gesprengte Findling in den bayerischen Alpen bezeugt stumm die letzte Eiszeit.

Wie hat sich das Klima seit der letzten Eiszeit verändert?

Klimaoptima und Klimapessima

Zuversichtliche Geologen bezeichnen die geologische Gegenwart, den Zeitraum seit dem Ende der „letzten" Eiszeit vor zirka 12 000 Jahren, als Postglazial (Nacheiszeit) und suggerieren damit, dass die Eiszeit damals endgültig zu Ende gegangen wäre. Skeptiker hüten sich dagegen vor dem Begriff und verwenden für diesen Zeitraum lieber die neutrale Bezeichnung Holozän – „das völlig Neue" – und sprechen stets von der jüngsten Eiszeit. Bei genauerer Betrachtung nämlich entpuppt sich die vermeintliche Nacheiszeit als Serie kürzerer und längerer Kalt- und Warmzeiten mit Gletschervorstößen beziehungsweise -rückzügen.

Gute Zeiten, schlechte Zeiten

Was „gutes" und was „schlechtes" Wetter ist, entscheidet letztlich der persönliche Geschmack. Ebenso verhält es sich mit dem Klima. Die Klimaforscher scheuen sich freilich nicht davor, kältere Perioden als Klimapessima zu bezeichnen, denn Kälte, eventuell noch in Kombination mit Trockenheit, hat für die Natur und die Menschheit schwerwiegende Folgen. So gesehen ist es ein Glück, dass das Klimapessimum des Holozäns mit Jahresmitteltemperaturen um bis zu zwei Grad unter den heutigen Werten vor gut 3000 Jahren zu Ende gegangen ist. Allerdings folgte neben diversen anderen Kälteperioden ab etwa 1560 n. Chr. die „kleine Eiszeit", eine Epoche mit strengen Wintern und kühlen Sommern, Missernten und Hungersnöten.

Als Klimaoptimum der Nacheiszeit gilt hingegen die Zeit vor rund 3600 bis 4500 Jahren. Damals lagen die Durchschnittstemperaturen um zwei bis drei Grad über unseren heutigen Werten. Außerdem war es deutlich feuchter als in der Gegenwart. Über das zweite ausgeprägte Klimaoptimum berichten mittelalterliche Chroniken ausführlich. Es begann etwa im 9. Jahrhundert und endete abrupt im 14./15. Jahrhundert. In der Zwischenzeit konnten sich die Einwohner Europas eines im Durchschnitt ungefähr ein Grad wärmeren Klimas und eher weniger erlesener Weine erfreuen, die bis hinauf nach Schottland gekeltert wurden.

Millenium der Wetterkatastrophen

Die Chroniken aus dem letzten Jahrtausend sind prall gefüllt mit Berichten über Wetterkapriolen und -katastrophen, ob nun Dürre oder Hochwasser, Hitze oder Kälte. Im Sommerhalbjahr 1540 fiel zum Beispiel in Franken in 26 Wochen praktisch kein Regen. Dafür führten sintflutartige Regengüsse 1342 im Flussgebiet des Mains zum „hydrologischen Supergau", der schwersten Überschwemmungskatastrophe in Mitteleuropa seit Menschengedenken. Das Jahr 1565 war ungewöhnlich kalt und schneereich, noch im Mai gingen heftige Schneefälle nieder. 1783 dauerten wiederum Hitze und Trockenheit den ganzen Sommer über an. Ausreißer nach oben und unten gab es also schon immer.

Trügerischer Trost

Der Klimawandel und die düsteren Prognosen über kommende Klimakatastrophen sind beunruhigend. Mancher tröstet sich mit dem Gedanken, dass die Klimaschwankungen im Lauf der Erdgeschichte über Zeiträume von Jahrtausenden oder gar Jahrmillionen abgelaufen sind, man selber also noch verschont wird.

Gerade der Wechsel von der jüngsten Eiszeit zum Holozän zeigt jedoch, dass das Klima innerhalb kürzester Zeit förmlich „umkippen" kann. Dies belegen vor allem die von schmelzenden Eisbergen abgelagerten sogenannten Heinrich-Lagen am Grund des Nordatlantik. Die Gesteinsschichten zeigen zum Beispiel eine plötzliche Erwärmung um mehrere Grad innerhalb eines Zeitraums von etwa zehn Jahren an. Und die letzte Kälteperiode endete gar innerhalb von nur drei Jahren.

Über die einzelnen Kalt- und Warmperioden der Nacheiszeit geben zum Beispiel die Torfschichten eines Hochmoors, hier in der Südheide, Aufschluss. Klimatologen lesen sie wie die Kapitel eines Tagebuches.

Wird die Erde immer wärmer?

Das Neoklima

Die Lufttemperatur ist ein wichtiger Baustein des Wetters und Klimas. Folgerichtig wird sie in Zigtausend Wetter- und Klimastationen peinlichst genau beobachtet. Die dort gemessenen Temperaturwerte belegen, dass rund um den Globus das sogenannte Neoklima seit dem Ende der „Kleinen Eiszeit" um 1850 meist spürbar wärmer geworden ist.

Neues warmes Klima

Wie schon mehrmals in der Erdgeschichte ist das Klimapendel zuletzt zur wärmeren Seite hin ausgeschlagen. Seit dem Beginn verlässlicher Messungen gegen Ende des 19. Jahrhunderts sind die globalen Temperaturmittelwerte der bodennahen Lufttemperatur und der Meeresoberflächen um 0,6 bis 0,7 °C gestiegen.

Für einzelne Monate, Jahreszeiten und Jahre wurden weit höhere Werte ermittelt. Im Oktober 2005 beispielsweise lag die globale Durchschnittstemperatur auf den Festländern der Nordhalbkugel um fast 1,3 °C über dem Mittel des Vergleichszeitraums von 1961 bis 1990. Bereits das Jahr 2003 hatte den Mitteleuropäern einen – freilich durch Tausende von Hitzetoten getrübten – Rekordsommer beschert. Nie war es heißer und sonniger in Deutschland als im Juli 2006. Und der Winter 2006/2007 war nach Angaben des sonst eher zurückhaltenden Deutschen Wetterdiensts gar „der wärmste Winter aller Zeiten" – für die letzten 100 Jahre hat er den Rekord zumindest sicher.

Unter dem Eindruck dieser Fakten geht man mittlerweile davon aus, dass sich die Erderwärmung auf fast 2 °C pro Jahrhundert beschleunigt hat. Dies ist jedoch nur die Spitze des Eisbergs: Im Winter der Nordhalbkugel kann der Temperaturanstieg doppelt so hoch sein.

Zur Höhe hin kälter

Die Beobachtungen über den Anstieg der globalen Durchschnittstemperaturen stammen fast ausschließlich von Klimastationen an der Erdoberfläche und gelten folglich nur für die untersten Etagen der Atmosphäre. In der Höhe kann alles ganz anders sein.

So wird für das nächsthöhere Stockwerk, die Stratosphäre, seit Jahren ein Temperaturrückgang um derzeit 0,3 bis 0,4 °C pro Jahrzehnt registriert. Gleichzeitig verschärft sich das Temperaturgefälle vom Erdboden zu den höheren Schichten.

Wie es aussieht, hat auch hier der Mensch seine Hand im Spiel: In dem Maße, in dem die Ozonschicht innerhalb der Stratosphäre löchriger wird (S. 192), nimmt das Höhenozon immer weniger Wärmeenergie der Sonnenstrahlung auf.

Und Regen und Schnee?

Ein Klimaelement wird bei der Beschreibung des Neoklimas etwas stiefmütterlich behandelt: Dabei sind die Niederschläge für das Leben auf der Erde genauso wichtig wie die Temperaturen. Im 20. Jahrhundert hat der Niederschlag weltweit um einige Prozentpunkte zugenommen, ähnlich wie bei den Temperaturen am stärksten in den mittleren und höheren Breiten der Nordhalbkugel. Die Regenmengen zwischen dem Äquator und den 45. Breitenkreisen haben dagegen eher abgenommen.

In unseren Breiten ist vor allem die Verschiebung der Niederschläge vom Sommer in den Winter bemerkenswert. Im Zeitraum von 1961 bis 1990 fielen zum Beispiel in Mitteleuropa im Winter gut 25 Prozent mehr Regen und Schnee als zuvor. Die Winter sind also eindeutig milder, niederschlagsreicher und damit zur bevorzugten Hochwassersaison geworden.

Die Hitzerekorde der letzten Jahre hinterlassen ihre Spuren, so etwa im Beton der legendären Route 66 in Kalifornien.

Kann es überhaupt ein konstantes Klima geben?

Die Ursachen der Klimaschwankungen

Warum gibt es eigentlich Klimaveränderungen? Diese Frage beschäftigt die Gelehrten schon seit ungefähr zwei Jahrhunderten, zunächst vor allem weil sie die Entstehung der Eiszeiten ergründen wollten. Mittlerweile haben Fachleute mindestens vier Dutzend Eiszeithypothesen präsentiert. Jede stellt einen besonderen Faktor als Ursache des Klimawandels heraus. Bei einer solchen Vielzahl möglicher Ursachen müssten wir uns wundern, wenn es keine Eiszeiten im Speziellen und Klimaschwankungen im Allgemeinen gegeben hätte – und weiterhin geben sollte.

Sowohl als auch ... wahrscheinlich

Unter den Experten wird die Diskussion über die Ursachen von Klimaänderungen im Allgemeinen und des gegenwärtigen Klimawandels im Besonderen nicht selten reichlich erbittert und verbissen geführt. Inzwischen haben sich zwei deutlich unterscheidbare Lager formiert: Für die einen ist der Klimawandel – wie schon oft zuvor im Lauf der Erdgeschichte – das Ergebnis astronomischer Fakten und Vorgänge, an denen der Mensch nichts ändern kann. Für die anderen steht hingegen fest, dass die Erdwärmung gewissermaßen ein „hausgemachtes" Problem des Planeten Erde ist.

Vermutlich liegt die Wahrheit wie so oft irgendwo in der Mitte: Mensch und Natur sorgen auf der Erde für eine „Bereitschaft" zum Klimawandel. Anschließend genügt nur noch ein relativ geringer Anstoß von außen, um das Klimapendel in Bewegung zu setzen.

Außerirdisch oder irdisch?

Die Erde und ihre Bewohner sind nahezu vollkommen auf die Zufuhr von Sonnenenergie angewiesen. Daher liegt der Gedanke nahe, die Energiequelle im Weltall könnte mal stärker und mal schwächer gesprudelt und so zu Klimaschwankungen geführt haben.

Diese Ursache gilt jedoch heute als eher unwahrscheinlich. Ebenso die von dem serbischen Forscher Milutin Milanković (1879 bis 1958) entwickelte Idee, die Klimaschwankungen hätten allein astronomische Ursachen wie vor allem die regelmäßigen Schwankungen der Erdachsenneigung und Abweichungen von der fast kreisförmigen Umlaufbahn des Planeten. Beide Faktoren beeinflussen zwar deutlich die Zufuhr von Sonnenenergie, laufen jedoch viel zu langsam ab, um relativ kurzfristige Klimaveränderungen erklären zu können.

Als Europa noch am Äquator lag ...

... herrschte hier folglich tropisches Klima. Doch dann driftete die Alte Welt polwärts in kältere Regionen. Die Drift der Kontinente kann in der Tat die Ursache deutlicher Klimaänderungen sein, allerdings nur sehr langfristiger Natur. Als Grund plötzlicher Temperaturstürze oder -anstiege scheidet sie aus. Dafür wandern die Platten der Erdkruste mit einigen Zentimetern pro Jahr zu langsam. Die Hebung der Hochgebirge vermag das Klima gleichfalls zu verändern, ebenso Umstellungen im großräumigen Muster der Meeresströmungen. Sie vollziehen sich jedoch auch meist nur im Lauf von Jahrhunderttausenden und Jahrmillionen.

Wahrscheinlicher ist also, dass der kurzfristige Klimawandel von der Erde selbst gesteuert wird, indem sich vor allem die Zusammensetzung der Erdatmosphäre ändert oder die Erdoberfläche anders auf die einfallende Strahlung reagiert. Mit mitunter prompten Folgen: Ein ungewöhnlich schneereicher Winter verstärkt die Rückstrahlung in den Weltraum, ein einziger heftiger Vulkanausbruch führt mitunter zu einer Serie kühler Jahre.

Kann der Mensch etwas gegen die globale Erwärmung unternehmen? Diese Frage diskutiert die UNEP, das Umweltprogramm der Vereinten Nationen.

United Nations Climate Change Conference
Nairobi Kenya 2006
UNFCCC
6 – 17 November
SECRETARIAT
UNON
EXECUTIVE SECRETARY
VICE-PRESIDENT
PRESIDENT
SECRETARY
UNEP

Trägt der Mensch zum Klimawandel bei?

Der anthropogene Treibhauseffekt

Gemälde Alter Meister sind aufschlussreich, auch was das Klima und den Zustand der Atmosphäre betrifft. Die Bilder der Niederländer wie etwa Pieter Bruegel des Älteren zeigen zum Beispiel ab dem 16. Jahrhundert, dem Beginn der „kleinen Eiszeit", im heutigen wintermilden Holland typische Winterlandschaften. Zwei Jahrhunderte später weicht der – häufiger als gedacht – blaue Himmel über den Britischen Inseln in den Gemälden der englischen Landschaftsmaler einer dunstigen, grau verschleierten Atmosphäre. Was war in der Zwischenzeit geschehen?

Die klimatische Revolution

Das 18. und 19. Jahrhundert markieren den Beginn der „Industriellen Revolution", die von England aus zunächst Europa und dann den Rest der Welt erfasste. Bis dahin hatte sich der Mensch fast nur erneuerbarer Energiequellen bedient. Jetzt mussten die neu entwickelten Maschinen, die dem größtmöglichen Gewinn dienen sollten, mit fossilen Brennstoffen, damals vor allem Steinkohle, gefüttert werden. Da bei der Verbrennung von Kohle zwangsläufig die verschiedensten Gase sowie feste und flüssige Bestandteile in die Atmosphäre entweichen, war die „Industrielle Revolution" gleichzeitig eine klimatische. Der anthropogene, das heißt durch den Menschen verstärkte, Treibhauseffekt ist dabei nur eine Seite der Medaille, die Auswirkungen der in der Atmosphäre fein verteilten festen und flüssigen Aerosole, der „in der Luft gelösten Stoffe", sind dagegen noch kaum bekannt.

Ein Geben und Nehmen

Dabei ist der natürliche Treibhauseffekt durchaus im Sinne der Erdbewohner: Die Erde wird von der Sonne reichlich und kostenlos mit Energie versorgt, strahlt aber wie jeder andere Himmelskörper selbst ständig Energie aus. Über die gesamte Erde und alle Tage des Jahres verteilt betragen die Energieverluste der Erdoberfläche rund 8,2 Kilowattstunden pro Quadratmeter und Tag. Davon entweicht allerdings nur ein kleiner Teil direkt in den Weltraum, der größere wird von den Treibhausgasen innerhalb der Erdatmosphäre aufgenommen.

Diese erwärmen sich dadurch und geben die Energie in Form langwelliger Strahlung, der sogenannten Gegenstrahlung, an die Erdoberfläche zurück. So bleibt unterm Strich für die Oberfläche unseres Planeten ein beachtlicher Energiegewinn von etwa 2,3 Kilowattstunden pro Quadratmeter und Tag. Innerhalb des Geflechts von Energieströmen ist die Gegenstrahlung beim natürlichen wie beim anthropogen verstärkten Treibhauseffekt daher einer der wichtigsten Faktoren.

Amerika, du hast es besser – oder schlechter?

Die USA sind eine Nation, die im Unterschied zu rohstoffarmen Ländern wie Japan ihren Energiebedarf immer problemlos decken konnte, entweder aus eigenen Quellen oder auf dem Weltmarkt. Entsprechend verschwenderisch gehen die US-Amerikaner bis heute mit der vergleichsweise billigen Energie um. Der Pro-Kopf-Verbrauch ist annähernd doppelt so hoch wie der in den meisten anderen Industriestaaten – und damit fast zwangsläufig auch der Ausstoß von Kohlendioxid.

Dies könnte sich bald rächen, denn nach den Prognosen des UN-Weltklimarats sind die reichen USA nach den armen Entwicklungsländern selbst am stärksten durch die Folgen des Klimawandels gefährdet, etwa vom Anstieg des Meeresspiegels, von Dürren, Waldbränden und Unwettern der verschiedensten Art.

Vor allem die Verbrennung fossiler Brennstoffe wie Kohle, Erdöl und Gas sorgt für eine deutliche Zunahme der Treibhausgase in der Atmosphäre.

Woher kommt das viele CO_2?

Der Anstieg des Kohlendioxidgehalts in der Atmosphäre

In der Grotta del Cane, der „Hundsgrotte" bei Neapel, spielten sich früher erschreckende Szenen ab: Hunde und andere kleine Tiere, die sich in die Höhle verirrten, starben binnen weniger Minuten einen qualvollen Tod. Sie erstickten, weil die Luft in der Grotte kaum Sauerstoff, aber rund 70 Prozent Kohlendioxid enthält. Die Quelle des farb- und geruchlosen Gases, das zu etwa 22 Prozent am natürlichen Treibhauseffekt beteiligt ist, lässt sich in diesem Fall leicht finden: Es stammt aus vulkanischen Schmelzen im Untergrund.

Schneller, als es die Natur erlaubt

Das Treibhausgas, das Chemiker kurz CO_2 nennen, kommt in den äußeren Hüllen der Erde überall vor. Es hat zahlreiche Quellen, darunter Vulkane, die mit der Lava große Mengen von Kohlendioxid ausspeien. Vielleicht hängt die kräftige Zunahme von CO_2, die für die letzten gut 400 000 Jahre ermittelt wurde, mit Vulkanausbrüchen zusammen. Wahrscheinlicher stammt das zusätzliche CO_2 jedoch aus der Pflanzendecke und den Ozeanen, den beiden wichtigsten natürlichen Quellen atmosphärischen Kohlendioxids.

Sicher ist, dass der CO_2-Gehalt im Lauf dieses Zeitraums, ja vielleicht sogar in den letzten 20 Millionen Jahren, nie höher war als heute. Ebenfalls nicht zu leugen ist die Tatsache, dass er in den vergangenen ein bis zwei Jahrhunderten atemberaubend schnell gestiegen ist. Gemessen wird er in Millionstel Teilen (englisch: parts per million, kurz ppm). Heute beträgt der CO_2-Gehalt gut 380 parts per million, in den Jahrtausenden vor dem Beginn des Industriezeitalters dagegen nur etwa 280 parts per million. Vergleichbare Anstiege um mehr als ein Drittel sind zwar auch in der jüngeren Erdgeschichte vorgekommen, doch verliefen sie jeweils über mindestens 10 000 bis 20 000 Jahre und nicht wie zuletzt über nur 100 bis 200 Jahre. Mit an Sicherheit grenzender Wahrscheinlichkeit hat der Mensch durch die Verbrennung fossiler Energieträger also buchstäblich aufs Gaspedal getreten und das Tempo dramatisch gesteigert.

Kohlendioxid-Kerker

Gibt es Methoden, den „Klimakiller" CO_2 sozusagen hinter Gitter zu bringen? Eine Möglichkeit demonstriert uns die Natur seit Urzeiten: Die grünen Pflanzen nehmen während ihres Wachstums große Mengen des Treibhausgases auf und legen den Kohlenstoff für mehr oder minder lange Zeit in ihrer Körpermasse fest. Ein wesentlich größeres Aufnahmevermögen haben die Weltmeere. Bei ihnen erfolgt die Einweisung in den Kerker automatisch, bei höherem CO_2-Gehalt der Atmosphäre wird nämlich Kohlendioxid im Oberflächenwasser der Ozeane gelöst. Diesem günstigen Ausgleichsmechanismus steht freilich die Erderwärmung entgegen, denn wärmeres Wasser kann weniger CO_2 aufnehmen als Wasser mit niedrigerer Temperatur. Zumindest das Zurückdrängen der Wälder aber ließe sich vermeiden. Stattdessen äschert der Mensch sie ein und vernichtet sie – und pustet damit noch mehr Kohlendioxid in die Atmosphäre.

Zeugen der Anklage

Angesichts der vielen natürlichen Quellen und Speicher von Kohlendioxid sind zwar zunächst Zweifel angebracht, ob die Verbrennung fossiler Energieträger am Anstieg des CO_2-Gehalts der Atmosphäre die Hauptschuld trägt, doch die Last der Beweise ist erdrückend: Nicht nur der Beginn des Anstiegs parallel zum Beginn des Industriezeitalters spricht dafür, auch ist die Zunahme am stärksten über den Kontinenten der Nordhalbkugel, wo sich die größten Industriestaaten befinden. Außerdem folgt der Anstieg fast deckungsgleich dem zunehmenden Verbrauch fossiler Brennstoffe.

Der Straßenverkehr hat an den europäischen CO_2-Gesamtemissionen einen Anteil von rund 20 Prozent. In den Diskussionen, wie das Treibhausgas reduziert werden soll, steht er daher regelmäßig im Fokus.

Gibt es neben CO_2 noch andere Treibhausgase?

Sumpf- und Lachgase

Beim Stichwort „Luftverschmutzung" denkt jeder wohl zuerst an qualmende Schlote und Blechlawinen, die sich über die Straßen wälzen. Grüne Weiden, auf denen Rinder friedlich grasen, oder kunstvoll angelegte Terrassen, auf denen der Reis unter tropischer Sonne reift, kommen einem dabei gewöhnlich nicht in den Sinn. Gerade von dort wird der Treibhauseffekt indes kräftig angeheizt.

Wenig ist nicht unwichtig

Drei Gase sind am natürlichen und vom Menschen verstärkten Treibhauseffekt ganz besonders beteiligt. Der Gehalt an Wasserdampf, des wichtigsten natürlichen Treibhausgases, in der Luft wird in Hundertstel Volumenanteilen gemessen, der von Kohlendioxid in Millionsteln und von Methan in Milliardsteln. Für das Ausmaß, in dem Gase den Treibhauseffekt verstärken, ist neben ihrem Gehalt in der Luft entscheidend, wie viel Wärmeausstrahlung der Erdoberfläche sie aufnehmen, wie viel Wärmeenergie sie zum Boden zurückgeben. Das „Sumpfgas" Methan (CH_4) ist in dieser Hinsicht im Vergleich zu Kohlendioxid 20-mal effizienter. Daher nimmt es auch trotz seines geringen Anteils den Platz drei in der Rangfolge der wichtigsten Treibhausgase ein.

Das leicht entzündliche Methan stammt zu etwa 40 Prozent aus natürlichen Quellen (hauptsächlich Sümpfen und Mooren). Der größere Rest entweicht Nassreisfeldern, Mülldeponien, Erdgasquellen und -pipelines sowie den Mägen von Wiederkäuern. Der Methangehalt der Luft ist seit gut 200 Jahren stark gestiegen. Er dürfte heute fast fünfmal so hoch sein wie vor dem Ausbruch der Industriellen Revolution. Seit einigen Jahren ist der Anstieg zwar anscheinend zum Stillstand gekommen, doch unter dem Meeresspiegel ticken zahlreiche Methan-Zeitbomben: eisartige Verbindungen aus Wasser und Gas, die durch die Erwärmung der Weltmeere zerfallen und dabei in kürzester Zeit riesige Mengen des Treibhausgases freisetzen könnten. Die Folgen für das globale Klima wären unvorstellbar.

Wirklich nicht zum Lachen

Übermäßiger Gebrauch stickstoffhaltiger Düngemittel in der Landwirtschaft belastet die Trinkwasserspeicher im Untergrund durch schädliche Nitrate, gleichzeitig aber auch die Atmosphäre durch ein Gas, das ursprünglich mal eine Jahrmarktsattraktion war. Distickstoffoxid (N_2O), besser als Lachgas bekannt, hat wie fast alle anderen Treibhausgase natürliche und künstliche Quellen. Seit Mitte des 18. Jahrhunderts bis heute ist sein Gehalt in der Atmosphäre – besonders durch den verstärkten Einsatz von Stickstoffdüngern – um etwa ein Sechstel gestiegen. Einmal in die Atmosphäre gelangt, dauert es rund 120 Jahre, bis sich Lachgas wieder verflüchtigt hat.

Ausstieg per Knopfdruck?

Unter den Treibhausgasen spielen die im Zusammenhang mit dem Ozonloch (S. 192) berühmt-berüchtigt gewordenen Fluorchlorkohlenwasserstoffe (FCKWs) eine Sonderrolle. Sie kommen als industriell hergestellte Gase von Natur aus auf der Erde nicht vor und sind in der Atmosphäre nur in äußerst geringen Gehalten vertreten.

Den geringen Gehalt machen die Gase freilich durch zwei Eigenschaften mehr als wett: Ihre Treibhauswirkung ist bis etwa 10 000-mal stärker als die gleicher Mengen Kohlendioxids, zudem bleiben die chemisch sehr stabilen Substanzen bis zu rund 100 Jahren in der Lufthülle und entfalten dort ihre Wirkung. Auch wenn der Ausstoß von Treibhausgasen von einem Tag zum andern eingestellt werden könnte, würde der Treibhauseffekt die Menschheit also noch lange begleiten.

Sogenannte Methanbildner sind Urbakterien, die in mehreren Habitaten vorkommen, unter anderem auf Reisfeldern.

Welche Folgen hat der Klimawandel für den Wasserhaushalt?

Die Veränderung der Niederschlagsmengen

Die an den Wetterstationen gemessenen Werte belegen eindeutig, dass die Luft- und Wassertemperaturen weltweit und regional seit etwa 1850 deutlich gestiegen sind, es also eine Globale Erwärmung oder Erderwärmung gibt. Ebenso steht fest, dass die Änderung eines so wichtigen Klimabausteins wie der Temperatur eine wahre klimatische Kettenreaktion mit unabsehbaren Folgen für praktisch alle Bereiche der Natur und menschlichen Gesellschaft auslösen könnte.

Die globale Wasserkrise

Während in Zeiten zunehmender Erderwärmung manche Regionen mit häufigeren und höheren Überflutungen an den Küsten und im Binnenland zu kämpfen haben werden, wird sich in anderen Regionen das Problem des Wassermangels zuspitzen. Die beiden scheinbar widersprüchlichen Entwicklungen hängen mit der Schlüsselrolle der Verdunstung im Klimasystem zusammen. Höhere Temperaturen verstärken in der Regel die Verdunstung, reichern die Atmosphäre so mit Wasserdampf und Energie an. Wo mehr Wasser verdunstet, fließt andererseits weniger Wasser an der Oberfläche ab und versickert im Untergrund. Die Flüsse und Seen sowie die Grundwasserspeicher, aus denen der Mensch seinen Wasserbedarf deckt, werden daher spärlicher mit nassem Nachschub versorgt – zumal der Niederschlag nur selten dort niedergeht, wo das Wasser verdunstet ist.

In den Weltwasserentwicklungsberichten der Vereinten Nationen wird eindringlich vor der sich verschärfenden Wasserkrise gewarnt. Im günstigsten Fall werden bis 2050 rund zwei Milliarden Menschen unter Wasserknappheit oder Wassermangel leiden. Den Anteil der Globalen Erwärmung an der Wasserverknappung schätzen Experten auf 20 Prozent. Insgesamt könnte in den nächsten 20 Jahren im globalen Durchschnitt pro Kopf etwa ein Drittel weniger Süßwasser als heute zur Verfügung stehen. Noch bedenklicher ist die Situation, wenn man die Wasserqualität berücksichtigt. Ungefähr ein Sechstel der Menschheit muss sich mit unsauberem, durch Krankheitserreger verseuchtem Wasser begnügen.

Virtuelles Wasser

Wie viel Wasser braucht man für eine Tasse Kaffee? Allenfalls einen Viertelliter aus dem Messbecher? Eine Milchmädchenrechnung, auch wenn der Kaffee ohne Milch genossen wird.

In den Kaffeebohnen ist nämlich „virtuelles" Wasser versteckt, das zur Produktion und Verarbeitung benötigt wurde. Eine realistische Berechnung kommt auf 140 Liter für eine Tasse Kaffee. Milchtrinker vertilgen mit jedem Liter Milch stattliche 1000 Liter „virtuelles" Wasser, Fleischesser mit jedem Kilogramm Rindfleisch gar 16 000 Liter. Werden wir also bald alle unsere Ernährungsgewohnheiten ändern müssen?

Das Klima ist nicht fair

Selbst vor dem Klima sind nicht alle Menschen gleich. Von Hitze- oder Kältewellen werden zum Beispiel die sozial schwächsten Bürger, die sich keine Klima- oder Heizungsanlagen leisten können, naturgemäß am stärksten getroffen. Die Lasten einer sich verschärfenden Wasserkrise sind ebenfalls nicht gleichmäßig auf alle Schultern verteilt, sie werden vielmehr hauptsächlich den Frauen aufgebürdet. Schon heute müssen in den Entwicklungsländern Frauen im Durchschnitt täglich zehn bis 15 Kilometer zurücklegen, um Wasser für ihre Familien zu holen. Und durch den häufigen Umgang mit unsauberem Wasser sind überdurchschnittlich viele Frauen durch eine bakterielle Augenkrankheit erblindet.

Eine Folge des Wassermangels ist der Rückgang der Grundwasserspiegel in immer tiefere Regionen. Besonders in Afrika – hier im Senegal im Westen des Kontinents – wird sich die Lage in den nächsten Jahren dramatisch zuspitzen.

Wie ewig ist das ewige Eis?

Die Globale Erderwärmung und der Rückzug der Gletscher

Die Alpen oder die Hochgebirge Skandinaviens ohne Gletscher und Firnfelder, kein Schnee mehr auf dem Kilimandscharo, ein Grönland, das mit grünen Tundren und Wäldern seinem Namen wieder alle Ehre macht, oder ein Kontinent am Südpol, dessen Eisschild an den Rändern angenagt wird? Mit dieser Vorstellung könnten sich künftige Generationen vertraut machen müssen.

Große leben länger

Die Eishülle der Erde ist in zahllose kleine und große Flecken zersplittert und wird vor allem von zwei riesigen Eisschilden beherrscht: einem in der Antarktis und einem in Grönland. In beiden ist eine so große Wassermenge gespeichert, dass beim vollständigen Abschmelzen der globale Meeresspiegel um etwa 70 Meter steigen würde – eine beunruhigende Vorstellung. Akute Gefahr besteht allerdings nicht: Allein durch ihre Größe reagieren Eisschilde auf Klimaänderungen nur sehr verzögert. Zudem erzeugen sie gewissermaßen ihr eigenes Klima.

Anfälliger für den Klimawandel ist zweifellos der grönländische Eisschild. Er liegt in einer 10 bis 15 °C wärmeren Klimazone als der antarktische und schmilzt im arktischen Sommer weitflächig an der Oberfläche. Dagegen treten im Südpolargebiet Eisverluste fast ausschließlich durch den Abbruch von Eisbergen auf.

Die weit über 100 000 kleineren Gletscher, von denen einer im Durchschnitt gut vier Quadratkilometer misst, würden den Meeresspiegel beim vollständigen Abschmelzen immerhin noch um etwa einen halben Meter steigen lassen. Sie reagieren wegen ihrer geringen Größe äußerst sensibel auf Klimaänderungen und befinden sich rund um den Erdball fast überall auf dem Rückzug. Europas „ewiges Eis" ist im weltweiten Vergleich noch relativ glimpflich davongekommen, aber auch hier ist die Stirn mancher Eisströme, etwa des Großen Aletschgletschers oder des Hintereisferners, in den letzten 100 Jahren um bis zu drei Kilometer zurückgewichen. Geradezu dramatisch sind die Eisverluste in Alaska, Patagonien oder auf tropischen Bergen. Der Kilimandscharo, der höchste Berg Afrikas, wird wahrscheinlich in einem Jahrzehnt eisfrei sein.

Wenn die Dämme brechen

Weltweit zählt man derzeit in den Hochgebirgen und Polargebieten rund 160 000 Gletscher. Viele stauen mit ihren Moränenwällen am Eisrand kleine oder größere Seen auf, in denen sich das Schmelzwasser sammelt. Allein der Himalaya-Staat Nepal besitzt ungefähr 2300 solcher Gletscherseen.

Durch den verstärkten Zufluss von Schmelzwasser erhöht sich der Druck auf die natürlichen Barrieren und damit auch das Risiko gewaltiger Flutwellen. Eine solche ereignete sich am 4. August 1985, als der Damm des Dig-Tsho-Sees am Langmoche-Gletscher in Nepal barst und die Wassermassen Häuser, Vieh und Ackerland wegspülten. Mit derartigen Katastrophen ist jederzeit wieder zu rechnen.

Schnee-Wald-Klima ohne Schnee

Das Bild von bis weit ins Frühjahr hinein tief verschneiten Taiga-Wäldern könnte bald der Vergangenheit angehören. In den Landschaftsgürteln der Taiga und der benachbarten Tundra und Steppe ist das Areal der Schneedecke im letzten Vierteljahrhundert um gut zehn Prozent geschrumpft. In den 1990er-Jahren war die Schneebedeckung stets kleiner als jemals zuvor in den letzten 100 Jahren. Neben dem auf der Nordhalbkugel ungewöhnlich starken Temperaturanstieg (S. 160) sind dafür übrigens auch Rußablagerungen auf der Schneedecke verantwortlich. Die Rußteilchen nehmen die Sonneneinstrahlung auf und beschleunigen somit den Temperaturanstieg.

Um 1850 erstreckte sich der Große Aletschgletscher im Kanton Wallis noch rund zweieinhalb Kilometer weiter ins Tal hinunter als heute, seine Eisdecke war bis zu 100 Meter dicker.

Ist der Nordpol bald eisfrei?

Das Schrumpfen der Meereiskappen

Die Gebiete um die beiden geographischen Pole der Erde gleichen sich in mancher Hinsicht, unterscheiden sich jedoch auch grundsätzlich voneinander: rund um den Südpol eine Landmasse, die von einem bis zu fünf Kilometer dicken Eispanzer verhüllt ist, rund um den Nordpol ein bis zu fünf Kilometer tiefer Arktischer Ozean, dessen Oberfläche sich im Winter mit einer wenige Meter dünnen Meereisschicht überzieht. Bei dem ungleichen Paar ist der nördliche Partner für die Folgen des Klimawandels mit Sicherheit wesentlich anfälliger.

Ein eisiger Jagdgenosse

Die traditionellen Jägervölker der Arktis und die Eisbären als größte Raubtiere der Region schätzen die Eisfelder als willkommene Jagdgehilfen. Auf eisfreien Meeren ist es nämlich sehr viel schwieriger Beute zu machen als auf Meereisflächen. In dem vom Eis überzogenen Arktischen Ozean tummeln sich die Robben in den wenigen eisfreien Rinnen und an Löchern, die die Meeressäuger in das Eis gegraben haben, um regelmäßig Atem zu holen. Die zwei- und vierbeinigen Jäger müssen dort nur noch geduldig auf ihre Lieblingsbeute warten. Insbesondere für die ohnehin bedrohten Eisbären wäre ein eisfreies Nordpolarmeer also eine Katastrophe.

Prompte Reaktionen

Nicht immer besteht Meereis aus gefrorenem Salzwasser. Eisberge beispielsweise stammen fast ausschließlich von Gletschern auf dem Land. „Echtes Meereis" bildet sich dagegen bei einer Wassertemperatur von etwa −2 °C. Steigt die Temperatur darüber, schmilzt es wieder. Meereisfelder reagieren daher auf jahreszeitliche Temperaturschwankungen besonders prompt, was sie zu hochsensiblen Sensoren für langfristige Klimaänderungen macht. Normalerweise wächst ihre Fläche in der Arktis vom Sommer zum Winter auf das Doppelte an, in der Antarktis können sich die Flächen sogar versechsfachen. Nach Satellitenbeobachtungen im Nordpolarmeer aber schrumpfte die Eisbedeckung in den Spätsommermonaten der letzten Jahrzehnte um etwa 20 Prozent, während sie in der Antarktis annähernd gleich geblieben ist. Gleichfalls ging die durchschnittliche Dicke der Eisschichten im Arktischen Ozean zurück, im letzten Jahrzehnt des 20. Jahrhunderts um mindestens ein Fünftel. Alles deutet daraufhin, dass die Eisbedeckung des Nordpolarmeers über kurz oder lang ganz verschwinden wird. Klimamodellberechnungen zeigen bis zum Ende des 21. Jahrhunderts einen weiteren starken Rückgang der Meereisflächen: Bis zum Ende dieses Jahrhunderts könnten sie völlig verschwunden, der Nordpol im Sommer eisfrei sein.

Im Schwitzkasten

Die bisher beobachtete und bis zum Ende des 21. Jahrhunderts berechnete rasche Schrumpfung der arktischen Meereisflächen hat zwei Hauptursachen: Den meisten Prognosen zufolge wird der Temperaturanstieg in den Polargebieten der Nordhalbkugel mit zum Teil mehr als 4 bis 5 °C wesentlich kräftiger als in den niederen Erdbreiten ausfallen. Hinzu kommt, dass sich die sogenannte Albedo (Rückstrahlvermögen) offener Wasserflächen von der von Schnee und Eis stark unterscheidet. Während weiße Oberflächen bis über 90 Prozent der Sonnenstrahlung in den Weltraum zurückwerfen, beträgt der Albedowert der dunklen Wasserflächen je nach Sonnenhöhe nicht einmal zehn Prozent: Wegen des größeren Energiegewinns erwärmt sich das Wasser – ein Teufelskreis kommt in Gang.

Die Erderwärmung bedroht die Population der Eisbären, die von der Weltnaturschutzunion (IUCN) unter den gefährdeten Tierarten aufgelistet werden.

Warum ist der Rückgang der Permafrostböden so bedrohlich?

Die Auswirkungen des Klimawandels auf die Dauerfrostböden

Meist gefriert der Erdboden in Zonen mit frostigem Klima in den kalten Jahreszeiten und taut im Sommer wieder vollständig auf. Nur in extrem kalten Klimazonen hat sich der Frost so tief – mitunter über 1000 Meter – in den Boden hineingearbeitet, dass die Sommerwärme nicht mehr ausreicht, um das Eis aus dem Untergrund zu vertreiben. Hier bleibt der Boden in den unteren Schichten als Dauerfrostboden oder Permafrost über Jahrhunderte oder Jahrtausende hinweg gefroren.

Auf Frost gebaut

Eigentlich ist der trockene und sehr standfeste Permafrost ein optimaler Baugrund. Allerdings nur so lange, wie er im gefrorenen Zustand bleibt. Steigt die Temperatur über den Gefrierpunkt, verwandelt er sich plötzlich in einen grundlosen Morast: Gebäude versinken im Schlamm oder neigen sich bedrohlich zur Seite, Straßen, Stromleitungen und Pipelines schwimmen förmlich davon, im Erdboden tun sich Löcher auf und die Bäume in den „betrunkenen Wäldern" Sibiriens stürzen reihenweise um, als ob sie zu tief ins Wodkaglas geschaut hätten.

Unter unveränderten Klimabedingungen führt in der Regel eine geringfügige Verletzung der als Wärmedämmschicht dienenden Pflanzendecke dazu, dass der eigentlich stabile, buchstäblich dauerhafte Boden außer Rand und Band gerät – schon ein von Rentieren begangener Trampelpfad kann ausreichen. Noch sensibler reagiert der Dauerfrostboden jedoch auf spürbare Klimaänderungen, wobei nicht nur höhere Lufttemperaturen eine Rolle spielen können. Eine dickere und damit besser isolierende Schneedecke etwa vermindert die Auskühlung des Bodens im Winter und kann zum gleichen Ergebnis führen wie die Erderwärmung.

Welche Dimensionen der Schwund der Permafrostgebiete haben wird, ist bisher ungeklärt. Eine Verringerung der Fläche von derzeit 23 Millionen Quadratkilometern allein auf der Nordhalbkugel auf ein Zehntel scheint jedoch möglich. Der Permafrost hätte folglich nur noch eine geringe Lebenserwartung.

Wenn Berge ihren Halt verlieren

Inselartig ist Permafrost auch in den Hochgebirgen der mittleren Erdbreiten zu finden, beispielsweise in den Schweizer Alpen. Dort demonstrierte die Natur im Hitzesommer 2003, welch schwerwiegende Folgen die Auflösung des Dauerfrostbodens haben kann: Vom Matterhorn ging ein großer Felssturz nieder, ebenso am Oberen Grindelwald-Gletscher. Hintergrund: Bei Bodentemperaturen unter dem Gefrierpunkt wirkt das Eis in den Felsspalten wie Mörtel, der die Felsbrocken zusammenhält. Taut das Eis jedoch, verlieren die Berge ihr inneres Skelett. Kein Wunder also, dass einige der größten Bergstürze in den Alpen in den wärmsten Perioden der „Nacheiszeit" niedergingen.

Ein Unglück kommt selten allein

Das Auftauen des Permafrosts auf einer Fläche von mehreren Millionen Quadratkilometern wäre allein schon für die betroffenen Regionen eine Katastrophe. Hinzu kommt jedoch, dass der Dauerfrostboden der Nordhalbkugel schätzungsweise eine Billion Tonnen Kohlenstoff enthält. Beim Auftauen würden sie in Form von Kohlendioxid und Methan größtenteils innerhalb eines Jahrhunderts in die Atmosphäre gelangen.

Eine derartig drastische Zunahme der beiden wichtigsten Treibhausgase hätte wiederum zur Folge, dass sich der Treibhauseffekt und der Temperaturanstieg verstärken. Positive Rückkopplung nennt man die Selbstverstärkung eines Prozesses – sie spielt im Klimasystem an vielen Stellen eine entscheidende Rolle.

Sommeridylle am Fuß des Matterhorns in den Schweizer Alpen: In Zeiten der Globalen Erderwärmung könnte diese allerdings getrübt werden. Taut das Eis zwischen den Felsplatten, kann es zu gefährlichen Bergstürzen kommen.

Herrscht bald weltweit Land unter?

Die Globale Erwärmung und der Meeresspiegelanstieg

Wer einmal eine schwere Sturmflut miterlebt hat, begreift, warum unter allen möglichen Folgen der Erderwärmung der Meeresspiegelanstieg besonders gefürchtet ist. Der Gewalt der Fluten haben die Küstenbewohner außer ein paar Sandsäcken nichts entgegenzusetzen. Ihnen bleibt nur die bange Frage: Sind die Deiche hoch genug?

Das Meer auf Landgang

Der Meeresspiegel ist im Lauf der Erdgeschichte mindestens 1000-mal deutlich gestiegen. Dass dies auch derzeit der Fall ist, weiß man seit Langem. Nicht ohne Grund kalkulieren Ingenieure bei der Berechnung von Deichhöhen einen Sicherheitszuschlag von zweieinhalb Zentimeter pro Jahrzehnt ein. Wie Satellitenmessungen ergeben, ist dieser Puffer allerdings wohl zu niedrig bemessen: Zuletzt lag die Anstiegsrate weltweit bei 3,1 Zentimeter pro Jahrzehnt, einige Regionen erlebten gar eine Meeresspiegeländerung, die zehnmal höher war als der globale Durchschnitt.

Da etwa 20 Prozent der Erdbevölkerung weniger als 30 Kilometer vom Meer entfernt lebt, wird der Küstenschutz zu einer großen Herausforderung, nicht zuletzt auch in finanzieller Hinsicht. In Europa befinden sich die am stärksten gefährdeten Gebiete an der Nordseeküste, allein in den Niederlanden wären durch einen Meeresspiegelanstieg von einem Meter knapp die Hälfte des Staatsgebiets und etwa ein Drittel der Einwohner betroffen. Reiche Staaten wie die Niederlande sind in der Lage, sich durch aufwendige Bauwerke vor den Fluten zu schützen. Nahezu aussichtslos ist dagegen der Küstenschutz in den Entwicklungsländern wie den Inselstaaten im Indischen und Pazifischen Ozean. Sie liegen zum Teil nicht mehr als zwei Meter über dem Meeresspiegel. Und gerade dort hat sich der Anstieg in den letzten zehn Jahren auf vier Zentimeter pro Jahrzehnt verdoppelt.

Warum schwanken die Pegelstände?

Veränderungen in der Höhe des Meerespiegels müssen nicht nur klimatische Ursachen haben. Der Anstieg oder Fall des Pegelstandes an bestimmten Küstenabschnitten wird beispielsweise mindestens ebenso stark durch Senkungen oder Hebungen der Erdkruste beeinflusst. Ändert sich der Meeresspiegel jedoch (fast) überall, liegt der Verdacht nahe, dass das Klima dabei die treibende Kraft ist. Und zwar aus zwei Gründen: Zum einen nehmen gegenwärtig durch den weltweiten Gletscherschwund die Wassermassen in den Ozeanbecken zu, zum anderen dehnt sich das Wasser gleichzeitig aus. Welche Ursache letztlich den Ausschlag gibt, ist umstritten, eine Diskussion darüber eigentlich müßig. Wahrscheinlich dürften ohnehin beide ungefähr den gleichen Anteil zum Anstieg beisteuern.

Nachwehen der Eiszeit

Die Bewohner der finnischen und schwedischen Ostseeküste müssen sich um Prognosen über steigende Pegelstände nicht kümmern. Für sie ist es im Gegenteil ein Problem, dass der Spiegel der Ostsee ständig um bis zu acht Millimeter pro Jahr fällt – als eine Folge davon verlanden Häfen.

Der Rückzug des Meeres ist im Fall der Ostsee eine Altlast der jüngsten Eiszeit. Damals lastete auf Nordeuropa eine rund 3300 Meter dicke Eiskuppel, die durch das immense Gewicht eine Art Delle in der Erdkruste erzeugte. Vom Eis befreit, wölbt sich die Kruste seit Jahrtausenden langsam wieder empor.

Die Malediven im Indischen Ozean, hier das Nord-Malé-Atoll, gehören zu den von einem Meeresspiegelanstieg besonders bedrohten Staaten der Erde.

Wird das Great Barrier Reef bald verschwunden sein?

Die Zerstörung der Korallenriffe

Die Korallenriffe in den tropischen Meeren werden gern mit den tropischen Regenwäldern verglichen: wegen der Vielzahl ökologischer Nischen auf engstem Raum, der atemberaubend großen Artenvielfalt und des ausgeglichenen Unterwasserklimas, das die riffbildenden Korallen zum Leben brauchen. Gerade ihre hohen Ansprüche an das Klima machen die Riffkorallen jedoch besonders anfällig für die Auswirkungen der Globalen Erwärmung – auf direktem oder indirektem Weg.

Die Gärten des Meeres verblassen

„Blumentiere" wird die Tierklasse auch genannt, zu der die Korallen gehören. Tatsächlich gleichen intakte Korallenriffe farbenprächtigen untermeerischen Gärten. Doch seit einigen Jahrzehnten schwindet die Farbenpracht unter dem Meeresspiegel vielerorts. Bei den Elchgeweihkorallen, einer in der Karibik verbreiteten Art, überziehen weißen Pocken die Stöcke, das Gewebe löst sich auf und schließlich bleibt nur das weiße Skelett zurück.

Korallenbleiche wird das rätselhafte Phänomen genannt, das Riffe auf weiten Flächen vernichtet hat. Es entsteht, wenn die Korallentiere unter Stress kleine einzellige Algen, die in ihrer Haut leben, abstoßen. Dadurch verlieren sie nicht nur ihre Farben, sondern auch eine wichtige Nährstoffquelle. Die Algen produzieren nämlich organische Substanzen, die den Korallen zugutekommen. Welche Ursache der tödliche Stress hat, ist umstritten. Vermutlich werden es zu hohe Wassertemperaturen sein. Riffkorallen brauchen zwar warmes Wasser, zu warm aber darf es auch nicht sein. Da die Wassertemperatur in den oberflächennahen Schichten der tropischen Meere unter dem Einfluss der Globalen Erwärmung ständig gestiegen ist, existieren viele Riffkorallen bereits nahe ihrer Hitzegrenze. Sorgt dann noch – wie 1998 – ein außerordentlich kräftiger El Niño (S. 118) für ungewöhnlich hohe Wassertemperaturen, gibt es kein Halten mehr – rasend schnell breitet sich die Korallenbleiche aus.

Trübe Aussichten

Obwohl das Great Barrier Reef, das größte Korallenriff der Erde, noch in einem relativ guten Zustand ist, ist es vom Aussterben bedroht. Dabei geht es ihm vor der Nordostküste Australiens noch verhältnismäßig gut. Hier münden nur wenige große Flüsse, die Schlamm und Schadstoffe heranspülen könnten, in den Ozean. Außerdem verhindern Winde, die fast das ganze Jahr über zum Kontinent hin wehen, die Verschmutzung des Meeres durch Staubpartikel vom Land.

Trübes, verschmutztes Wasser behagt Korallen überhaupt nicht. Doch vielerorts ist es eher die Regel geworden, beispielsweise in der Karibik, der bedeutendsten Riffprovinz des Atlantischen Ozeans. Gerade dort sterben die Korallenriffe seit einigen Jahrzehnten ab.

Die Meere werden saurer – die Korallen schwächer

Zwischen den Weltmeeren und der Erdatmosphäre findet ein reger Austausch von Kohlendioxid statt. Aus der immer stärker belasteten Atmosphäre gelangt das Treibhausgas in die Ozeane und löst sich als „Kohlensäure" im Wasser. Dadurch kommt es zu einer raschen Versauerung der Meere, die über einen langen Zeitraum unumkehrbar sein wird.

Von der Versauerung sind besonders Meeresorganismen wie Korallentiere betroffen, die dem Wasser Kalk entziehen, um daraus Schalen und Skelette zu bilden. Indem sich nämlich das Kohlendioxid mit Kalk verbindet, wird den Steinkorallen ein wichtiger Baustoff entzogen. Die Korallenskelette werden somit weicher und anfälliger für Erosionen, außerdem nehmen die Wachstumsraten ab.

Bei einer anhaltenden Globalen Erwärmung kann mit der herrlichen Farbenpracht von tropischen Korallenriffen bald Schluss sein. In manchen Regionen ist sie schon einem eintönigen Grün gewichen.

Schlägt das Wetter heute häufiger Kapriolen?

Klimawandel und Wetterkatastrophen

Die sogenannten guten alten Zeiten hat es in der Klimageschichte nie gegeben, zumindest nicht in historischer Zeit. Jede Epoche erlebte extreme Wetterereignisse: Sturmfluten und Tornados, Hagelschlag und Lawinen – häufig mit verheerenden Folgen. Heute scheint sich extremes Wetter zu mehren. Oder ist nur die Aufmerksamkeit der modernen Medien gestiegen, denen kaum ein katastrophales Wetterereignis entgeht?

Nicht unbedingt häufiger, doch verhängnisvoller

Alljährlich ereignen sich weltweit zwischen rund 500 und 1000 Naturkatastrophen. Die meisten verlaufen relativ glimpflich. Manche jedoch hinterlassen so schwere Schäden, dass die Volkswirtschaften der betroffenen Länder überfordert sind und internationale Hilfe benötigen. Derartige Ereignisse gelten im Vokabular der Versicherungsgesellschaften als „große" Katastrophen. Und Stürme und Überschwemmungen sind darunter wiederum die verhängnisvollsten.

Während sich beispielsweise die Zahl verheerender Erdbeben seit der Mitte des 20. Jahrhunderts kaum verändert hat, ist die Zahl „großer" Unwetter ab Mitte der 1980er-Jahre deutlich angestiegen, zum Teil gar um das Doppelte. Der Trend zeigt nach oben – eine Entwicklung, die ohne den Einfluss der Globalen Erwärmung kaum zu erklären ist: Höhere Temperaturen bedeuten zugleich einen höheren Wasserdampf- und Energiegehalt der Atmosphäre. Davon profitieren unter anderem die tropischen Wirbelstürme (S. 84). Sie hinterlassen wie Hurrikan „Katrina" (S. 86) nicht nur Schäden in ungeahnter Größenordnung, sondern erobern auch neue Reviere. 2004 etwa tobte zum ersten Mal überhaupt im Südatlantik vor Brasilien ein Hurrikan. Und Hurrikan „Vince" entwickelte sich im Jahr 2005 zum nördlichsten Wirbelsturm, der jemals über dem Atlantik registriert wurde. Er drang sogar in die „kühlen" Gewässer rund um die Kanarischen Inseln vor.

Es trifft vor allem die Armen

Das Risiko, Opfer wetterbedingter Naturkatastrophen zu werden, ist in den Ländern der Erde sehr unterschiedlich groß. Allgemein sind jedoch Staaten mit geringerem Entwicklungsstand besonders stark betroffen. Es trifft also vor allem die Armen.

Im Zeitraum von 1995 bis 2004 waren beispielsweise Länder wie Honduras, Bangladesch und Somalia am stärksten betroffen. Als Industriestaat taucht einzig Frankreich auf der Risiko-Liste der Top Ten auf, ein Umstand, der dem Hitzesommer 2003 geschuldet ist. Und auch künftig wird sich wenig daran ändern. Wetterbedingte Extreme, die der globale Klimawandel mit sich bringt, werden viele Entwicklungsländer in zunehmenden Maße gefährden.

Schleichende Unwetter

Der Begriff „Katastrophe" leitet sich aus dem Griechischen ab und bedeutet eine plötzliche, unerwartete Wendung zum Schlimmen. Manche Natur- und Umweltkatastrophen spielen sich jedoch auch schleichend, über lange Zeiträume und weitgehend im Verborgenen ab. Ihre Folgen sind deswegen nicht weniger verheerend.

Auf das Ozonloch (S. 192), das eine Jahr für Jahr wachsende Zahl an Krebskranken und -toten fordert, stießen die Forscher zufällig. Die Versauerung des Bodens und der Gewässer sowie das Waldsterben (S. 196) blieben dem Auge ebenso lange Zeit verborgen. Doch wenn die Schäden sichtbar werden, ist es meistens schon zu spät. So auch bei der Desertifikation (S. 198), die zunächst ebenfalls schleichend verläuft, aber ab einer gewissen Schwelle unumkehrbar ist.

*Hagelschlag gehört zu den häufigsten Wetter-
extremen in unseren Breiten. Besonders verheerend
wütete beispielsweise ein Unwetter am 28. Juni 2006
in Villingen-Schwenningen, wo es unter anderem
Tausende von Dächern zerstörte und einen Gesamt-
schaden von zirka 180 Millionen Euro verursachte.*

Wachsen bald Palmen in der Arktis?

Folgen des Klimawandels für Flora und Fauna

Versteinerte Reste wärmeliebender Gewächse im heute stark vergletscherten Island oder Grönland – überall auf der Erde findet man Belege dafür, dass sich das Klima und mit ihm die Pflanzen- und Tierwelt in der jüngsten Erdgeschichte vielfach geändert haben. Es wäre also kein Wunder, wenn wegen der aktuellen Klimaerwärmung die Grenzen der Verbreitungsgebiete der Arten irgendwann völlig neu gezeichnet werden müssten.

Boten des Klimawandels

Die Welt der Lebewesen ist in Bewegung geraten. Zahlreiche Tier- und Pflanzenarten breiten sich auf der Nordhalbkugel in nördlichere Zonen aus oder erobern höher gelegene Lebensräume. Beispielsweise brütete der Girlitz, ein kleiner Finkenvogel, vor 200 Jahren lediglich in Südeuropa, heute kann er sogar in Finnland gesichtet werden. Das Verbreitungsgebiet der ursprünglich nur im Mittelmeerraum heimischen Feuerlibelle hat sich in den letzten 20 Jahren bis nach Deutschland ausgeweitet. Und die Spanische Flagge, ein hübsch gezeichneter Falter, stößt im Rheinland scheinbar unaufhaltsam nach Norden vor. Gerade bei Insekten, die als wechselwarme Tiere unmittelbar von ihrer Umgebungstemperatur abhängig sind, dürfte die Verlagerung ihres Lebensraums hauptsächlich mit der Klimaerwärmung in Zusammenhang stehen.

Darüber hinaus beeinflusst der Klimawandel offenbar auch die innere Uhr der Lebewesen: Zugvögel kehren früher zurück oder brechen erst gar nicht in ihre Winterquartiere auf. Viele Vogelarten in Europa und Nordamerika brüten sechs bis 14 Tage früher als noch vor 30 Jahren. Und Pflanzen entfalten früher ihre Blätter: In Japan, wo man am kaiserlichen Hof den Beginn der Kirschblüte seit über 1300 Jahren notiert, öffnen sich die Blütenknospen heute meist im ersten Aprildrittel, vor etwa 150 Jahren konnten die Japaner das Kirschblütenfest erst Anfang Mai feiern. In unseren Breiten gehören das Schneeglöckchen oder die Sommerlinde zu den Pflanzenarten, bei denen sich der Zeitpunkt der Blüte im Kalender nach vorn verschoben hat. Auf der anderen Seite verschiebt sich die herbstliche Laubverfärbung und der Laubfall nach hinten – die Wachstumszeit der Pflanzen nimmt also zu.

Pollenplage – auch zur Winterzeit

Auf den Pollenflugkalender konnten sich von Allergien geplagte Zeitgenossen früher recht gut verlassen. Der außergewöhnlich warme Spätherbst 2006 allerdings bescherte den Allergikern bereits ab Mitte Dezember gerötete Augen und triefende Nasen. Aufgrund der milden Witterung waren früh blühende Bäume ihrer Zeit gut sechs Wochen voraus. „Heuschnupfen" unterm Weihnachtsbaum? Ob diese Plage in Zukunft zur Regel werden wird, ist freilich ungewiss. Immerhin passt der frühe Pollenflug nahtlos zum Trend der Verschiebung der natürlichen Jahreszeiten.

Wird wenigstens der Wein besser?

Auf angenehme Effekte der globalen Erwärmung stößt man kaum. Einer der wenigen könnte ein besserer, gehaltvollerer Wein sein. Warme, sonnenscheinreiche Sommer- und Herbstmonate erhöhen die Qualität des Weins. Tatsächlich konnten Wissenschaftler und Weinkenner nachweisen, dass die Weinjahrgänge mit den gestiegenen Temperaturen seit den 1950er-Jahren immer besser geworden sind. Außerdem dringt der Weinbau jetzt auch in Regionen wie Südengland vor, deren Klima früher nicht dazu geeignet war. Nur „Jahrhundertweine" wird der Weinliebhaber jedoch nicht erwarten dürfen.

Auch wenn die Kamelien früher blühen mögen – ein winterliches Intermezzo ist deswegen immer noch möglich.

Malaria und Gelbfieber – bald auch bei uns?

Klimawandel und Gesundheit

Wetterfühlige Menschen können ein Lied davon singen – Wetter macht krank. Meistens sind die Beschwerden harmlos, aber nicht immer; so forderte beispielsweise der heiße Sommer 2003 in Europa zahlreiche Opfer. Erreger und Überträger mehr oder minder ernster Erkrankungen lieben dagegen die Wärme. Ihre Überlebenschancen nehmen durch die Globale Erwärmung stetig zu.

Hitze und Fieber

Bakterien, Viren oder Stechmücken mögen die Hitze schätzen, für Menschen sind hohe Temperaturen ab etwa 30 °C unangenehm bis belastend. Die Gefahren durch Hitzestress werden oft unterschätzt. Stellen beispielsweise Blitzschläge, Tornados oder Überschwemmungen größere Gefahren dar? Eindeutig: nein! In den USA starben 1994 bis 2003 pro Jahr mindestens viermal mehr Menschen bei Hitzewellen als durch Blitze und Tornados. Und die Dunkelziffer ist hoch: Vom 1. bis zum 20. August 2003 etwa starben in Frankreich 14 800 Menschen – 55 Prozent mehr als im selben Zeitraum in den Jahren zuvor. Statistischer Zufall oder Folgen der Hitze?
Jedenfalls muss mit derartigen Hitzewellen in Zeiten der Erderwärmung gerechnet werden. Dabei sind weniger die Hitzegrade am Tag als vielmehr die Temperaturen in der Nacht belastend, in der sich der Organismus normalerweise von den Strapazen am Tag erholt. Neugeborene, Senioren und Frauen gehören zu den besonders gefährdeten Risikogruppen.
Das ebenfalls im Zeitalter der Globalen Erwärmung gestiegene Risiko, sich mit einer „Tropenkrankheit" zu infizieren, trifft dagegen alle gleichermaßen. Die Malaria übertragenden Mücken überleben nur bei Temperaturen über 8 bis 10 °C; der Parasit, der die Krankheit auslöst, braucht sogar mindestens 16 °C. Bald aber könnten die Klimaansprüche der Erreger und Überträger auch in Europa erfüllt sein. Auch etliche andere „Tropenkrankheiten", etwa Gelbfieber oder die Leishmaniose, eine Erkrankung von Haut und Schleimhäuten, dringen nach Norden vor. Letztere wird durch Sandmücken übertragen, die nur südlich der Alpen vorkommen. Eigentlich! Im Sommer 1999 wurde erstmals in Baden-Württemberg ein Exemplar gefangen.

Plagegeister auf dem Vormarsch

Unter den Tieren, die Infektionskrankheiten übertragen, stehen in Mitteleuropa die Zecken an der Spitze. Die blutgierigen Spinnentiere können ihre Opfer beim Biss mit zwei gefährlichen Krankheiten infizieren: der Lyme-Borreliose und der Zeckenenzephalitis (FSME). Die Folgen der Globalen Erwärmung – milde Winter, verfrühte Frühlinge und verlängerte Herbste – sind mit dafür verantwortlich, dass die Vorkommen der Zecken und die Häufigkeit der von ihnen übertragenen Erkrankungen in Europa zuletzt stark gestiegen sind.

Verseuchtes Wasser

Krankheitserreger lieben warmes, unsauberes Wasser. Darin können Bakterien, Viren und andere Mikroorganismen mehrere Monate lang überleben und bei Menschen, die das Wasser trinken oder sich damit waschen, Krankheiten verursachen. Vor allem schwere Durchfallerkrankungen wie Cholera und Ruhr gehen von diesen Infektionsherden aus. Schon heute haben weltweit schätzungsweise mehr als eine Milliarde Menschen keinen Zugang zu sauberem Wasser, bis zu vier Millionen sterben jährlich wegen des Mangels an einwandfreiem Wasser. Steigende Temperaturen und abnehmende Niederschläge könnten besonders in den Entwicklungsländern das Krankheitsrisiko weiter erhöhen.

Die Zeckenrisikogebiete haben sich in den letzten Jahren ausgebreitet. Während die Hochrisikogebiete weiterhin vor allem in Süddeutschland liegen, wurden zuletzt auch vermehrt FSME-Fälle in Schweden registriert.

Was macht den Nebel in Großstädten so gefährlich?

Der Winter-Smog

Durch London, die Hauptstadt Großbritanniens, verläuft seit jeher eine unsichtbare Grenze: Während es schon immer ein Privileg der Reichen war, im Westend zu wohnen, liegen im Eastend die Quartiere der weniger Betuchten. Diese klare Gliederung in zwei soziale Pole hat unmittelbar mit dem Wetter zu tun, genauer mit einem Phänomen, für das die Briten den Begriff „Smog" prägten.

Smoke plus Fog ergibt Smog

Dezember 1952: Über der britischen Hauptstadt wabert dichter Nebel, hin und wieder sieht man im wahrsten Sinn des Wortes die Hand vor dem Gesicht nicht mehr. Menschen irren durch die Straßen, der Rauch, der sich aus den Kaminen in den Nebel mischt, reizt ihre Atemwege. Aus dem Westend treibt ein leichter Westwind die stinkenden Nebelschwaden hinüber ins Eastend. Dort ist die Lage katastrophal. In fünf Tagen sterben Tausende von Menschen.

Die Briten bezeichneten diese extreme Form der Luftverschmutzung mit dem Kunstwort Smog, abgleitet von „smoke" (Rauch) und „fog" (Nebel). Da er London früher sehr häufig – vor allem im Winter – heimsuchte, sind auch die Bezeichnungen „London-Smog" und „Winter-Smog" gebräuchlich. So gefährlich machen ihn die Schadstoffe, die er transportiert: Schwefeldioxid, Kohlenmonoxid, Stickoxide, Rußpartikel und mineralischer Feinstaub, allesamt überwiegend Verbrennungsprodukte, die hauptsächlich aus mit fossilen Brennstoffen betriebenen Heizungsanlagen stammen. So erklärt sich auch die leichte Verbesserung der Sichtweite im Laufe des Tages: Tagsüber ist der Heizungsbedarf meist geringer und der Winter-Smog lichtet sich ein wenig, um in der kalten Nacht wieder dichter zu werden. Verbesserte Verfahren der Abgasreinigung und der Gebrauch schwefelarmer Brennstoffe sind daher die wirksamsten Mittel gegen den Winter-Smog.

Ein ganz besonderer Smog

Den London-Smog könnte man heute auch China-Smog im Allgemeinen und Peking-Smog im Speziellen nennen: Die Volksrepublik China und ihre Hauptstadt Beijing (Peking) leiden nämlich besonders stark unter der Luftverschmutzung. An mehr als der Hälfte der Tage des Jahres legen sich graue Smogschwaden über die Stadt. Im Frühjahr werden sie öfters vom „Gelben Wind" vertrieben, doch der mit gelbem Staub aus der Wüste Gobi beladene Wind bringt keine Erleichterung, sondern verschärft die Belastung noch.

Selbst Steine werden weich

Der Winter-Smog besteht aus einem Cocktail gasförmiger, flüssiger und fester Stoffe. In der Kombination bilden sie ein äußerst aggressives Gemisch, das nicht nur die Atemwege von Mensch und Tier sowie die gesamte Pflanzenwelt schädigt. Unter dem ständigen Angriff der Schadstoffe werden auch feste Gesteine im Lauf der Zeit zermürbt, zerbröseln zu Sand und Staub. Selbst Metalle greift der Smog an. In stark belasteten Gebieten haben viele Baustoffe daher eine wesentlich geringere Lebensdauer und müssen häufiger ausgetauscht werden.

Die finanziellen Kosten der Korrosion sind enorm: allein in Deutschland mindestens eine Milliarde Euro jährlich. Noch schmerzlicher als die volkswirtschaftlichen Schäden ist freilich der Verlust unersetzlicher Kunstwerke. Jahrtausende haben zum Beispiel die Bauten der Akropolis in Athen überstanden. Jetzt drohen sie in der verpesteten Luft über der griechischen Hauptstadt zu zerfallen.

Indem die im Winterhalbjahr vorkommenden Inversionswetterlagen den vertikalen Luftaustausch verhindern, begünstigen sie die Bildung von Smog.

Welche Ursachen hat der braune Dunst an Sommernachmittagen?

Der Ozon-Smog

Das Wörtchen „Ozon" (von griechisch „ozein": riechen) hat in den letzten Jahren einen deutlich negativen Unterton bekommen. Zwar schafft es in der Höhe eine wichtige Grundvoraussetzung für irdisches Leben. Doch am Erdboden gilt das Gas als gefährlicher Luftschadstoff, weshalb bei bestimmten Grenzwerten „Ozon-Alarm" ausgelöst wird.

Ozon-Smog hat trotz des Namens weder mit Rauch noch mit Nebel etwas gemein. Und die Tatsache, dass man den Geruchssinn für Ozon, die dreiatomige Form des Sauerstoffs (O_3), rasch verliert, rundet das verwirrende Bild ab.

Schönwetter-Smog

Die Wissenschaft trägt indes mit etlichen Bezeichnungen für dasselbe Phänomen eifrig dazu bei, die Verwirrung weiter zu vergrößern. Der Begriff „Sommer-Smog" legt beispielsweise den Schwerpunkt auf den Umstand, dass diese Variante der Luftverschmutzung vor allem in der warmen Jahreszeit und dann am stärksten in den Mittags- und Nachmittagsstunden auftritt. Nachts löst sich der Smog, der eher einem bräunlich gefärbten Dunst gleicht, meist wieder auf.

„Los-Angeles-Smog" nennt man die Luftverschmutzung deshalb, weil sie über der kalifornischen Metropole besonders häufig und am besten untersucht ist. Die Lage in einer von Gebirgszügen umschlossenen Senke und sommerlicher Hochdruckeinfluss machen Los Angeles für jede Art von Luftverschmutzung äußerst anfällig. Unter solchen Bedingungen ist nämlich der Austausch der Luftmassen sehr träge, Luftschadstoffe wie vor allem Stickoxide und Kohlenwasserstoffe reichern sich unter der Dunstglocke an. Sie können selbst schädlich sein und stammen in erster Linie aus Autoabgasen.

„Photochemischer Smog" heißt das Phänomen schließlich, weil durch Sonnenlicht und Wärme die Ausgangssubstanzen in teils hochgiftige Endsubstanzen, insbesondere in Ozon, umgewandelt werden. Nachts kehrt sich dann bei fehlender Sonneneinstrahlung der Prozess um, Ozon wird abgebaut.

Ein reizendes Gas

Ozon ist in den unteren Schichten der Atmosphäre in sehr geringen Mengen enthalten. In stark belasteten Gebieten kann der Gehalt jedoch ohne Weiteres kurzfristig um das Zehnfache ansteigen und zu Gesundheitsschäden führen. Das Gas wird vom Menschen überwiegend mit der Atemluft aufgenommen. Es dringt bis in die feinsten Verästelungen der Lunge vor und entfaltet dort seine Wirkungen.

Sicher ist sicher

Der Ausstoß von Schwefeldioxid, das eine Hauptrolle beim Winter-Smog spielt, konnte in den westlichen Industrieländern drastisch gedrosselt werden. Stickoxide sind dagegen weltweit noch immer ein Problem. Ob dieses Problem durch mit dem Ozonalarm verbundene Fahrverbote gelöst werden kann, ist fraglich. Die Quellen der Luftverunreinigungen liegen nämlich vielfach weit entfernt.

Der sicherste Weg, gesundheitliche Schäden durch Ozon zu vermeiden, ist der Aufenthalt in geschlossenen Räumen, auch wenn das warme, sonnige Wetter zu Outdooraktivitäten einlädt. Diese Regel gilt vor allem für Kinder, da sie im Vergleich mit Erwachsenen mehr Luft (und Schadstoffe) einatmen und ihr Immunsystem noch nicht vollständig ausgebildet ist.

In schweren Fällen führt es zu Entzündungen des Lungengewebes, aber auch schon bei geringeren Ozongehalten reagiert der Organismus des Menschen empfindlich, etwa mit Tränenreiz, Hustenreiz und Kopfschmerzen. Schätzungsweise zehn bis 20 Prozent aller Menschen sind gegenüber Ozon besonders sensibel.

In Los Angeles ist klare Sicht vor allem im Sommer selten, Abgase trüben massiv die Luft über der Stadt. Allenfalls heftige Regenfälle, die in Los Angeles eher selten sind, können an heißen Tagen wieder für etwas Durchblick sorgen.

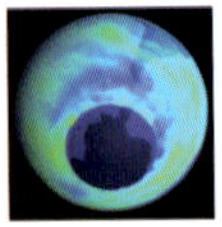

Wie kommt es zum Abbau der Ozonschicht?

Das Ozonloch

In den bodennahen Schichten der Lufthülle nimmt der Gehalt an Ozon seit Jahrzehnten zu, während er in Höhen um 30 Kilometer schwindet. Dabei ist der Anteil des Gases an der Erdatmosphäre ohnehin verschwindend klein. Könnte man das gesamte Ozon der Lufthülle gleichmäßig über den Erdball zu einer Schicht verdichten, wäre diese gerade einmal drei Millimeter dick.

Gestörtes Gleichgewicht

Rund 90 Prozent des irdischen Ozons befindet sich innerhalb der Ozonschicht 20 bis 50 Kilometer über dem Erdboden. Die höchsten Ozongehalte werden über den Tropen in einer Schicht in 26 Kilometer Höhe gemessen, zu den Polen hin sinkt die Schicht jeweils um rund zehn Kilometer ab.

Ozon (O_3) entsteht unter dem Einfluss der energiereichen ultravioletten Strahlung der Sonne aus atmosphärischem Sauerstoff (O_2), zerfällt jedoch rasch wieder in seinen Ausgangsstoff. Normalerweise herrscht ein Gleichgewicht zwischen Auf- und Abbau. Es gibt aber vom Menschen erzeugte Substanzen, die den Abbau beschleunigen. Dazu gehören unter andererem „Ozon-Killer" wie die als Treibgase und Kühlmittel industriell hergestellten Fluorchlorkohlenwasserstoffe (FCKWs). Sie haben die Ozonschicht seit etwa Ende der 1970er-Jahre stark geschwächt. Erstmals beobachtete man das „Ozonloch" über der Antarktis, wo zugleich die größten Flächen von dem Abbau betroffen sind. Regelmäßig sinken dort in der Höhe die Ozongehalte im Frühjahr und Winter auf weniger als zwei Drittel des langjährigen Durchschnitts. Auf der Nordhalbkugel ist der Ozonschwund geringer geblieben, in manchen Jahren bildet sich aber auch über unseren Erdbreiten ein Ozonloch.

Wie lange noch?

Die mit dem Abbau der Ozonschicht verbundenen Gefahren (S. 194) sind seit Jahrzehnten bekannt. Bereits 1987 wurden im „Montrealer Protokoll über Stoffe, die zu einem Abbau der Ozonschicht führen" auf internationaler Ebene Gegenmaßnahmen beschlossen. Zwischen 1996 und 2002 konnte der Abbau auch tatsächlich verlangsamt werden, danach verschlechterten sich die Werte jedoch wieder.

Im Jahr 2006 erreichte das Ozonloch über dem Südpolargebiet die bisher größte Ausdehnung. Die Wissenschaftler sind seither pessimistischer geworden. Inzwischen gehen sie davon aus, dass der Zustand der Ozonschicht, wie er vor 1980 war, über der Arktis voraussichtlich erst im Jahr 2050, über der Antarktis gar erst 2075 wieder erreicht sein wird. Bis dahin werden sich die Hersteller von Lichtschutzmitteln wahrscheinlich guter Umsätze erfreuen.

Irdische und außerirdische Täter

Die „Ozon-Killer" entweichen keineswegs nur Kühlschränken und Spraydosen. Es gibt auch andere, natürliche Quellen brom- und chlorhaltiger Substanzen, welche die Ozonschicht zerstören können – allen voran die Vulkane.

Vulkanische Gase vermögen Mini-Ozonlöcher zu erzeugen, die sich jedoch bald wieder schließen. Dazu reicht schon eine kleine Eruption aus, wie die des isländischen Vulkans Hekla im Jahr 2000. Wie groß könnten die Folgen heftiger Vulkanausbrüche sein? Hängt womöglich das Massensterben gegen Ende des Erdaltertums mit dem starken Vulkanismus dieses Zeitalters zusammen? Letztlich steht die Beantwortung dieser Frage auch mit außerirdischen Faktoren in Verbindung: Fünf Jahre nach dem Ausbruch des Hekla machte sich die wenig aktive Sonne gewissermaßen durch unterlassene Hilfeleistung beim Wiederaufbau der durchlöcherten Ozonschicht schuldig.

Satellitendaten veranschaulichen das Ozonloch über der Antarktis im Jahr 2001, dessen Größe damals auf 26 Millionen Quadratkilometer geschätzt wurde.

Warum sind Sonnenstrahlen so gefährlich?

Das Ozonloch und die UV-B-Strahlung

„Wie wird sich wohl das Weltbild unserer Kinder verändern, wenn wir ihnen sagen müssen, dass es gefährlich ist, zum Himmel raufzuschauen?" Al Gore, ehemals US-Vizepräsident und „Macher" der oscarprämierten Umweltdokumentation „Eine unbequeme Wahrheit", bringt es auf den Punkt: Selbst ein so alltägliches und umweltverträgliches Vergnügen wie ein Sonnenbad wird in den Zeiten des Klimawandels zum unkalkulierbaren Risiko.

Bombardement aus dem Weltraum

Die Erde und ihre Bewohner sind ständig kosmischer Strahlung ausgesetzt, nützlicher wie schädlicher. Bei der Strahlung der Sonne im ultravioletten Bereich des Spektrums werden je nach ihrer biologischen Wirkung drei Stufen unterschieden: die biologisch relativ harmlose UV-A-Strahlung, die äußerst gefährliche UV-B-Strahlung sowie die noch energiereichere UV-C-Strahlung. Die UV-B-Strahlung wird zu 97 bis 99 Prozent durch das Ozon in den höheren Schichten der Erdatmosphäre aus der Sonnenstrahlung herausgefiltert. Von der UV-C-Strahlung kommt glücklicherweise nichts mehr am Erdboden an.

Es bleibt aber eben noch ein – größer werdender – Rest von Strahlung, der die ausgedünnte Ozonschicht passieren und am Grund des Luftmeeres Schäden verursachen kann. Die meisten Landlebewesen sind durch ihr Fell und Gefieder gegen die aggressive UV-Strahlung gewappnet, der moderne Mensch setzt hingegen seine nackte Haut der Strahlung aus. Die ist übrigens im Schatten mindestens ebenso gefährlich wie im vollen Sonnenlicht. Grund: Die UV-Strahlen werden von den Bestandteilen der Luft gestreut und so auch unter den Sonnenschirm geworfen.

Beim Menschen sind neben der Haut auch die Augen durch UV-B-Strahlen gefährdet. Die Risiken reichen vom schmerzhaften, doch meist harmlosen und vergänglichen Sonnenbrand über bleibende Hautfalten, die auch das beste „anti-aging"-Mittel nicht mehr zu glätten vermag, bis zum Hautkrebs. Weltweit nimmt die Zahl der Hautkrebserkrankungen deutlich zu. Pro Jahr muss mit bis zu 250 000 zusätzlichen Fällen bösartiger Hautveränderungen gerechnet werden.

Zerrüttete Fundamente der Nahrungspyramide

Unter dem Angriff der aggressiven UV-Strahlung leiden selbstverständlich nicht nur die Menschen, sondern alle Organismen, bis hin zur zur mikroskopisch kleinen Pflanze, die im Meerwasser schwebend durch die Ozeane treibt. Das pflanzliche Plankton bildet die Grundmauern der Nahrungspyramide, an deren Spitze der Mensch als Endverbraucher residiert. In Zeiten, in denen die meisten Weltmeere ohnehin schon überfischt sind, würden durch das Absterben der Mikroorganismen also auch die Fischbestände weiter in Mitleidenschaft gezogen.

Australien, du hast es schlechter

Die ersten Hinweise auf die Ausdünnung der Ozonschicht wurden in den Polargebieten südlich des Äquators gefunden – nachdem man jahrelang Ergebnisse, die nicht in das Bild einer heilen Welt passten, als „Messfehler" aussortiert hatte. An der Zuverlässigkeit der Instrumente wird heute nicht mehr gezweifelt, und die medizinische Statistik spricht eindeutig für die enorm starke Belastung der „Terra australis" durch ultraviolette Sonnenstrahlung.

Australien und Neuseeland haben weltweit die höchste Hautkrebsrate. Laut Erhebungen bekommen mehr als die Hälfte der Australier Hautkrebs, Tausende sterben jährlich daran. Die „Burn Time", also der Zeitraum, in dem man sich ohne Hut und Sonnencreme im Licht der Sonne aufhalten darf, beträgt dort pro Tag allenfalls eine Viertelstunde.

Die UV-B-Strahlung ist tückisch! Selbst unter einem Sonnenschirm ist man vor ihr nicht sicher. Auch hier gilt also: die Haut mit Sonnenschutzmittel eincremen und eine Sonnenbrille aufsetzen.

Was bewirkt der „Saure Regen"?

Säurestress und Waldsterben

Wie viele Krankheiten beginnt auch die Erkrankung der Bäume, die schließlich zu deren Tod führt, mit unscheinbaren Symptomen: Nadeln und Blätter werden kleiner, verlieren ihr sattes Grün, nehmen einen fahlgrauen oder gelblichen Farbton an, die Baumkronen lichten sich. Irgendwann jedoch stirbt die Baumspitze ab – vom „schönen deutschen Wald" bleiben nur ein paar von der Sonne gebleichte Baumgerippe.

Neuzeitliche Waldschäden …

… nennen Förster die Schadensbilder der Wälder. Tatsächlich ist das Waldsterben nicht nur eine Erscheinung der heutigen Zeit. Giftige Abgase hinterließen schon vor Jahrhunderten im Umkreis der Metallhütten tiefe Spuren. Wie manches andere Umweltproblem hat es sich jedoch zuletzt erheblich verschärft. Verantwortlich dafür wird der Saure Regen gemacht, der infolge der Emissionen von Schwefel- und Stickstoffverbindungen entsteht.

Früher auf wenige Regionen beschränkt, haben sich die Waldschäden in Mitteleuropa beinahe wie die Pest flächendeckend ausgebreitet. Es gibt kaum ein Waldgebiet, das verschont geblieben ist, zumal in den Zeiten der Globalen Erwärmung zum Säurestress häufig noch die Belastung der Vegetation durch hohe Temperaturen und geringe Niederschläge kommt. Da die Schadstoffe die Widerstandskraft der Bäume schwächen, sind sie darüber hinaus sehr anfällig für Witterungsschäden, tierische Schädlinge, Pilze und andere Krankheitserreger. Kranke Bäume, deren feine Wurzeln im versauerten Boden zerstört worden sind, verlieren den Halt und sind so für Stürme leichte Beute. Maßnahmen gegen die Versauerung, vor allem die Kalkung der Waldgebiete, wirken in diesem Zusammenhang doch eher wie symbolische Aktionen. Eine nachhaltige Verbesserung der Situation kann nur der drastisch verminderte Ausstoß von Schadstoffen – besonders von Schwefeldioxid und Stickoxiden – bringen.

Das Geheimnis der klaren Seen

Die Luftverschmutzung macht weder an den Staatsgrenzen noch am Erdboden halt. Schadstoffe wie Schwefeldioxid werden von den Winden aus den Herkunftsgebieten zuweilen über Tausende von Kilometern hinweg in bisherige „Reinluftgebiete" verfrachtet, etwa aus Mittel- und Westeuropa nach Skandinavien. Dort sorgen sie für eine zunehmende Versauerung der ohnehin meist schon nährstoffarmen, sauren Böden. Auch für die ungewöhnliche Klarheit von Seen zeichnen sie verantwortlich. Diese ist also ein schlechtes Omen, deutet sie doch auf einen Lebensraum hin, in dessen fast essigsauren, kristallklaren Gewässern weder Pflanzen noch Tiere existieren können.

Die Säure braucht ihre Zeit

Der „Saure Regen" markiert allenfalls eine Spitze des Eisbergs – und nicht einmal die für die Umwelt verhängnisvollste. Regentropfen rinnen schnell an den Blättern und Nadeln ab. Im Wasser enthaltene Säuren können folglich nur über kurze Zeit hinweg Schäden an den Pflanzen anrichten.

Wie bei vielen anderen Formen der Luftverschmutzung aber ist der Zeitraum der Belastung wichtiger als der Verschmutzungsgrad. Nur relativ gering belastete „Saure Wolken" oder „Saure Nebelschwaden" umhüllen zum Beispiel oftmals tage- bis wochenlang die Wälder in den mittleren Stockwerken der Gebirge und entfalten dabei ihre schädlichen Wirkungen langsam aber beständig. Aus gutem Grund schreitet daher das Waldsterben in diesen Etagen besonders schnell voran.

Folge der gestiegenen Schadstoffemissionen: Wo sich einst saftig grüne Wälder erstreckten, stehen heute vielerorts nur noch einige Baumskelette.

Verwandelt sich die Erde bald in einen Wüstenplaneten?

Die Desertifikation

Über 70 Prozent der Erdoberfläche werden von den Weltmeeren eingenommen, ein Umstand, dem die Erde den Beinamen „Blauer Planet" verdankt. Auf den Festländern treten jedoch auch gelbe, rötliche und graue Farbtöne stark hervor. Sie markieren die Trockengebiete – von der Trockensteppe oder -savanne bis hin zur Vollwüste – mit ihren gelben Dünen und von dunklem Wüstenlack überzogenen Felsen oder Gesteinsschuttflächen. So hat sich unser Planet im Lauf der Erdgeschichte schon häufiger präsentiert. Doch niemals haben die Areale der Wüstenfarben so rasch zugenommen wie heute.

Landverwüstung

Die Desertifikation (von lateinisch „desertus facere": verwüsten) hat, wie die Beispiele aus der Erdgeschichte zeigen, natürliche klimatische Ursachen, besonders länger anhaltende Dürreperioden, wird jedoch durch Eingriffe des Menschen in den Haushalt der Natur erheblich verschärft. Zwei Hauptursachen kommen dabei zusammen: Wasserknappheit und Bodenerosion.

Die beiden Ursachen sind auf oftmals verschlungenen Wegen miteinander verbunden. Ein ausgetrockneter Boden ist sehr viel anfälliger für Erosion durch Wind und Wasser als ein durchfeuchteter, weil die Feuchtigkeit wie ein Bindemittel wirkt. Jedes Jahr werden weltweit 75 Milliarden Tonnen humushaltiger Bodenkrume durch Wasser oder Wind erodiert, davon der größte Teil auf landwirtschaftlichen Nutzflächen. zwölf Millionen Hektar fruchtbares Land werden jährlich zerstört oder verlassen. Die Erosionsraten auf stark übernutzten Weiden können 100 Tonnen/Hektar übersteigen, in Asien, Afrika und Südamerika liegen sie im Durchschnitt bei 30 bis 40 Tonnen/Hektar. Die natürliche Bodenbildungsrate liegt dagegen bei etwa einer Tonne pro Hektar und Jahr.

Durch den vom Wind aufgewirbelten Staub nimmt am Erdboden die Sonneneinstrahlung ab und die bodennahen Luftschichten werden kühler. Damit fehlt die notwendige Energie, die Luftmassen aufsteigen, sich Wolken bilden und Regen bringen ließe. Der Niederschlag verringert sich weiter und Dürrezeiten treten häufiger auf. Dadurch jedoch erhält die voranschreitende „Verwüstung" noch mehr Nahrung – ein wahrer Teufelskreis!

Gut gemeint, aber zum Schaden der Umwelt

Natürliche Wasserlöcher, in deren Umkreis das durstige und hungrige Vieh die Vegetation abgefressen und zertrampelt hat, liegen in den Trockengebieten meist in größeren Abständen. Die Bodenerosion durch Wind und Regen konnte daher früher nur an wenigen Stellen angreifen. Durch wohl gemeinte Entwicklungshilfeprojekte wurden jedoch zahlreiche neue Tränken geschaffen, an denen das Vieh die ohnehin schon spärliche Pflanzendecke zerstört. Wind und Wasser finden deshalb immer mehr neue Angriffsstellen. Die Überweidung ist somit einer der Auslöser der fortschreitenden Desertifikation.

Schritt für Schritt zur Wüste

Die Desertifikation ist längst nicht mehr nur ein Problem des Sahel, des wiederholt von verheerenden Dürreperioden heimgesuchten „Ufers" der großen Wüste Sahara. Inzwischen sind weltweit mindestens 110 Staaten davon betroffen.

Besonders rasch schreitet die Desertifikation in Afrika und Asien voran. Ungefähr die Hälfte der Landflächen des „Schwarzen Kontinents" leiden unter Wasserknappheit, Bodenerosion und Versalzung. In Asien sind womöglich bereits zwei Drittel der Trockengebiete verwüstet – in einer Zeit, in der jeder Hektar zur Ernährung der wachsenden Weltbevölkerung benötigt wird.

Schutzlos ist die verwüstete Landschaft den Gewalten der Witterung ausgeliefert. Auf den kargen Böden ist eine landwirtschaftliche Nutzung nicht möglich.

Klima, quo vadis?

Modelle und Prognosen

„Prognosen sind immer sehr schwierig, besonders wenn sie die Zukunft betreffen." Mark Twains weiser Spruch gilt auch für die Zunft der Wetterfrösche. Aber immerhin steht ihr ein reiches Instrumentarium ausgeklügelter Modellberechnungen zur Verfügung, die nur mithilfe leistungsfähiger Computer zu bewältigen ist. Eine internationale Organisation hat sich dabei in Fragen des Klimawandels zur Autorität entwickelt: der IPCC.

Düstere Prognosen

Der Intergovernmental Panel on Climate Change (Zwischenstaatliche Ausschuss für Klimaänderungen), der den Vereinten Nationen untergeordnet ist, kommt in seinen regelmäßig veröffentlichten Berichten zu erschreckenden Aussichten. Danach könnte zum Beispiel die weltweite Durchschnittstemperatur im schlimmsten Fall der Fälle bis zum Ende des 21. Jahrhunderts um mehrere Grad ansteigen, wovon insbesondere die höheren Breiten der Nordhalbkugel betroffen wären. Der Meeresspiegel würde in diesem Zeitraum um mehr als einen halben Meter steigen, der Niederschlag in den höheren Breiten zunehmen, während in den ohnehin meist schon trockenen Subtropen die Regenfälle weiter zurückgingen.
Doch selbst das Szenarium der optimistischsten Prognosen ist noch besorgniserregend, besonders was extreme Wetterereignisse angeht. Hitzewellen wie die im Sommer 2003 könnten bereits in der Mitte des 21. Jahrhunderts die Regel sein. In den höheren Erdbreiten muss mit heftigeren Stark- und Dauerregen sowie Überschwemmungen gerechnet werden. Regionen, die im Sommer auf die Wasserversorgung aus den Gletschern und Schneefeldern in den Hochgebirgen angewiesen sind, würden hingegen zunehmend unter Wassermangel leiden. Und die Zahl der Dürrejahre könnte im südlichen Afrika bis zum Jahr 2050 um 30 Prozent steigen.

Unaufhaltsamer Anstieg?

Die großen Unterschiede zwischen den Prognosen über das Ausmaß des weltweiten Temperaturanstiegs und der damit verbundenen Folgen haben einen einfachen Grund: Niemand weiß, ob es gelingen wird, den Verbrauch klimabelastender Energie und den Ausstoß von Treibhausgasen auf dem heutigen Stand zu halten oder gar zu senken. Die Internationale Energieagentur (IEA) kommt freilich zu einem ernüchternden Ergebnis. Danach wird der globale Energiebedarf bis zum Jahr 2030 (gemessen am Jahr 2002) um rund 60 Prozent steigen. Damit wäre eine Zunahme des weltweiten Ausstoßes von Kohlendioxid in etwa der gleichen Größenordnung verbunden. Wer kann sich da noch allzu viel Optimismus bewahren?

Gleiche Fakten – unterschiedliche Deutungen

Der gegenwärtige Klimawandel, vor allem dokumentiert durch weltweit steigende Durchschnittstemperaturen, ist ein Fakt. Wissenschaftler wären jedoch nicht Wissenschaftler, wenn sie Fakten nicht unterschiedlich deuten würden.
Die Frage nach den Ursachen der Eiszeiten ist dafür ein typisches Beispiel. So sind nach Ansicht mancher Forscher kalte Winter günstig für den Aufbau von Eismassen, während andere gerade umgekehrt milde Winter dafür verantwortlich machen. Aber, wie der amerikanische Schriftsteller Mark Twain treffend bemerkt: „Es wäre nicht das Beste, wenn wir alle in die gleiche Richtung denken würden; es sind die Meinungsunterschiede, die ein Pferderennen entscheiden!" Wie wahr.

Vieles deutet darauf hin, dass sich die Menschheit an solche Bilder gewöhnen muss: Wassermangel und Dürre lassen Seen und Flüsse austrocknen.

Schöne neue Treibhauswelt?

Klimaschutz und Klimapolitik

Mildere Winter, die geringere Heizkosten verursachen und den Arbeitern auf den Baustellen „Schlechtwetterzeiten" ersparen, eis- und schneefreie Straßen, warme Sommer mit viel Sonne – wie alles hat auch der Klimawandel seine angenehmen Seiten. Manchem Verbraucher und Steuerzahler ist so nur schwer zu vermitteln, weshalb er im Interesse des Klimaschutzes zusätzlich zur Kasse gebeten werden soll, wobei das Problembewusstsein deutlich wächst. Denn immer klarer wird, welche dramatischen Gefahren der Klimawandel in sich birgt.
Die Politik ist gefordert. Die Berichte des IPCC (S. 200) richten sich deshalb vor allem an die politisch Verantwortlichen.

Nutzen und Schäden

In einigen der ersten Schriften über die Auswirkungen des Klimawandels gerieten die Autoren noch ins Schwärmen, öde Tundren sollten sich in fruchtbares Acker- und Weideland verwandeln. Leider ist diese verlockende Vorstellung nur eine Illusion. Mag sich auch das Klima rasch ändern, der Boden, der die Pflanzennährstoffe liefert, kann damit nicht Schritt halten – abgesehen von der Tatsache, dass er mit verheerenden Folgen für die gesamte Umwelt auftaut (S. 176).

Insgesamt sind in der volkswirtschaftlichen Bilanz die Schäden eines ungebremsten Klimawandels wesentlich höher als die Kosten, die für einen wirksamen Klimaschutz aufgewendet werden müssten. Schätzungen mehrerer Institute zufolge wird der Schaden, den die Klimaänderungen weltweit anrichten, bis zum Jahr 2100 fünf bis 20 Prozent des globalen Bruttosozialprodukts betragen. Allein für Deutschland werden sich die Kosten bis zum Jahr 2050 auf schätzungsweise 800 Milliarden Euro, weltweit auf mindestens 150 Billionen Euro belaufen. Mit nur einem einzigen Prozent des globalen Bruttosozialprodukts könnten dagegen die Schäden deutlich vermindert werden.

Ehrgeizige Vereinbarungen und vage Versprechungen

Die Liste der internationalen Konferenzen zum Thema „Klimaschutz" ist lang. Die am meisten beachtete fand im Dezember 1997 in der alten japanischen Kaiserstadt Kyoto statt. Dabei nahmen die Repräsentanten von 167 Staaten einstimmig das sogenannte Kyoto-Protokoll an. Es sieht eine deutliche Verringerung des Ausstoßes von Kohlendioxid und anderer Treibhausgase vor. Davon ist die Welt jedoch noch meilenweit entfernt. Ob da die im März 2007 auf einem „Klimagipfel" der EU beschlossene Verringerung des Ausstoßes von Treibhausgasen um 20 Prozent bis zum Jahr 2020 innerhalb der Union realisiert werden kann, bleibt mehr als fraglich.

Der globale Verschiebebahnhof

Die zunehmende Belastung der Erdatmosphäre durch Treibhausgase treibt sonderbare Blüten. Könnte man sich etwa vorstellen, dass ein Nichtraucher das Recht auf den Genuss des blauen Dunstes an einen Raucher verkauft? Wohl kaum.
Genau dieses Recht auf Emissionshandel ist jedoch ein Kernpunkt des Kyoto-Protokolls. Es geht von der Erwartung aus, dass ökologische Probleme mit den Mittel der Ökonomie gelöst werden können. Wie zum Beispiel der offenbar ungebremste Anstieg des Kohlendioxidgehalts zeigt, greifen diese Mittel nicht, die Probleme werden nur aufgeschoben und verschoben.
Das Ganze erinnert an einen globalen Kuhhandel – oder besser Schweinehandel. Ein japanischer Elektrizitätserzeuger kann zum Beispiel bei einem chilenischen Schweinemäster, der Unmengen von Methan in die Atmosphäre entlässt, billig Emissionsrechte erwerben und dann auf die Stromkosten umschlagen.

Während sich im Dezember 2004 die Gegend um das finnische Joensuu tief verschneit präsentierte, ist 2006 im gleichen Zeitraum noch keine Flocke gefallen. Zufall? Wohl nicht. Strenge Winter könnten selbst im hohen Norden Europas bald der Vergangenheit angehören.

Können wir die Klimakatastrophe aufhalten?

Erneuerbare Energien – der aktuelle Stand

Der Natur ist es in den Jahrmilliarden der Erdgeschichte gelungen, mit der zur Verfügung stehenden Energie sparsam umzugehen, und hat darüber hinaus sogar noch in Form fossiler Energieträger ein Depot für Notzeiten angelegt. Dieses Depot wird jedoch vom Menschen hemmungslos ausgeplündert. Ressourcen, die in Jahrmillionen angespart wurden, werden in wenigen Jahrzehnten, allenfalls Jahrhunderten aufgezehrt sein. Die Nutzung sogenannter alternativer, erneuerbarer Energien dient deshalb nicht nur dem Schutz des Klimas, sondern auch der Zukunft der Menschheit insgesamt.

Den Teufel mit dem Beelzebub austreiben?

25. April 1986, kurz nach 1 Uhr Ortszeit: Im Kernkraftwerk Tschernobyl in der Ukraine nimmt eine der schwersten Umweltkatastrophen seit Menschengedenken ihren Anfang. Bei einem Experiment gerät der Reaktor außer Kontrolle, es kommt zum nuklearen „Super-GAU", durch den weite Teile der nördlichen Erdhalbkugel radioaktiv verseucht werden.

Die Katastrophe und ihre ungezählten Todesopfer sind nicht vergessen. Doch angesichts der Umwelt- und Klimaprobleme, die von herkömmlichen Kohle-, Erdöl- und Erdgaskraftwerken ausgehen, wird das „kleinere Übel" Kernkraft anscheinend wieder attraktiv. Bis die Welt nochmals knapp einer Katastrophe entkommt oder von ihr getroffen wird – in Schweden, den USA oder irgendwo anders auf diesem Planeten.

Keine Patentrezepte

Erneuerbare Energie wird aus Biomasse, Wasser, Wind, Sonne und Erdwärme gewonnen. Auch wenn bei diesen quasi unerschöpflichen Quellen die Vorteile überwiegen, sind sie nicht unbedingt unbedenklich.

Die Biomasse, das hauptsächlich von Pflanzen produzierte organische Material, liefert den Löwenanteil erneuerbarer Energien. Allerdings entstehen bei der Verbrennung von Biomasse auch Schadstoffe wie Ruß, Feinstaub und nicht zuletzt Kohlendioxid. Außerdem werden für die Produktion von Biotreibstoffen beispielsweise in Asien oder Südamerika in großem Stil Regenwälder gerodet.

Die zweitwichtigste erneuerbare Energiequelle ist die Wasserkraft. Sie trägt in manchen Ländern – so in Norwegen – die Hauptlast der Energieversorgung, erzeugt aber durch das Aufstauen von Flüssen und Bächen auch massive Umweltprobleme. Mit Windrädern wird derzeit innerhalb der EU weniger als ein halbes Prozent des Energiebedarfs gedeckt. Allerdings ist angesichts der naturgemäß stark schwankenden Erträge umstritten, ob der Bau einer modernen Windkraftanlage die Energiebilanz nicht eher be- als entlastet. Darüber hinaus stören sich viele Zeitgenossen an der „Verspargelung" der Landschaft. Sonnenenergie und Erdwärme schließlich haben bis heute nur einen sehr geringen Anteil an der Energieversorgung, lediglich in Zehntel Prozentpunkten zu beziffern.

Kühne Ziele

Euphorisch ließ Großbritanniens Premierminister Tony Blair nach dem EU-Gipfel im März 2007 die Presse wissen, dass „wir eine Reihe wegweisender und kühner Ziele beschlossen haben, die Europa eine weltweite Führungsrolle im Klimaschutz zuweisen". Zu diesen kühnen Zielen gehört etwa die Verringerung des Ausstoßes von Treibhausgasen bis 2020 um 20 Prozent gegenüber den Werten von 1990. Oder die Steigerung des Anteils erneuerbarer Energien am Energiemix auf etwa ein Fünftel. Oder die Erhöhung des Anteils von Biotreibstoff auf mindestens ein Zehntel im gleichen Zeitraum. Oder die Senkung des Energieverbrauchs um ein Fünftel. Jetzt müssen den Worten Taten folgen.

Zumindest in puncto Windenergie hat die Erderwärmung auch positive Folgen: Durch den Temperaturanstieg in der Atmosphäre dürften in vielen Regionen auch die Windstärken zunehmen.

Wie kann der Einzelne zum Klimaschutz beitragen?

Klimabewusstes Verhalten im Kleinen

Der Schutz der Umwelt im Allgemeinen und des Klimas im Speziellen beginnt beim „Kleinen Mann" – und endet offenbar gleich dahinter wieder. Der Verbraucher wird durch Ökosteuern der verschiedensten Art belastet, während die Wirtschaft, die mit ihren Emissionen das Klimasystem arg strapaziert, oft den Verlust von Arbeitsplätzen in die Waagschale wirft und so Ausnahmeregeln und Vergünstigungen erhält. Trotzdem kann und sollte jeder seinen Beitrag zum Klimaschutz leisten.

Mit Vollgas in die Klimakatastrophe

In der Schweiz ist der Energieverbrauch je Einwohner kaum halb so groß wie in den USA. Haben die Eidgenossen deswegen auch einen entsprechend geringeren Lebensstandard? Gewiss nicht. Konsequente Energieeinsparung muss eben nicht zwangsläufig mit unangenehmen Verzichten verbunden sein.

Auch wenn der Vergleich von Ländern und Volkswirtschaften freilich immer problematisch ist, ändert dies nichts daran, dass welt- und europaweit besonders dringender Bedarf zur Energieeinsparung in den Privathaushalten besteht. Rund 30 Prozent der zur Verfügung gestellten Endenergie wird zum Beispiel in Deutschland von privaten Haushalten aufgezehrt. Die Beheizung der Räume und die Warmwasserbereitung verschlingt in Privathaushalten im Allgemeinen den weitaus größten Teil der eingesetzten Energie: Etwa drei Viertel des gesamten Energieverbrauchs entfallen auf die Heizung, ein weiteres Zehntel muss für den Warmwasserbedarf aufgewendet werden. Dagegen entfällt auf Haushaltsgeräte, die Kommunikations- und Informationstechnik sowie elektrisch betriebene Beleuchtung mit nur rund zehn Prozent des gesamten Energieverbrauchs deutscher Privathaushalte ein vergleichsweise geringer Anteil. Da jedoch die Elektrizität eine recht teure Form der Energie ist, machen sich auch hier Maßnahmen der Energieeinsparung rasch bezahlt. Gleiches gilt für den Sektor Verkehr, der seit 1990 als Energieverbraucher in den meisten Ländern Mitteleuropas die Industrie überflügelt hat und etwa gleichauf mit den Privathaushalten liegt. Ein Tempolimit auf allen Straßen wäre vielleicht nicht die populärste, aber sicher nicht die schlechteste Lösung.

Energieverschwender und Energiereserven

Auf die 30 Nationen der OECD verteilen sich allein über 50 Prozent des weltweiten Verbrauchs von Primärenergie. Je entwickelter eine Nation, desto mehr – und bedenkenloser – wird Energie verschwendet. Doch so lange die westliche Welt nichts in ihrem eigenen Energiehaushalt ändert, kann sie dies kaum von Schwellen- und Entwicklungsländern einfordern. Klimapolitische Vorreiter müssen folgerichtig in erster Linie die modernen Industriestaaten sein.

Und das im eigenen Interesse: Die Vorräte an fossilen Brennstoffen wie Kohle, Erdöl oder Erdgas sind nicht unbegrenzt. Bei gleichbleibender Jahresförderung würden zum Beispiel die derzeit bestätigten Erdölreserven weltweit insgesamt noch ungefähr 45 Jahre reichen.

Diät – einmal anders

Der Klimaschutz beginnt auf dem Teller. Und dabei können mehr Kilokalorien Energie eingespart werden als bei der strengsten Diät. Mit der richtigen Wahl der Lebensmittel leistet man einen wirkungsvollen Beitrag zum Klimaschutz, etwa indem man Produkte bevorzugt, die keine langen Transportwege hinter sich haben. „Öko-Tomaten" aus Südafrika verdienen das Prädikat „Öko" nicht, da auf ihrem Transport nach Europa maßlos Energie verschwendet wird, ebenso wie bei der Produktion von Obst und Gemüse in Treibhäusern – vom Geschmack der Retortenprodukte ganz zu schweigen.

Seit Juni 2007 produziert die Solaranlage „Nevada Solar One" Strom für rund 40 000 Haushalte. Auch in Deutschland haben die Verbraucher inzwischen vielerorts die Wahl, ob sie Engerie aus erneuerbaren Quellen beziehen möchten.

Glossar

Altweibersommer
Warm-trockenes Wetter mit zum Teil sommerlichen Temperaturen in den Monaten September und Oktober. Verantwortlich dafür ist ein stabiles Hoch über Mitteleuropa.

Äquatoriale Tiefdruckrinne
Luftdruckgürtel der abhängig von den Jahreszeiten polwärts bis jeweils zum 30. Breitengrad wandert. Merkmale sind aufsteigende Luftmassen, Quellbewölkung und zum Teil große Niederschlagsmengen.

Atmosphäre
Lufthülle um die Erde. Sie setzt sich aus mehreren Gasen zusammen, vor allem Stickstoff (78 Prozent) und Sauerstoff (21 Prozent). Der Gehalt des Treibhausgases →Kohlendioxid beträgt derzeit 380 Millionstel Teile (380 ppm); daneben kommen in der Atmosphäre noch einige Edelgase und industriell hergestellte gasfömige Stoffe vor.

Barometer
Messgerät, mit dem der →Luftdruck in der Atmosphäre gemessen wird. Das erste Quecksilber-Barometer entwickelte Evangelista Torricelli im Jahr 1643.

Beaufort-Skala
Von Sir Francis Beaufort Anfang des 19. Jahrhunderts entwickelte Skala, mit der die Windgeschwindigkeit in Windstärken eingeteilt wird (0 = Windstille; 3 = schwache Brise, zwölf bis 19 Kilometer pro Stunde; 6 = Starker Wind, 39 bis 49 Kilometer pro Stunde; 9 = Sturm, 75 bis 88 Kilometer pro Stunde; 12 = Orkan, über 117 Kilometer pro Stunde). Um extrem starke Winde klassifizieren zu können, wurde die Skala um fünf weitere Stufen erweitert (17 = mehr als 200 Kilometer pro Stunde).

Blizzard
Schneesturm, der im engeren Sinn vier Kriterien erfüllt: Windstärken von mindestens sieben Beaufort, Lufttemperaturen unter -7 °C, 25 Zentimeter Neuschnee oder mehr sowie eine Sichtweite von unter 400 Meter.

Blutregen
Regen, der mit feinem Staub aus der Sahara angereichert ist. Mitunter kann er auch über Mitteleuropa niedergehen.

Bodenfrost
Absinken der Lufttemperatur in einer Höhe von fünf Zentimeter über dem Boden unter den Gefrierpunkt. Bei starkem oder länger anhaltendem Frost gefriert auch der Boden selbst, in gemäßigten Breiten ungefähr bis in eine Tiefe von 60 Zentimeter.

Breitenkreis
Kreise, die parallel zum Äquator polwärts alle Punkte auf der Erde mit gleicher geografischer Breite verbinden. Der Äquator liegt auf dem nullten Breitengrad, der Nord- und der Südpol jeweils auf dem 90.

Corioliskraft
Scheinkraft (das heißt, sie setzt die Bewegung eines Körpers voraus), die durch die Erdrotation entsteht. Die Corioliskraft bewirkt eine Ablenkung von Strömungen, und zwar auf der Nordhalbkugel nach rechts und auf der Südhalbkugel nach links. Sie ist unter anderem für die Entstehung der →Passatwinde und der →Wirbelstürme verantwortlich.

Dauerfrostboden
Boden, der bis zu einer Tiefe von 1000 Meter gefroren ist und nur in den Sommermonaten an der Oberfläche auftaut. Er ist vor allem in den Polarregionen zu finden. Auch Permafrost genannt.

Desertifikation
Wüstenbildung beziehungsweise Verwüstung in relativ trockenen Gebieten (zum Beispiel in der Sahelzone). Im Zusammenhang mit lang anhaltenden Dürreperioden sind dafür vor allem zwei Ursachen verantwortlich: Wasserknappheit und Bodenerosion.

Dunst
Trübung der Atmosphäre durch in der Luft schwebende Wassertröpfchen. Die Sichtweite beträgt zwischen einem und acht Kilometer.

Dürre
Lang anhaltende Trockenperiode mit unterdurchschnittlich geringen Niederschlägen.

Eisheilige
Nasskalte Witterungsperiode, bei der kalte Polarluft nach Mitteleuropa strömt. Sie tritt statistisch gehäuft Anfang/Mitte Mai auf und sorgt mitunter nochmals für Schneefälle.

El Niño
Umkehr der Meeresströmungen am Äquator, die sich meist um die Weihnachtzeit ereignet (daher der Name El Niño, spanisch für: Christkind). Statt des kalten Humboldstroms schwappt warmes, nährstoffarmes Wasser an die Westküste Südamerikas. Während El Niño in Peru und Chile ungewöhnlich starke und lang anhaltende Regenfälle bewirkt, kommt es in Australien und Ostafrika zu Dürreperioden und Buschbränden. Das Phänomen beeinflusst darüber hinaus weltweit das Wetter.

Erosion
Vorgang, bei dem der Boden durch Wind- und Wassereinflüsse abgetragen wird. Die flächenhafte Abtragung des Bodens durch Wind wird auch Deflation genannt.

Fluorchlorkohlenwasserstoffe (FCKW)
Industriell hergestellte gasförmige Stoffe, die beim Abbau der Ozonschicht und dem vom Menschen verstärkten →Treibhauseffekt eine entscheidende Rolle spielen. Die chemisch sehr stabilen Substanzen bleiben bis zu 100 Jahre in der Lufthülle erhalten.

Föhn
Warmer, trockener Wind an der windabgewandten Seite der Alpen. Er entsteht, wenn feucht-warme Luft an der Südseite des Gebirges aufsteigt, die Wolken sich abregnen und die Luftmassen sich – durch die Kondensation bedingt – nur um etwa 0,5 °C pro 100 Meter abkühlen. Steigen die nun trockenen Luftmassen an der Nordseite des Gebirges wieder ab, erwärmen sie sich dagegen um cirka 1 °C.

Front
Fronten markieren die Grenzlinien zwischen unterschiedlich temperierten Luftmassen. An den in Wetterkarten durch Halbkreise gekennzeichneten Warmfronten gleitet Warmluft auf die davor liegende Kaltluft. An den durch spitze Zähne gekennzeichneten Kaltfronten schieben sich dagegen kalte unter warme Luftmassen. Während es an Warmfronten häufig zu Dauerregen kommt, sind für Kaltfronten kurze kräftige Schauer typisch.

Frosttag
Tag, an dem die Höchsttemperatur nicht den Gefrierpunkt erreicht.

Gefühlte Temperatur
Die vom Menschen wahrgenommene Temperatur, die zum Teil erheblich von der eigentlichen Lufttemperatur abweichen kann. Faktoren, die die gefühlte Temperatur beeinflussen, sind zum Beispiel die Windstärke und die Luftfeuchtigkeit.

Gemäßigte Breiten
Regionen der Erde, die zwischen den Subtropen und den Polarkreisen liegen. Auf der Nordhalbkugel entspricht dies grob den Gebieten zwischen dem 40. und 66. Breitenkreis, auf der Südhalbkugel einigen Gebieten in Patagonien, Südaustralien und Neuseeland. Die gemäßigten Breiten sind der warmgemäßigten und der kaltgemäßigten Klimazone zuzuordnen.

Gewitter
Entladung zwischen elektrisch positiv und negativ geladenen Feldern innerhalb der Erdatmosphäre und/oder der Erdoberfläche. Die sichtbaren Funküberschläge (Blitze) erzeugen Donner, die durch sich explosionsartig ausdehnende Luft entstehen. Gewitter entstehen in kilometerhohen Wolkentürmen und werden oft von Starkregen begleitet.

Globale Erwärmung
Wiederkehrende Epoche eines weltweiten Anstiegs der Durchschnittstemperaturen. Seit Ende des 19. Jahrhunderts sind die

Mitteltemperaturen um zirka 0,3 bis 0,6 °C gestiegen. Durch den anthropogenen →Treibhauseffekt beschleunigt sich der Prozess, schlimmstenfalls wird der Temperaturanstieg Ende des 21. Jahrhunderts mehrere Grad betragen.

Hadley-Zelle
Nach George Hadley benanntes Zirkulationssystem beiderseits des Äquators: Die von der Sonne erhitzten Luftmassen steigen über der äquatorialen Zone auf und bilden in der Höhe ein Hoch. Die Luft strömt daher polwärts, bis sie etwa über den Wendekreisen gestaut wird, wieder abkühlt und sinkt. Nun kommt es am Boden zu einem Hoch, weshalb die Luftmassen als →Passat wieder in die Tiefdruckrinne am Äquator wehen.

Hagel
Niederschlag, der aus durchschnittlich fünf bis 15 Millimeter, mitunter jedoch noch größeren Eisklumpen besteht. Er entsteht, wenn unterkühltes Wasser (Wasser, das eine Temperatur unter dem Gefrierpunkt aufweist) schlagartig um einen Kristallisationskern herum schalenartig anfriert (→Kondensation).

Hektopascal
Maßeinheit für den →Luftdruck, benannt nach dem französischen Naturwissenschaftler Blaise Pascal. Abkürzung: hPa.

Hochdruckgebiet
Ein Gebiet in der Atmosphäre, in dem ein im Vergleich zur Umgebung höherer Luftdruck (meist mehr als 1013 →Hektopascal) existiert. Hochdruckgebiete entstehen durch die Abkühlung (Kältehoch) oder dem Zusammenströmen von Luftmassen.

Hundstage
Bezeichnung für die gewöhnlicherweise heißeste Witterungsperiode in unseren Breiten zwischen Ende Juli und Ende August. Der Name leitet sich von dem Stern Sirius (Hundsstern) ab, der zum Zeitpunkt der Namensgebung der Hundstage vom 24. Juli bis zum 23. August gleichzeitig mit der Sonne aufging.

Hygrometer
Messgerät, mit dem der Anteil des Wasserdampfes in der Atmosphäre (→Luftfeuchtigkeit) gemessen wird.

Inversionswetterlage
Umkehr des normalen Temperaturverlaufs zur Höhe hin, bei der eine Sperrschicht kalte Luft in den Tälern von warmer Luft auf den Gipfeln trennt. Die Sperrschichten entstehen in der Regel nur bei ruhigem Hochdruckwetter.

Isobaren
Die Isobaren verbinden in Wetterkarten die Orte mit dem gleichen Luftdruck und stellen so die großräumige Druckverteilung am Erdboden oder in höheren Etagen der Atmosphäre dar. Sie werden normalerweise in Abständen von fünf →Hektopascal gezogen.

Klima
Das Klima beschreibt den mittleren Zustand der →Atmosphäre und den durchschnittlichen Ablauf der Witterung innerhalb eines Jahres an einem bestimmten Ort. Für ein zutreffendes Klimabild erheben Klimaforscher Durchschnittswerte für die diversen Wetterbausteine über einen Zeitraum von drei Jahrzehnten. Der letzte Referenzzeitraum des Deutschen Wetterdienstes dauerte von 1961 bis 1990.

Klimazonen
Großräumiges Gebiet der Erde, in dem ähnliches oder gleiches Klima herrscht. Unterschieden wird gängigerweise in Polargebiete, gemäßigte Breiten, Subtropen und Tropen.

Kohlendioxid (CO_2)
Geruchlose chemische Verbindung aus Kohlenstoff und Sauerstoff, die in gasförmigem Zustand in der irdischen Atmosphäre vorkommt. Kohlendioxid entsteht bei der Verbrennung von kohlenstoffhaltigen Substanzen (fossilen Brennstoffen wie Erdöl oder -gas) beziehungsweise bei der Atmung und wird von Pflanzen beim Prozess der Photosynthese in Sauerstoff umgewandelt. Koh-

lendioxid ist ein Treibhausgas (→Treibhauseffekt), dessen Vorkommen in der Luft nur gering, in den letzten Jahrzehnten durch Emissionen aber stark gestiegen ist.

Kondensation
Auch Verdichtung genannter Prozess, bei dem sich Wasser vom gasförmigen in den flüssigen Aggregatzustand verwandelt. Die Kondensation setzt in der Regel ein, wenn die Luft mit Wasserdampf gesättigt ist, also eine relative →Luftfeuchtigkeit von 100 Prozent erreicht hat (Kondensationspunkt). Sogenannte Kondensationskerne oder -keime erleichtern oder fördern diesen Prozess. Dabei handelt es sich um winzige Schwebeteilchen in der Luft, also zum Beispiel Staub, Ruß oder Aerosole.

La Niña
Gegenstück zu El Niño, bei dem besonders kalte Meeresströmungen an die Westküste Südamerikas schwappen. Die Folge sind besonders ausgeprägte Trockenperioden in Chile und Peru sowie überdurchschnittliche Niederschläge über Ostaustralien und Südostasien. Schwach ausgeprägte La-Niña-Jahre beschreiben den Regelfall.

Luftdruck
Gewicht der Luftsäule in der Atmosphäre, das auf der Erdoberfläche lastet. Der standardisierte Normalluftdruck beträgt auf Meeresniveau 1013 →Hektopascal; je 100 Höhenmeter nimmt er in der Regel um 13 Hektopascal ab.

Luftfeuchtigkeit
Die Luftfeuchtigkeit entspricht dem Wasserdampfgehalt der Luft. Warme Luft kann mehr Wasserdampf aufnehmen als kalte. Die Luftfeuchtigkeit wird in absoluten und relativen Werten – das heißt in Gramm pro Kubikmeter Luft oder in Prozent – angegeben: Ein Kubikmeter Luft kann bei einer Temperatur von 10 °C maximal 9,4 Gramm Wasserdampf enthalten. Wird dieser Maximalwert erreicht, herrscht also eine absolute Luftfeuchtigkeit von 100 Prozent.

Monsun
Windsysteme, die ihre vorherrschende Windrichtung im Lauf der Jahreszeiten um mindestens 120 Grad ändern. Das bekannteste Monsungebiet liegt über Südasien: Während im Winter ein kräftiges Hochdruckgebiet kühl-trockene Winde über den Himalaya schaufelt, saugt im Sommer ein Hitzetief über dem indischen Subkontinent feucht-warme Luft an und sorgt so für gewittrige Regengüsse.

Nebel
Trübung der Atmosphäre durch in der Luft schwebende Wassertröpfchen. Die Sichtweite beträgt unter einem Kilometer.

Ozon (O_3)
Dreiatomige Form des Sauerstoffs, die unter dem Einfluss der energiereichen ultravioletten Strahlung der Sonne aus atmosphärischem Sauerstoff (O_2) entsteht. In 20 bis 50 Kilometer Höhe bildet Ozon die Ozonschicht, die weitestgehend die gefährliche UV-B-Strahlung absorbiert und somit die Grundlage für irdisches Leben schafft. Am Boden jedoch gilt es als gefährlicher Luftschadstoff, der besonders im Sommer in hohen Konzentrationen vorkommt (→Smog).

Passat
Wind, der ganzjährig in den unteren Luftschichten der →Hadley-Zelle mit mäßigen Windstärken polwärts weht. Die →Corioliskraft lenkt ihn dabei nach Westen ab, folglich kommt der Passat auf der Nordhalbkugel aus nordöstlicher, auf der Südhalbkugel aus südöstlicher Richtung.

Polare Zone
→Klimazone, die sich jeweils zwischen Nord- und Südpol und den Polarkreisen erstreckt. Auf der Nordhalbkugel sind ihr die Eiswüsten der Arktis sowie die Tundren Skandinaviens, Sibiriens und Alaskas zuzuordnen, auf der Südhalbkugel lediglich die Antarktis.

Polarfront
Grenze zwischen kalten arktischen und warmen subtropischen Luftmassen, in deren

Bereich Teifdruckgebiete entstehen. Die Polarfront verschiebt sich auf der Nordhalbkugel mit den Jahreszeiten zwischen dem 40. und 70. Breitengrad und ist damit die Hauptursache für das Klima der gemäßigten Breiten.

Raureif
Fester Niederschlag, auch Nebelfrost genannt. Er entsteht bei Temperaturen deutlich unter 0 °C, wenn winzige Wassertropfen in der Luft gegen die Erdoberfläche oder gegen Gegenstände getrieben werden und dort gefrieren.

Regenbogen
Atmosphärische Leuchterscheinung, bei der einfallende Lichtstrahlen durch fallende Wassertropfen abgelenkt beziehungsweise gebrochen werden, wobei das weiße Licht in seine Spektralfarben zerlegt wird.

Reif
Wasserdampfniederschlag, der entsteht, wenn der Wasserdampf auf unterkühlten Wiesen und anderen Oberflächen kondensiert (→Tau) und hier gefriert.

Schnee
Form eines festen Niederschlags, der durch Gefrieren von unterkühltem Wasser oder Anlagerung von Wasserdampf an einem Eiskern entsteht. Schneeflocken setzen sich aus Eisplättchen und -nadeln sowie vor allem aus sternförmigen Kristallen zusammen.

Siebenschläfertag
27. Juni (nach der Gregorianischen Kalenderreform 10. Juli). Einer Bauernregel zufolge soll Regen an diesem Tag auf eine siebenwöchige Schlechwetterperiode hindeuten. Allerdings lässt sich die Regel statistisch nur bedingt belegen, für gewöhnlich sind allenfalls Trendaussagen für zwei bis drei Wochen möglich.

Smog
Extreme Form der Luftverschmutzung, deren Bezeichnung sich von den englischen Wörtern „smoke" (Rauch) und „fog" (Nebel) ableitet. Die hohen Schadstoffkonzentrationen des Winter-Smogs (London-Typ) sind eine Folge austauscharmer feucht-kalter Luftmassen. Der Sommer-Smog (Los-Angeles-Typ) entsteht dagegen bei austauscharmen und strahlungsintensiven Hochdruckwetterlagen, bei denen das Sonnenlicht Sauerstoff in gesundheitsschädliches →Ozon umwandelt.

Sommertag
Tag mit einer Höchsttemperatur von mindestens 25 °C.

Subtropen
Klimazone zwischen den →gemäßigten Breiten und den →Tropen. Die Subtropen erstrecken sich auf der Nord- und Südhalbkugel jeweils zwischen den Wendekreisen und dem 40. Breitengrad. Es wird zwischen trockenen, winterfeuchten und immerfeuchten Subtropen unterschieden.

Tau
Zu Wassertröpfchen kondensierter Wasserdampf, der sich an der Erdoberfläche, Pflanzen und Gegenständen niederschlägt. Tau entsteht, wenn sich Luft abkühlt und dadurch weniger Wasserdampf aufnehmen kann.

Thermometer
Messgerät, mit dem die Lufttemperatur gemessen wird.

Tiefdruckgebiet
Ein Gebiet in der Atmosphäre, in dem ein im Vergleich zur Umgebung geringer Luftdruck (meist mehr als1013 →Hektopascal) existiert. Tiefdruckgebiete entstehen durch Sonneneinstrahlung (Hitzetief) oder dem Auseinanderfließen von Luftmassen.

Tornado
Kleinräumiger Wirbelsturm, auch Windhose genannt. Tornados benötigen zu ihrer Entstehung drei Voraussetzungen: ausreichend Wasserdampf, labile Luftschichtungen in der unteren Atmosphäre und einen äußeren Drehimpuls – beispielsweise durch die starke

Zunahme der Windgeschwindigkeit zur Höhe hin. Die charakteristischen Rüssel der Tornados haben einen Durchmesser von zehn bis 100 Meter und erreichen Windgeschwindigkeiten von bis zu 500 Kilometer pro Stunde.

Treibhauseffekt
Effekt, bei der ein Teil der Wärmeabstrahlung der Erde durch sogenannte Treibhausgase in der Atmosphäre – unter anderem Kohlendioxid, Methan, Lachgas, Ozon sowie schwefel- und flourhaltige Gase – aufgenommen wird. Der natürliche Treibhauseffekt bildet eine Grundvoraussetzung für das irdische Leben. Der vom Menschen verstärkte – anthropogene – Treibhauseffekt, unter anderem bedingt durch die Verbrennung fossiler Brennstoffe, beschleunigt jedoch die Globale Erwärmung.

Tropen
Klimazone, die sich beiderseits des Äquators jeweils bis zu den Wendekreisen erstreckt. In Äquatornähe herrscht das immerfeuchte Regenwaldklima mit ganzjährig konstanten Durchschnittstemperaturen und jährlichen Niederschlagsmengen von bis zu 10 000 Liter pro Quadratmeter. Zu den Wendekreisen hin nehmen die Niederschläge ab (wechselfeuchte beziehungsweise trockene Tropen).

Troposphäre
Unterstes Stockwerk der Erdatmosphäre, in der sich fast alle Wettervorgänge abspielen. Nach oben hin fällt die Temperatur der Troposphäre auf –45 bis –75 °C, in acht bis 18 Kilometer Höhe wird sie durch die Tropopause begrenzt.

Verdunstung
Bei der Verdunstung geht flüssiges Wasser in gasförmigen →Wasserdampf über. Die Verdunstung wirkt überall dort, wo Wasser zur Verfügung steht und ist nicht an eine bestimmte Temperatur gebunden. Allerdings kann warme Luft deutlich mehr Wasserdampf aufnehmen als kalte. Bei der Verdunstung wird der Luft Energie (also Wärme) entzogen, wodurch die Verdunstungskälte entsteht.

Wasserdampf
Gasförmiges Wasser, das in der Luft enthalten ist (→Verdunstung).

Wetter
Zustand der Atmosphäre zu einem bestimmten Zeitpunkt und an einem bestimmten Ort. Ein Wetter hat eine Dauer von wenigen Stunden bis maximal einen Tag (→Witterung, →Klima).

Wind
Luftmassenbewegungen in der →Atmosphäre. Winde entstehen durch Druck und Dichteunterschiede, werden vor allem durch die →Corioliskraft von ihrem kürzesten Weg abgelenkt und in bodennahen Schichten durch Reibung gebremst.

Wirbelsturm
Ein sich um die eigene Achse drehendes Windsystem, das über den warmen Meeren der →Tropen entsteht (die Wassertemperatur muss mindestens ungefähr 27 °C betragen). Ihre Energie, die Windstärken von bis über 250 Kilometer pro Stunde bewirkt, beziehen die Wirbelstürme aus der Kondensation des an der Wasseroberfläche durch Verdunstung entstandenen Wasserdampfs. Tropische Wirbelstürme werden in Nord- und Mittelamerika Hurrikans genannt, in Ostasien Taifune, auf den Philippinen Baguios, in Südasien Zyklone und in Australien Willy-Willy.

Witterung
Durchschnittlicher oder auch vorherrschender Ablauf des →Wetters innerhalb einiger Tage bis zu ganzen Jahreszeiten.

Wolke
Gebilde aus Wassertröpfchen und/oder Eiskristallen, die durch die Kondensation von Wasserdampf entstehen. Unterschieden werden sie nach der Höhe ihrer Untergrenzen in tiefe Wolken (bis zwei Kilometer), mittelhohe Wolken (zwei bis sieben Kilometer), hohe Wolken (sieben bis 13 Kilometer) und Wolken, die sich über alle drei Wolkenstockwerke erstrecken.

Zeittafel

um 500 v. Chr. Der griechische Philosoph **Parmenides von Elea** (um 540–um 470) teilt die damals bekannte Welt in drei Klimazonen auf.

um 400 v. Chr. Der griechische Arzt **Hippokrates** (um 460–375) widmet sich in „Über den Einfluss der Umwelt auf die Gesundheit“ auch ausführlich meteorologischen Fragen.

um 340 v. Chr. **Aristoteles** (384–322) sammelt in seiner Schrift „Meteorologica“ das damalige Wissen über das Wetter und verwendet erstmals den Begriff „Meteorologie“.

300 v. Chr. Der griechische Philosoph **Theoprast** liefert in der Schrift „Vom Winde“ eine Theorie für die Entstehung von Winden.

um 140 Der griechische Naturforscher **Claudius Ptolemäus** gliedert die Erde anhand der Tageslänge in sieben Klimazonen.

um 1000 Der arabische Gelehrte **Alhazen** wendet erstmals das Gesetz über die Brechung von Licht auf die Lufthülle an und errechnet anhand der Beobachtung von Sonnenuntergängen die Höhe der Atmosphäre.

1337–1344 In England werden die **ersten tagebuchartigen Wetteraufzeichnungen** geführt.

1450 Der deutsche Kardinal **Nicolaus von Cusa** entwickelt das erste Hygrometer, das mittels einer feinen Waage den sich verändernden Feuchtigkeitsgehalt eines Wollknäuels misst. Zeitgleich baut **Leon Alberti** das erste Anemometer zum Messen des Windes.

1592 **Galileo Galilei** entwickelt das Prinzip der Temperaturmessung, nach dem sich das Luftvolumen abhängig von der Temperatur verändert.

1634 Der italienische Mathematiker **Evangelista Torricelli** erfindet das erste Quecksilber-Barometer und weist den Luftdruck nach.

1714 Der deutsche Physiker **Daniel Gabriel Fahrenheit** baut das erste Quecksilber-Thermometer, das präzise Temperaturmessungen ermöglicht. Zudem führt er die nach ihm benannte Temperaturskala ein.

1735	Der Engländer **George Hadley** erklärt die Entstehung der Passatwinde.
1742	Der schwedische Astronom **Anders Celsius** führt eine neue, nach ihm benannte Temperaturskala ein und legt den Gefrierpunkt von Wasser als deren Nullpunkt fest.
1803	Der britische Fabrikant **Luke Howard** teilt Wolken nach wissenschaftlichen Kriterien ein.
1806	Der britische Admiral **Sir Francis Beaufort** entwirft die nach ihm benannte Skala zur Einteilung der Windgeschwindigkeit.
1816	Der deutsche Physiker **Heinrich Wilhelm Brandes** entwirft anhand großräumiger Beobachtungen die ersten synoptischen Wetterkarten.
1817	Der deutsche Gelehrte **Alexander von Humboldt** legt die erste Weltkarte mit den durchschnittlichen Temperaturen vor.
1844	Der französische Physiker **Gaspard Gustave Coriolis** beschreibt die nach ihm benannte Kraft, die die Ablenkung sich bewegender Luftmassen bewirkt.
1876	Die **Deutsche Seewarte** veröffentlicht die erste amtliche Wettervorhersage in Deutschland.
1913	Die französischen Physiker **Charles Fabry** und **Henri Buisson** entdecken die Ozonschicht.
1922	Der britische Mathematiker Lewis Fry Richardson erstellt Wettervorhersagen anhand mathematischer Modelle.
1925	Erstmals werden von **Flugzeugen** aus meteorologische Daten systematisch gesammelt.
1928	Mit **Radiosonden** werden zum ersten Mal die oberen Schichten der Atmosphäre erkundet.
1950	Wetterprognosen werden mithilfe von **ENIAC**, dem ersten Wettercomputer der Welt, errechnet.
1951	**TIROS I,** der erste Wettersatellit, erreicht seine Umlaufbahn.
1977	Der erste europäische Wettersatellit der Reihe **METEOSAT** nimmt seine Arbeit auf.
1997	Das **Kyoto-Protokoll** zur Reduzierung des Kohlendioxidausstoßes wird unterschrieben.

Klimatabellen ausgewählter Reiseziele

Bangkok (Thailand) 13°43'N 100°58'E 2 m

J	F	M	A	M	J	J	A	S	O	N	D	Jahr	
26,0	27,8	29,2	30,1	29,7	28,9	28,5	28,4	28,0	27,7	27,0	25,7	28,1	T
32,0	33,0	34,2	34,8	34,2	33,0	32,4	32,2	31,8	31,3	31,0	30,9	32,6	Tmax
20,1	22,6	24,3	25,3	25,1	24,9	24,5	24,5	24,2	24,1	22,9	20,5	23,6	Tmin
9	30	36	82	165	153	168	183	310	239	55	8	1438	N
1	1	3	3	9	10	13	13	15	14	5	1	88	Re

Barrow/Alaska (USA) 71°18'N 156°47'W 7 m

J	F	M	A	M	J	J	A	S	O	N	D	Jahr	
–26,8	–27,9	–25,9	–17,47	–7,6	0,6	3,9	3,3	0,8	8,6	–18,2	–24,0	–12,4	T
–22,8	–24,4	–22,2	–13,9	4,4	3,9	7,8	6,7	1,1	–5,6	–13,9	–20,0	–8,9	Tmax
–30,0	–31,7	–30,0	–22,2	–10,6	–1,7	0,6	0,6	–2,8	–11,1	–20,6	–27,2	–15,6	Tmin
5	4	3	3	3	9	20	23	16	13	6	4	110	N
4	4	3	3	3	4	8	10	9	9	6	4	67	Re

Berlin-Dahlem (Deutschland) 52°28'N 12°18'E 51 m

J	F	M	A	M	J	J	A	S	O	N	D	Jahr	
–0,6	–0,3	3,6	8,7	13,8	17,0	18,5	17,7	13,9	8,9	4,5	1,1	8,9	T
1,7	2,9	7,8	13,5	19,1	22,3	23,8	23,3	19,5	13,0	6,9	3,1	13,1	Tmax
–3,5	–3,1	–0,3	3,8	7,9	11,1	13,3	12,3	9,3	5,3	1,9	–1,4	4,7	Tmin
43	40	31	41	46	62	70	68	46	47	46	41	581	N
17	15	12	13	12	12	14	14	12	14	16	15	166	Re

Colombo (Sri Lanka) 6°54'N 79°52'E 7 m

J	F	M	A	M	J	J	A	S	O	N	D	Jahr	
26,1	26,4	27,2	27,8	28,1	27,2	27,2	27,2	27,2	26,7	26,1	25,9	26,9	T
30,0	30,6	31,1	31,1	30,6	29,4	29,4	29,4	29,4	29,4	29,4	29,4	30,0	Tmax
22,2	22,2	23,3	24,4	25,6	25,0	25,0	25,0	25,0	23,9	22,8	22,2	23,9	Tmin
89	69	147	231	371	224	135	109	160	348	315	147	2345	N
7	6	8	14	19	18	12	11	13	19	16	10	152	Re

T	Mitteltemperatur in °C
Tmax	Mittlere Maximaltemperatur in °C
Tmin	Mittlere Minimaltemperatur in °C
N	Mittlere Niederschlagssumme in mm
Re	Mittlere Anzahl der Regentage

Darwin (Australien) 12°28'S 130°51'E 30 m

J	F	M	A	M	J	J	A	S	O	N	D	Jahr	
28,7	28,6	28,7	28,8	27,4	25,8	25,1	26,2	28,1	29,4	29,8	29,4	28,0	T
32,2	32,2	32,8	33,3	32,8	31,1	30,6	31,7	32,8	33,9	34,4	33,3	32,8	Tmax
25,0	25,0	25,0	24,4	22,8	20,6	19,4	21,1	23,3	25,0	25,6	25,6	23,2	Tmin
411	314	284	78	8	2	<1	1	15	49	110	218	1330	N
20	18	17	6	1	1	<1	<1	2	5	10	15	95	Re

Delhi (Indien) 28°35'N 77°12'E 218 m

J	F	M	A	M	J	J	A	S	O	N	D	Jahr	
13,9	16,7	22,5	28,1	33,3	33,6	31,4	30,0	28,9	26,1	20,0	15,3	25,0	T
21,1	23,9	30,6	36,1	40,6	38,9	35,6	33,9	33,9	33,9	28,9	22,8	31,7	Tmax
6,7	9,4	14,4	20,0	26,1	28,3	27,2	26,1	23,9	18,3	11,1	7,8	18,9	Tmin
23	18	13	8	13	74	180	173	117	10	3	10	642	N
2	2	1	1	2	4	8	8	4	1	<1	1	35	Re

Honolulu/Hawaii (USA) 21°19'N 157°52'W 10 m

J	F	M	A	M	J	J	A	S	O	N	D	Jahr	
22,5	21,9	22,2	22,8	23,9	24,7	25,3	25,9	25,9	25,0	23,9	23,0	23,9	T
24,4	24,4	25,0	25,6	26,7	27,2	27,8	28,3	28,3	27,8	26,7	25,6	26,7	Tmax
20,6	19,4	19,4	20,0	21,1	22,2	22,8	23,3	23,3	22,2	21,1	20,6	21,1	Tmin
104	66	78	48	25	18	23	28	36	48	64	104	643	N
14	11	13	12	11	12	14	13	13	13	13	15	154	Re

Kairo (Ägypten) 30°8'N 31°34'E 95 m

J	F	M	A	M	J	J	A	S	O	N	D	Jahr	
13,3	14,7	17,5	21,1	25,0	27,5	28,3	28,3	26,1	24,1	20,0	15,0	21,7	T
19	21	24	28	33	35	35	35	32	30	26	21	28	Tmax
9	9	11	14	18	20	22	22	20	18	14	10	16	Tmin
4	5	3	1	1	0	0	0	0	1	1	8	24	N
3	2	2	<1	<1	0	0	0	0	<1	<1	3	10	Re

Kapstadt (Südafrika) 33°54'S 18°32'E 17 m

J	F	M	A	M	J	J	A	S	O	N	D	Jahr	
21,2	21,5	20,3	17,5	15,1	13,4	12,6	13,2	14,5	16,3	18,3	20,1	17,0	T
26	26	25	22	19	18	17	18	19	21	23	25	22	Tmax
16	16	14	12	10	8	7	8	9	11	13	15	12	Tmin
12	8	17	47	84	82	85	71	43	29	17	11	506	N
2	2	3	6	9	9	10	10	7	5	3	2	68	Re

Lhasa (Tibet) 29°40'N 91°7'E 3685 m

J	F	M	A	M	J	J	A	S	O	N	D	Jahr	
−1,7	1,1	4,7	8,1	12,2	16,7	16,4	15,6	19,7	8,9	3,9	0,0	8,8	T
6,7	8,3	11,7	15,6	19,4	23,9	23,3	22,2	21,1	16,7	12,8	8,9	16,1	Tmax
−10,0	−6,7	−2,2	0,6	5,0	9,4	9,4	8,9	7,2	1,1	−5,5	−8,9	0,6	Tmin
2	13	8	5	25	64	122	89	66	13	3	0	410	N
<1	<1	1	<1	3	8	13	10	7	2	<1	0	48	Re

London, Kew (Großbritannien) 51°28'N 0°19'W 5 m

J	F	M	A	M	J	J	A	S	O	N	D	Jahr	
4,3	5,1	6,7	9,4	12,5	16,0	17,7	17,3	14,9	11,1	7,7	5,4	10,7	T
6,3	6,9	10,1	13,3	16,7	20,3	21,8	21,4	18,5	14,2	10,1	7,3	13,9	Tmax
2,2	2,2	3,3	5,5	8,2	11,6	13,5	13,2	11,3	7,9	5,3	3,5	7,3	Tmin
54	40	37	37	46	45	57	59	49	57	64	48	593	N
15	13	11	12	12	11	12	11	13	13	15	15	153	Re

Mexico City (Mexiko) 19°24'N 99°12'W 2485 m

J	F	M	A	M	J	J	A	S	O	N	D	Jahr	
12,2	13,3	16,1	17,8	18,9	18,6	17,2	17,5	17,5	15,6	13,9	12,5	15,9	T
18,9	20,6	23,9	25,0	25,6	24,4	22,8	22,8	23,3	21,1	20,0	18,9	22,2	Tmax
5,6	6,1	8,3	10,6	12,2	12,8	11,7	12,2	11,7	10,0	7,8	6,1	9,4	Tmin
12	5	10	20	53	119	170	152	130	51	18	8	748	N
4	5	9	14	17	21	27	27	23	13	6	4	170	Re

Rio de Janeiro (Brasilien) 22°10'S 43°10'W 31 m

J	F	M	A	M	J	J	A	S	O	N	D	Jahr	
25,1	25,6	24,3	23,6	22,1	21,1	20,2	20,8	21,0	21,8	22,9	22,4	22,7	T
28,9	29,4	28,3	26,7	25,0	24,4	23,9	24,4	23,9	25,0	26,1	27,8	26,1	Tmax
22,8	22,8	22,2	20,6	18,9	17,8	17,2	17,8	18,3	18,9	20,0	21,7	10,0	Tmin
157	125	134	102	63	56	51	40	63	80	92	130	1093	N
12	12	13	11	10	8	7	8	11	12	13	14	131	Re

Rom (Italien) 41°54'N 12°29'E 46 m

J	F	M	A	M	J	J	A	S	O	N	D	Jahr	
6,9	7,7	10,8	13,9	18,1	22,1	24,7	24,5	21,1	16,4	11,7	8,5	15,6	T
11,1	12,6	15,2	18,8	23,4	27,6	30,4	29,8	26,3	21,5	16,1	12,6	20,5	Tmax
4,5	5,4	7,2	9,8	13,3	17,2	19,6	19,4	16,9	12,8	9,3	6,4	11,8	Tmin
76	88	77	72	63	48	14	22	70	128	116	106	874	N
6	6	8	8	6	4	2	2	5	6	8	8	70	Re

Sydney (Australien) 33°51'S 151°31'E 42 m

J	F	M	A	M	J	J	A	S	O	N	D	Jahr	
22,0	21,9	20,8	18,3	15,1	12,8	11,8	13,0	15,2	17,6	19,5	21,1	17,4	T
25,6	25,6	24,4	21,7	18,9	16,1	15,6	17,2	19,4	21,7	23,3	25,0	21,1	Tmax
18,3	18,3	17,2	14,4	11,1	8,9	7,8	8,9	10,6	13,3	15,6	17,2	13,3	Tmin
104	125	129	101	115	141	94	83	72	80	77	86	1205	N
14	13	14	14	13	12	12	11	12	12	12	13	152	Re

Washington/D.C. (USA) 38°51'N 77°3'W 22 m

J	F	M	A	M	J	J	A	S	O	N	D	Jahr	
2,7	3,2	7,1	13,2	18,8	23,4	25,7	24,7	20,9	15,0	8,7	3,4	13,9	T
5,6	6,7	11,7	17,8	23,9	28,3	30,6	28,9	25,6	19,4	12,8	7,2	18,3	Tmax
−2,8	−2,2	1,7	6,7	12,2	17,2	20,0	18,9	15,0	8,9	3,3	−1,7	8,3	Tmin
77	63	82	80	105	82	105	124	97	78	72	71	1036	N
11	8	12	10	12	9	10	10	8	8	8	9	115	Re

Register

L

M

N

O

P

FEUILLES DE ROUTE POUR 23 PLANTES PHARE DU JARDIN

L'ARTICHAUT

Cynara scolymus • **Astéracées** • VIVACE • ○◑

Espacement : 1 m • **Besoins** : sol bien drainé (l'artichaut ne supporte pas l'humidité hivernale)

JANV	FÉV	MARS	AVRIL	MAI	JUIN	JUIL	AOÛT	SEPT	OCT	NOV	DÉC
			✓	✓	✓						
					✓	✓	✓	✓			

Les artichauts sont des fleurs en boutons, que nous consommons avant qu'ils ne s'épanouissent. Ce qui explique que dans le jardinage avec la lune, nous le considérions comme une plante-feuille.

MULTIPLIER ▼

L'artichaut produit chaque année des rejets autour de son pied : les œilletons. Les prélever au couteau ou avec le tranchant de la bêche. Chacun doit être muni d'un « talon », un morceau du pied mère, pourvu de radicelles.

PLANTER ▼

Installer en pleine terre les plants en godets ou les œilletons, par groupe de deux ou trois en les espaçant de 20 cm. Tenir compte de l'envergure de l'artichaut adulte : 1 m.

Dans les terrains très lourds, planter l'artichaut au sommet d'une butte de 20 cm de hauteur.

RÉCOLTER... ▲

... l'artichaut bien mûr, lorsque les écailles du sommet de sa pomme commencent à s'écarter.

Les cueillir avec quelques centimètres de pédoncule.

Certaines variétés, notamment les artichauts violets, se récoltent très jeunes, avant que le « foin » (en fait, les vraies fleurs) n'apparaisse, pour être consommées crues, émincées en fines lanières.

PROTÉGER ▼

Après les premières gelées d'automne, nouer le haut des feuilles de l'artichaut. Recouvrir sa base de terre sur une hauteur de 20 cm puis l'envelopper de feuilles mortes, de fougères sèches ou de paille. Retirer cette protection au mois de mars.

DÉCORATIF PAR SON ENVERGURE ET SON FEUILLAGE ARGENTÉ ET GRAPHIQUE, L'ARTICHAUT TROUVE SA PLACE AUSSI BIEN EN BORDURE DE POTAGER QUE DANS LES MASSIFS DE FLEURS.

L'AUBERGINE

Solanum melongena • **Solanacées** • ANNUELLE • ○
• **Espacement** : 1 m • **Besoins** : une longue période de chaleur !

JANV	FÉV	MARS	AVRIL	MAI	JUIN	JUIL	AOÛT	SEPT	OCT	NOV	DÉC
Semer	Semer	Semer									
			Planter	Planter	Planter						
						Récolter	Récolter	Récolter	Récolter		

À savoir pour réussir sa culture : l'aubergine est une plante arbustive frileuse qui prend tout son temps pour s'installer et fructifier. À chouchouter donc.

SEMER ▲

… les graines à chaud (20-25 °C), dans des caissettes, en les espaçant de 2 à 3 cm. La levée est rapide : de quatre à huit jours.

REPIQUER ▼

… en godets les plants munis de 5-6 feuilles puis au besoin jusqu'à la plantation : les racines ne doivent pas former de feutrage le long de la paroi de leur contenant.

PLANTER ▼

… lorsque tout risque de gelées est passé.

TAILLER ▼

… pour avancer la récolte. Pincer l'extrémité de la tige principale dès qu'apparaissent les deux premières fleurs. Faire de même sur les ramifications engendrées par la taille en laissant une feuille « tire-sève » au-dessus de la paire de fleurs.

RÉCOLTER ▲

Lorsqu'elle est mûre, l'aubergine a un épiderme brun et sa chair est encombrée de graines dures. Cueillir les fruits lorsque leur calice commence à s'entrouvrir, que leur peau a atteint sa coloration maximale mais est encore brillante.

À DÉCOUVRIR : LA « PLANTE À ŒUFS »
IL S'AGIT EN FAIT DE LA VARIÉTÉ 'BLANCHE RONDE' AUX PETITS FRUITS RONDS ET BLANCS. TRAPUE ET DE TAILLE BASSE, CETTE AUBERGINE EST PARFAITE POUR LA CULTURE EN BAC.

LA BETTERAVE

Beta vulgaris • Chénopodiacées • BISANNUELLE • ○◑ •
Espacement : 10-15 cm • **Besoins** : un terrain meuble

JANV	FÉV	MARS	AVRIL	MAI	JUIN	JUIL	AOÛT	SEPT	OCT	NOV	DÉC
			✓	✓	✓	✓					
						✓	✓	✓	✓	✓	

Très facile à cultiver, cette « belle de terre » est un des légumes d'hiver indispensables au potager.

DISTINGUER

- **les betteraves d'été**, semées en avril pour être récoltées de juillet à septembre ;
- **les betteraves « de garde »**, semées de mai à juin pour être récoltées à partir d'octobre.

SEMER ▼

… les graines de betterave en ligne (en les mélangeant avec des semences d'aneth, de coriandre…). Éclaircir les plants lorsqu'ils sont dotés de deux à trois vraies feuilles de façon à ne laisser qu'un pied par poquet. Tenter de repiquer les plants arrachés.

LES GRAINES DE BETTERAVE SONT EN FAIT DES « GLOMÉRULES » QUI DONNENT NAISSANCE À PLUSIEURS PLANTS. CE QUI N'EST PAS LE CAS DES VARIÉTÉS « MONOGERMES » ('MONOPOLY', 'MONOGRAM'…) DONT L'ÉCLAIRCISSAGE EST ALORS GRANDEMENT FACILITÉ.

RÉCOLTER ▼

Enfouies dans le sol, les betteraves sont assez résistantes au froid, surtout si on les recouvre d'une épaisse couche de feuilles mortes. Mais la plupart des variétés ont un collet sortant du sol. Dans les régions aux hivers rigoureux, mieux vaut les arracher pour les conserver dans du sable, dans un endroit frais hors-gel (cave, cellier…).

ZOOM SUR LA 'CRAPAUDINE'

C'EST LA PEAU GRISE ET RIDÉE DE SES LONGUES RACINES, ÉVOQUANT CELLE DES BATRACIENS, QUI A DONNÉ SON NOM À CETTE BETTERAVE DE GARDE. BIEN ENTERRÉE, ELLE RÉSISTE BIEN AU FROID. CETTE VARIÉTÉ ANCIENNE SE DISTINGUE SURTOUT PAR LA DÉLICIEUSE SAVEUR DE SA CHAIR.

Bouture · Floraison · Greffe · Planter · Récolter · Semer · Tailler
▲ Lune ascendante ▼ Lune descendante ○ Soleil ◐ Ombre légère ◑ Mi-ombre ● Ombre

LA CAROTTE

Daucus carota • **Apiacées** • BISANNUELLE • ○◐

Espacement: 10 cm • **Besoins**: un terrain meuble

JANV	FÉV	MARS	AVRIL	MAI	JUIN	JUIL	AOÛT	SEPT	OCT	NOV	DÉC
	Semer	Semer	Semer	Semer	Semer	Semer					
			Récolter	Récolter	Récolter	Récolter	Récolter	Récolter	Récolter	Récolter	

Très facile à cultiver et à conserver, la carotte est un légume qui se déguste toute l'année.

GARE À L'EXCÈS!

LA CAROTTE RÉAGIT MAL AUX APPORTS D'AZOTE (ENGRAIS, FUMIER) PENDANT SA CULTURE. LA PLANTE EST PLUS SENSIBLE AUX MALADIES ET RAVAGEURS. SES RACINES SONT DE MOINDRE QUALITÉ NUTRITIONNELLE. ELLES SE CONSERVENT MOINS BIEN. PIRE : ELLES PEUVENT CONCENTRER DES NITRITES AUXQUELS SONT SENSIBLES LES JEUNES ENFANTS.

DISTINGUER

- **les carottes primeurs**: semées en février-mars, elles se récoltent d'avril à juin;
- **les carottes d'été**: semées d'avril à juin, elles se récoltent de juillet à septembre;
- **les carottes de garde**: semées de mai à juillet, elles se récoltent en octobre-novembre.

SEMER ▼

… en place, à la volée sur un rang de 8 cm de largeur. Ou bien en ligne, dans un sillon rempli de sable. Pour faire un semis plus « clair » et limiter la corvée de repiquage, mélanger les graines de carottes à celles de laitue, de radis, d'aneth, de cerfeuil, de coriandre ainsi qu'à du sable, du terreau, du marc de café…

ÉCLAIRCIR ▼

… en retirant les plants en excès dès qu'ils sont dotés de deux-trois feuilles.

VOILER

… les carottes avec un filet anti-insectes pour prévenir les attaques de la mouche du poireau.

RÉCOLTER ▼

Les carottes peuvent rester en pleine terre l'hiver, surtout sous une couche de feuilles sèches. Mais leur maturité passée, les racines peuvent devenir fibreuses et se fendre. Récolter quatre à cinq mois après le semis. Conserver dans du sable, dans un endroit frais (cellier, cave).

LE CHOU POMMÉ

Brassica oleracea • Brassicacées • BISANNUELLE • ○◑●

Espacement : 50 cm

JANV	FÉV	MARS	AVRIL	MAI	JUIN	JUIL	AOÛT	SEPT	OCT	NOV	DÉC
	●	●	●	●	●	●	●	●	●		
			●	●	●	●	●				
●	●	●	●	●	●	●	●	●	●	●	●

Chou cabus aux pommes serrées de feuilles lisses, blanc, vert ou rouge, chou de Milan au feuillage frisé, chou à choucroute… le chou est le roi du potager.

DISTINGUER

À chaque saison, ses variétés de chou !

- **Production printanière** : semis d'août à octobre, plantation d'octobre à novembre, récolte de mars à mai.

- **Production estivale** : semis en février-mars, plantation en avril, récolte en juillet-août.

- **Production printanière** : semis d'août à octobre, plantation d'octobre à novembre, récolte de mars à mai.

- **Production d'automne** : semis de mars à mai, plantation de mai à juillet, récolte d'août à novembre.

Production d'hiver : semis en mai-juin, plantation en juillet-août, récolte de décembre à février.

SEMER ▼

… en pleine terre, en pépinière (sous abri ou non selon la saison).

PLANTER ▼

… huit à dix semaines après le semis quand les plants sont dotés de quatre à cinq feuilles, à 12 cm de profondeur, en enterrant bien la base de la tige.

ARROSER ▲

Jusqu'à ce que sa pomme soit formée, le chou nécessite un arrosage suivi. Pailler le sol autour des pieds ou, mieux, y installer des plantes couvre-sol : trèfle, épinard, mâche…

RÉCOLTER ▲

Les choux peuvent être cueillis dès que leur pomme atteint sa taille maximale. Rustiques, ils se conservent tout l'hiver en pleine terre.

Bouture · Floraison · Greffe · Planter · Récolter · Semer · Tailler
▲ Lune ascendante ▼ Lune descendante ○ Soleil ◐ Ombre légère ◑ Mi-ombre ● Ombre

LE CONCOMBRE (ET LE CORNICHON)

Cucumis sativus • **Cucurbitacées** • ANNUELLE • ○
Espacement : 60 cm • **Besoins :** de la chaleur !

JANV	FÉV	MARS	AVRIL	MAI	JUIN	JUIL	AOÛT	SEPT	OCT	NOV	DÉC
			Semer	Semer	Semer	Semer					
				Planter	Planter	Planter					
						Récolter	Récolter	Récolter	Récolter		

Concombre ou cornichon ? Il s'agit en fait du même légume. Le cornichon résulte simplement d'une sélection au fil des siècles pour fournir des variétés dont les fruits restent petits à maturité.

SEMER ▲

Enfoncer deux ou trois graines à quelques centimètres de profondeur :
- dans des godets remplis de terreau et placés au chaud (16 °C minimum), en avril-mai ;
- en pleine terre dès que les risques de gel sont passés, à partir de la mi-mai généralement.

PLANTER ▼

… en place dès que les plants sont dotés de deux-trois feuilles. Palisser les plantes sur un support vertical pour faciliter la récolte.

CHOUCHOUTER ▼

… en apportant un arrosage très suivi à ces légumes très riches en eau. Pour conserver la fraîcheur du sol, pailler celui-ci, éventuellement en recouvrant la terre autour des pieds avec des pierres plates. Elles délivreront, la nuit, la chaleur emmagasinée la journée.

DE L'AMERTUME DES CONCOMBRES
LA PLUPART DES CONCOMBRES CULTIVÉS AUTREFOIS ÉTAIENT LÉGÈREMENT ÉPINEUX ET CONTENAIENT DE LA CUCURBITACINE, UNE SUBSTANCE AMÈRE. ON L'ÉLIMINAIT EN FAISANT DÉGORGER LES LÉGUMES DANS DU SEL. UNE OPÉRATION INUTILE AUJOURD'HUI : LES VARIÉTÉS ACTUELLES, BIEN LISSES, SONT DÉPOURVUES DE CUCURBITACINE.

RÉCOLTER ▲

… les cornichons tous les jours. Les concombres se cueillent encore immatures : quand ils ont atteint leur taille maximale, mais avant qu'ils ne commencent à jaunir.

LES COURGES

Cucurbita sps **• Cucurbitacées •** ANNUELLE • ○

Espacement : 1 m

JANV	FÉV	MARS	AVRIL	MAI	JUIN	JUIL	AOÛT	SEPT	OCT	NOV	DÉC
			●	●	●						
				●	●						
							●	●	●		

Citrouille, potimarron, courge spaghetti, sucrine du Berry, musquée de Provence… les courges offrent une incroyable diversité de formes, de couleurs et de saveurs. Elles sont aussi prolixes que faciles à cultiver.

DISTINGUER

… les différentes représentantes de ces plantes.

- Les potirons (*Cucurbita maxima*) :
Se rangent dans cette espèce des courges classiques, à la saveur aqueuse typique ('Rouge vif d'Étampes', 'Jaune Gros de Paris', 'Galeux d'Eysines', 'Citrouille de Touraine'…), mais aussi des potirons à la chair ferme, onctueuse. Ainsi les fameux potimarrons, mais aussi 'Buttercup', 'Chestnut Busch'…

- Les petites courges, courges pépins (*Cucurbita pepo*) :
Ces fruits possèdent une chair farineuse, assez sucrée, aux arômes de fruits secs : 'Sweet Dumpling' («patidou»), 'Reine de la table', 'Baby boo'… La courge spaghetti qui fait partie de cette espèce se distingue par sa chair filandreuse qui, après cuisson, évoque à s'y méprendre les longues et fines pâtes.

- Les courges musquées (*Cucurbita moschata*) :
Leur texture hésite entre celle des petites courges et celle des potirons. Leur saveur est assez typée et en général très appréciée. Elles sont représentées par les courges 'Musquée de Provence', 'Butternut' ou encore 'Sucrine du Berry'…

SEMER ▲

- **au chaud** (16 à… 35 °C !), en godet ;

- **en pleine terre**, par poquet de deux-trois graines, quand tout risque de gelées est passé et que le sol est bien réchauffé (juste après la floraison de l'aubépine, du cytise).

PLANTER ▼

… les plants dotés de cinq à six feuilles, avec un espacement qui dépend des variétés, de la nature plus ou moins coureuse de leurs tiges. Certaines peuvent atteindre plus de 2 m de longueur.

RÉCOLTER ▲

… les courges le plus tard possible, juste avant l'arrivée des grands froids, alors que leur feuillage est entièrement desséché et leur pédoncule bien sec. Couper ce dernier

« COURGERAIE »

POURQUOI NE PAS S'INSPIRER DES CULTURES « SUR COUCHE CHAUDE » (UN CHÂSSIS REMPLI ET ENTOURÉ DE FUMIER) DES MARAÎCHERS DU XIXE SIÈCLE ? CETTE TECHNIQUE CONSISTE À CULTIVER LES PLANTS DE COURGES, MELONS, PASTÈQUES ET AUTRES PLANTES FRILEUSES SUR UN TAS DE MATIÈRE ORGANIQUE. ON ENTASSE DU FUMIER (OU DU FOIN, DES DÉCHETS DE LA CUISINE OU DU JARDIN...), ON CREUSE UN TROU D'ENVIRON 20 CM DE PROFONDEUR QUE L'ON REMPLIT DE TERRE DE JARDIN ET ON INSTALLE LE PLANT AU MILIEU, QUE L'ON RECOUVRE D'UNE CLOCHE IMPROVISÉE : LE HAUT D'UNE BOUTEILLE D'EAU MINÉRALE DE 5 L. LA CHALEUR DE CETTE « COUCHE » ORGANIQUE PERMET DE PLANTER SANS ATTENDRE LA FIN DES GELÉES PRINTANIÈRES.

le plus long possible, sous l'attache d'une feuille si possible. Cueillir des courges parfaitement mûres garantit une meilleure conservation mais aussi leur qualité gustative, les sucres continuant alors à se concentrer, à se sublimer pendant leur stockage.

CONSERVER

... à température ambiante, entre 10 °C et 16 °C dans l'idéal. Ce peut être un grenier, un garage, une pièce non chauffée de la maison... Les disposer sur du bois (pour éviter les risques de condensation et donc de pourrissement) en les espaçant. Les courges peuvent ainsi se garder 1 mois à 1 an et plus encore.

LA COURGETTE

Cucurbita pepo • **Cucurbitacées**
ANNUELLE • O • **Espacement : 1 m**

JANV	FÉV	MARS	AVRIL	MAI	JUIN	JUIL	AOÛT	SEPT	OCT	NOV	DÉC
			x	x	x	x					
				x	x	x					
						x	x	x	x		

La courgette est incroyable : plus on la récolte, plus elle fleurit et fructifie ! Elle est si généreuse que deux pieds suffisent pour nourrir une famille tout l'été.

DISTINGUER

La courgette fait partie des « petites courges ». Et si on ne la récolte pas, comme ces dernières, elle grossit, sa chair durcit, son centre est encombré de grosses graines qui deviennent dures. Ce sont les Italiens qui, au XVIIe siècle, eurent l'idée de consommer ces « courges d'été » très jeunes.

SEMER ▲

- **au chaud** (18-20 °C), en avril-mai, en plaçant trois graines dans des godets, sous 3 cm de terre ;

- **en pleine terre,** de mai à juillet par semis successifs, en enterrant des poquets de deux ou trois graines.

PLANTER ▼

… les plants dotés de deux ou trois feuilles dès que les derniers risques de gelées sont passés et lorsque le sol est suffisamment réchauffé (en général juste après la floraison de l'aubépine).

SURVEILLER

… l'arrosage des courgettes, notamment par temps sec. Des dysfonctionnements peuvent apparaître en période de canicule : les courgettes avortent, les fruits à peine formés rabougrissent et pourrissent. Cela passe tout seul, le temps que la plante s'adapte.

RÉCOLTER ▲

… les fruits plus ou moins gros, selon les goûts. Les petites courgettes sont les plus recherchées mais les plus grosses sont parfaites farcies ou en velouté.

L'ÉPINARD

Spinacia oleracea • **Chénopodiacées** • ANNUELLE • ○◐ • **Espacement** : 15 cm •
Besoins : des sols consistants mais bien drainés
L'épinard ne supporte pas la sécheresse qui le fait monter en graine.

JANV	FÉV	MARS	AVRIL	MAI	JUIN	JUIL	AOÛT	SEPT	OCT	NOV	DÉC
	Semer	Semer	Semer	Semer	Semer		Semer	Semer	Semer		
Récolter	Récolter	Récolter	Récolter	Récolter	Récolter	Récolter	Récolter	Récolter	Récolter	Récolter	Récolter

Les peuples arabes surnommaient l'épinard « prince des légumes » tant ils en raffolaient. À cultiver absolument au potager.

DISTINGUER

L'épinard est très sensible à la durée du jour. Se différencient :
- **les variétés d'automne-hiver,** dites « de jours courts » : elles se sèment de la mi-août à octobre pour une récolte de novembre à mars ;
- **les variétés de printemps** : semées en mars-avril, elles se cueillent d'avril à juin ;
- **les variétés d'été** (« de jours longs »), semées d'avril à juin pour une récolte de juin à septembre.

Bien regarder les indications sur le sachet.

SEMER ▲

… en place, sur un sol bien ferme, tassé préalablement avec le dos du râteau. Au printemps, renouveler les semis toutes les deux ou trois semaines.

ÉCLAIRCIR ▼

… les plants dès qu'ils sont dotés de trois ou quatre feuilles (environ dix jours après la levée).

CUEILLIR ▲

… les épinards au fur et à mesure des besoins, en coupant d'abord les feuilles de la périphérie. Sarcler les plants qui montent en graine et les laisser se décomposer sur le sol.

L'ÉPINARD… EN ENGRAIS VERT !
IL PEUT NOTAMMENT ÊTRE CULTIVÉ DANS LES « PASSE-PIEDS », CES ESPACES ENTRE LES PLANCHES DE LÉGUMES. IL COUVRE LE SOL ET LE PROTÈGE DU TASSEMENT, DE L'ÉROSION, DE L'ENHERBEMENT. ET SES RACINES ÉMETTRAIENT UNE SUBSTANCE BÉNÉFIQUE POUR LES PLANTES VOISINES. EN ENGRAIS VERT, L'ÉPINARD SE SÈME À LA VOLÉE À LA DOSE DE 3 À 5 G/M².

LES HARICOTS

Phaseolus vulgaris • **Fabacées** • ANNUELLE • ○

Espacement : 5 cm (en ligne), 35 cm (en poquet) • **Besoins :** un sol chaud

JANV	FÉV	MARS	AVRIL	MAI	JUIN	JUIL	AOÛT	SEPT	OCT	NOV	DÉC
			x	x	x	x	x				
					x	x	x	x	x		

« Verts » ou « à grains », à rames ou nains, variétés anciennes ou nouveautés… le jardinier dispose aujourd'hui d'une grande gamme de haricots.

DISTINGUER ▲

Ce qui différencie les haricots verts des haricots grains ? La présence ou non dans leur gousse d'un « parchemin » (une fine paroi coriace) et de « fils » (de longues fibres dures).

- **Les haricots « à écosser »** ('Coco Rose d'Eyragues', 'Verdelys'…) : les gousses sont encombrées par un parchemin et des fils.

- **Les haricots « filets »** : ils « prennent le fil » très rapidement et doivent donc être récoltés très jeunes.

- **Les haricots « filets sans fil »** ('Oxinel', 'Delinel'…) : les fils encombrent aussi leurs gousses mais bien plus tardivement.

- **Les haricots mange-tout** : les gousses de ces variétés sont dépourvues de parchemin et de fil.

Tous ces types de haricots se déclinent en centaines de variétés à choisir en fonction de la forme et de la couleur des grains (ronds chez le coco, vert chez le flageolet…) ou des gousses (jaunes chez les haricots « beurre », plates, colorées de violet …), de leur qualité gustative, etc.

Important à distinguer : le port des haricots. Ils peuvent être :

- **nains** : ils forment des buissons d'une trentaine de centimètres de hauteur qui ne demandent aucun support ;
- **à rames** : leurs tiges volubiles s'étendent sur plus de 2 m de hauteur et partent à l'assaut de perches que l'on incline les unes vers les autres.

SEMER ▲

… les graines en ligne ou en poquets de 6 à 8 graines. Les enterrer très peu profond (les recouvrir à peine de terre). Un adage affirme que « les haricots doivent voir le jardinier s'en aller ».

Très important : le semis des haricots ne doit avoir lieu que lorsque le sol est suffisamment réchauffé (la floraison des aubépines et des cytises en est généralement un signe). Les graines germent alors en 5 à 8 jours.

BUTTER ▼

… la base des plants avec de la terre lorsque ceux-ci font une dizaine de centimètres de hauteur. Bien arroser les haricots au moins jusqu'à la formation des gousses.

RÉCOLTER ▲

… plus ou moins fréquemment les haricots verts en fonction de leur type :
- **les «filets»** se récoltent tous les deux à trois jours ;
- **les «filets sans fil» et les mange-tout** peuvent attendre une semaine ;
- **les haricots à écosser** peuvent être cueillis frais, demi-frais ou bien secs, un stade que l'on apprécie en fonction de l'aspect des gousses.

CONSERVER

… les grains secs de haricots dans des sachets en papier, des boîtes, des bocaux… ou au congélateur. Cela permet d'éviter le développement des bruches. Les femelles de ces petits charançons pondent dans les gousses. Leurs larves se développent dans les grains pendant la conservation. Seules la congélation ou la stérilisation vont interrompre ce cycle.

DES GOÛTS ET DES COULEURS…

LES GOUSSES DE HARICOTS PEUVENT SE TEINTER DE JAUNE (CHEZ LES HARICOTS « BEURRE ») OU DE VIOLET. IL SEMBLERAIT QUE CETTE DERNIÈRE TEINTE SOIT CORRÉLÉE AVEC UNE EXCELLENTE SAVEUR GUSTATIVE : À TESTER !

LA LAITUE

Lactuca sativa • **Astéracées** • ANNUELLE

○◑ • **Espacement :** 20-25 cm

JANV	FÉV	MARS	AVRIL	MAI	JUIN	JUIL	AOÛT	SEPT	OCT	NOV	DÉC
	semis	semis	semis	semis	semis	semis	semis	semis			
			récolte	récolte	récolte	récolte	récolte	récolte	récolte		

Batavias, romaines, grasses… La laitue nous offre ses pommes aux feuilles froufroutantes presque toute l'année grâce à ses nombreuses variétés.

DISTINGUER

La clef de la réussite de sa culture réside dans le choix de variétés adaptées à certaines périodes de semis :

- **les laitues de printemps** se sèment de février à mars pour une récolte en mai-juin ;
- **les laitues d'été** se sèment en avril-mai pour une récolte de juin à août ;
- **les laitues d'automne** se sèment en août-septembre pour une récolte d'avril à juin.

SEMER ▲

… en place ou en pépinière, en ligne ou à la volée. Contrairement à de nombreuses plantes, la laitue germe mieux lorsque les températures sont basses : 12 à 15 °C.

LES LAITUES À COUPER NE FORMENT PAS DE POMMES MAIS DES TOUFFES DE FEUILLES QUI SE RENOUVELLENT PLUSIEURS FOIS APRÈS QU'ON LES A COUPÉES AU-DESSUS DU COLLET DE LA PLANTE. EN SEMANT CES VARIÉTÉS DE MARS À OCTOBRE, ON CUEILLE DE LA SALADE D'AVRIL À NOVEMBRE.

REPIQUER, PLANTER ▼

… les plants dès qu'ils sont dotés de trois ou quatre feuilles. Couper le haut du feuillage des plants les plus trapus. Veiller lors de la plantation à ne pas trop enterrer le collet : le plant doit sembler flotter…

CHOUCHOUTER

Arroser régulièrement. Ombrer les laitues sous des cagettes retournées en période de canicule.

Bouture · Floraison · Greffe · Planter · Récolter · Semer · Tailler
▲ Lune ascendante ▼ Lune descendante ○ Soleil ◑ Ombre légère ◐ Mi-ombre ● Ombre

L'OIGNON

Allium cepa • **Liliacées** • BISANNUELLE
○◑● • **Espacement :** 10 cm

JANV	FÉV	MARS	AVRIL	MAI	JUIN	JUIL	AOÛT	SEPT	OCT	NOV	DÉC
		Semer	Semer								
	Planter	Planter	Planter								
					Récolter	Récolter	Récolter	Récolter			

Sans entretien, facile à cultiver, se conservant longuement, l'oignon est un hôte facile du potager.

DISTINGUER

- **les oignons de couleur, encore appelés oignons de garde,** car récoltés mûrs (en août-septembre), qui se conservent très bien et peuvent être consommés jusqu'à la récolte de l'année suivante ;

- **les petits oignons blancs,** issus de semis, qui fournissent, de juin à août, de petits bulbes que l'on utilise frais ou que l'on fait confire dans du vinaigre.

SEMER ▲

… en ligne les petits oignons blancs, à la dose d'environ 2-3 g par mètre linéaire.

PLANTER ▼

… les bulbes des oignons de couleur en lignes espacées les unes des autres de 20-25 cm.

RÉCOLTER ▼

Quelques semaines après la plantation, les oignons de couleur forment leur bulbe : il s'agit de la tubérisation. Récolter juste avant les cébettes, jeunes oignons primeurs. Pour avoir des oignons de bonne conservation, attendre qu'ils soient parfaitement mûrs, lorsqu'au moins deux tiers des plants ont le feuillage qui jaunit et retombe. Les arracher et les laisser sécher sur le sol ou à l'abri. Les remiser dans le grenier ou un endroit sec et tempéré, dans l'obscurité.

Cueillir les petits oignons blancs au fur et à mesure des besoins.

DE L'EAU POUR LES OIGNONS

ON PENSE SOUVENT QUE LES OIGNONS (COMME LES ÉCHALOTES ET L'AIL) PEUVENT PARFAITEMENT SE PASSER D'EAU. IL EST POURTANT NÉCESSAIRE DE LES ARROSER JUSQU'À CE QUE LEURS BULBES, COMPLÈTEMENT FORMÉS, COMMENCENT À MÛRIR. ALORS, MIEUX VAUT EFFECTIVEMENT CESSER LES APPORTS D'EAU.

LE PETIT POIS

Pisum sativum • **Fabacées** • ANNUELLE • ○◑

Espacement : 1-2 cm (pois nains), 3-4 cm (pois à rames)

JANV	FÉV	MARS	AVRIL	MAI	JUIN	JUIL	AOÛT	SEPT	OCT	NOV	DÉC
	•	•	•	•	•				•	•	
				•	•	•	•				

Emblème du printemps, le petit pois est l'acteur principal des délicieuses jardinières de légumes primeurs.

DISTINGUER

… les petits pois selon qu'ils sont à rames ou non mais surtout selon qu'il s'agit de :

- **petits pois aux grains lisses** (aussi qualifiés de « ronds »). Ils sont rustiques et donc plus indiqués pour les semis précoces ;
- **petits pois aux grains ridés** : ils sont plus résistants à la chaleur. Leur récolte est plus étalée.

SEMER ▲

… les graines sur deux lignes parallèles, espacées de 20-40 cm selon que les petits pois sont nains ou à rames.

BUTTER ▼

… la base des plants avec de la terre lorsqu'ils font 15 cm de hauteur. Placer au centre des deux lignes des perches de noisetier ou des ramilles et les incliner les unes vers les autres de façon à former une tente.

RÉCOLTER ▲

… environ deux fois par semaine les gousses bien gonflées de petits pois. Tester en ouvrant une ou deux gousses.

Ou laisser sécher les gousses : les grains serviront de semence ou se cuisineront. Il s'agit des fameux « pois cassés ».

COUP DE CŒUR POUR LE POIS GOURMAND

IL EST ENCORE APPELÉ MANGE-TOUT, CAR SES GOUSSES SONT DÉPOURVUES DE CE VOILE RIGIDE QUI LES REND INCONSOMMABLES CHEZ LE PETIT POIS. SEMÉ DE FÉVRIER À AVRIL, IL EST RÉCOLTÉ AU TOUT DÉBUT DE LA FORMATION DES GRAINS, D'AVRIL À JUILLET.

Bouture · Floraison · Greffe · Planter · Récolter · Semer · Tailler
▲ Lune ascendante ▼ Lune descendante ○ Soleil ◐ Ombre légère ◑ Mi-ombre ● Ombre

LE POIREAU

Allium porrum • **Liliacées** • BISANNUELLE

○◐ • **Espacement** : 50 cm

JANV	FÉV	MARS	AVRIL	MAI	JUIN	JUIL	AOÛT	SEPT	OCT	NOV	DÉC
		Semer	Semer	Semer							
					Planter	Planter					
Récolter	Récolter	Récolter								Récolter	Récolter

En soupe, cuit à la vapeur, à la base de quiches et tartes, de soufflés… le poireau est un légume indispensable en hiver.

SEMER ▲

… en ligne, en pépinière de pleine terre. Avoir la main légère : 4 g de semences peuvent fournir 1 000 plants de poireaux.

PLANTER ▼

Arracher les poireaux lorsqu'ils ont le diamètre d'un crayon. Les « habiller » : couper l'extrémité des feuilles et celle des racines. À l'aide d'un plantoir, creuser un trou de 6 cm. Y installer le plant puis faire un trou juste à côté et, d'un mouvement du poignet, rabattre la terre contre le poireau.

ZOOM SUR LE « POIREAU BAGUETTE »

ON OBTIENT CES POIREAUX EN LES SEMANT EN AOÛT DIRECTEMENT EN PLEINE TERRE. ILS SONT ENSUITE ÉCLAIRCIS TOUS LES 5 CM. ILS PASSENT L'HIVER SUR PLACE PUIS SONT ARRACHÉS AU PRINTEMPS LORSQU'ILS FONT LA TAILLE D'UN CRAYON. CES « BAGUETTES », TENDRES ET FONDANTES, SE CUISINENT COMME DES ASPERGES.

PROTÉGER

Les poireaux d'hiver sont rustiques : ils résistent au froid. Les couvrir tout de même d'une couche de feuilles sèches. Sous la protection, le sol gèlera moins et les légumes seront plus faciles à arracher.

RÉCOLTER ▲

… au fur et à mesure des besoins.

LE POIVRON

Capsicum annuum • **Solanacées** • ANNUELLE • ○

Espacement : 50 cm • **Besoins :** frileux, ce légume exige de la chaleur.

JANV	FÉV	MARS	AVRIL	MAI	JUIN	JUIL	AOÛT	SEPT	OCT	NOV	DÉC
	●	●	●								
				●	●						
							●	●	●		

Piment ou poivron ? Il s'agit en fait d'un seul et même légume mais dont les variétés se distinguent selon qu'elles contiennent plus ou moins de capsicine, une substance brûlante. Doux, le poivron en est totalement dépourvu.

SEMER ▲

… les graines de poivron dans une terrine à placer au chaud (20 °C minimum). Maintenir le terreau humide, en pulvérisant de l'eau tiède. Repiquer si nécessaire les plants dans des godets à conserver au chaud jusqu'à la plantation.

PLANTER ▼

… lorsque tout risque de gelées est écarté, en général à la mi-mai. Inutile d'installer des tuteurs (le poivron a un port buissonnant), ceux-ci gênent les protections (cloches, tunnels) recommandées hors du Midi de la France.

CHOUCHOUTER

Ne pas négliger l'arrosage jusqu'à ce que les fruits commencent à mûrir. Au printemps, pailler le sol au pied des plantes avec des pierres (elles emmagasinent la chaleur la journée pour la délivrer pendant la nuit).

RÉCOLTER ▲

… les poivrons encore immatures – et donc verts – ou bien mûrs, bien colorés (cette teinte fluctuant selon les variétés).

COUP DE CŒUR POUR 'PINOKKIO'
CETTE VARIÉTÉ DE POIVRON POSSÈDE UN PORT COMPACT QUI LUI PERMET D'ÊTRE TRÈS FACILEMENT CULTIVÉE EN POTÉE. ELLE FORME UN BUISSON QUI SE COUVRE TRÈS TÔT D'UNE MULTITUDE DE PETITS FRUITS POINTUS, VERT TRÈS CLAIR, À LA CHAIR AROMATIQUE ET SUCRÉE.

Bouture · Floraison · Greffe · Planter · Récolter · Semer · Tailler
▲ Lune ascendante ▼ Lune descendante ○ Soleil ◐ Ombre légère ◑ Mi-ombre ● Ombre

LE RADIS

Raphanus sativus • **Brassicacées** • ANNUELLE • ○◐

Espacement : 5 cm

	JANV	FÉV	MARS	AVRIL	MAI	JUIN	JUIL	AOÛT	SEPT	OCT	NOV	DÉC
Semer			Semer	Semer	Semer	Semer	Semer	Semer	Semer	Semer	Semer	
Récolter				Récolter	Récolter	Récolter	Récolter	Récolter	Récolter			

Ce légume pousse très vite pour offrir ses bottes de pimpantes racines tout au long des beaux jours.

SEMER ▼

… les radis à la volée, le plus clair possible (pour cela, mélanger les graines à celles de laitue, de coriandre, d'aneth et à du sable, du terreau, de la semoule, du marc de café…). Enterrer plus ou moins les graines :

- **de 3 cm** pour les variétés aux racines longues ;
- **de 1,5 à 3 cm** pour les racines demi-longues ;
- **à peine** pour les racines rondes.

Dans ce dernier cas, passer le râteau puis tasser la terre avec le dos de ce dernier. Arroser délicatement.

ÉCLAIRCIR ▼

… les semis trop denses dès l'apparition de la première feuille.

CHOUCHOUTER

Le radis ne doit subir aucun stress sous peine de voir ses racines devenir creuses et d'une saveur trop affirmée. En conséquence, assurer à la culture un arrosage suivi et sans excès. Éviter de cultiver les radis en juillet-août.

À DÉCOUVRIR : LES RADIS-RAVES D'ÉTÉ ET D'AUTOMNE
'RADIS LONG POIDS D'HORLOGE', 'GLAÇON'… CES VARIÉTÉS SONT PLUS PARTICULIÈREMENT CULTIVÉES DANS L'EST DE LA FRANCE. SEMÉES DE MAI À AOÛT, POUR UNE RÉCOLTE DE JUILLET À SEPTEMBRE, ELLES RÉSISTENT ASSEZ BIEN À LA SÉCHERESSE POUR FOURNIR DES RACINES QUI NE SE CREUSENT PAS.

RÉCOLTER ▼

… quatre à six semaines après le semis, lorsque les radis ont atteint leur taille maximale. Au-delà, les racines se creusent.

LA POMME DE TERRE

Solanum tuberosum • **Solanacées** • VIVACE par ses tubercules • ○◐●

Espacement : 30-45 cm

JANV	FÉV	MARS	AVRIL	MAI	JUIN	JUIL	AOÛT	SEPT	OCT	NOV	DÉC

La plante vivrière par excellence ! Elle est très facile à cultiver, surtout aujourd'hui où la culture sous paille a fait ses preuves. Présentation des deux techniques.

DISTINGUER

- **les pommes de terre à chair ferme,** qui ne se délitent pas à la cuisson, destinées aux poêlées, aux salades… ;
- **les pommes de terre « de consommation »** dont la chair est plus ou moins farineuse. Elles sont parfaites pour la préparation de soupes, purées…

FAIRE PRÉGERMER ▲

… les pommes de terre quatre à six semaines avant la plantation. Placer les tubercules à plat, sans les superposer, dans une cagette. Les stocker dans un endroit lumineux mais frais (8-15 °C). Des germes se développent. Ils doivent être trapus et colorés.

LA CULTURE TRADITIONNELLE (SOUS BUTTE DE TERRE)

PLANTER ▼

… lorsque le sol est suffisamment réchauffé, ce qui correspond, hors du Midi de la France, à la floraison des lilas. Faire des trous de 10 cm de profondeur. Y déposer les tubercules germés. Les recouvrir de terre meuble.

BUTTER ▼

Lorsque le feuillage des pommes de terre atteint 25 cm de hauteur, rassembler de la terre autour des pieds de façon à constituer une butte d'au moins 20 cm.

RÉCOLTER ▼

… des pommes de terre primeurs, 2 mois après la plantation. Encore immatures, elles sont riches en eau et en sucre. Leur peau fine n'a pas besoin d'être retirée et leur cuisson est rapide. Attention : elles ne se conservent pas.

… des pommes de terre de conservation, trois à quatre mois après la plantation (selon la précocité des variétés) lorsqu'elles sont parfaitement mûres. C'est-à-dire lorsque les feuillages sont complètement desséchés.

Utiliser si possible un croc à deux dents (à défaut, une fourche-bêche) en cernant les plants afin d'abîmer le moins possible les tubercules.

LA CULTURE SOUS PAILLE

PLANTER ▼

Déposer les tubercules germés à même le sol. Les couvrir d'une butte de 30 cm de paille. Rajouter un peu de cette dernière lorsque les plants poussent.

RÉCOLTER ▼

… au fur et à mesure des besoins, à partir du mois de juin, en écartant la paille pour prélever les tubercules les plus gros. Cette technique permet d'obtenir des pommes de terre primeurs et de consommation.

CONSERVER, DÉGERMER

Les tubercules se conservent dans des caissettes placées dans un endroit hors-gel mais frais, à l'abri de la lumière, dans une cave ou un cellier par exemple. Inspecter régulièrement l'état sanitaire des pommes de terre et éliminer toutes celles qui sont malades avant qu'elles ne contaminent leurs voisines.

En fin d'hiver, les pommes de terre germent. Les dégermer régulièrement et consommer les tubercules : même un peu flétris, ils conservent toutes leurs qualités gustatives.

LA TOMATE

Solanum lycopersicum • **Solanacées** • ANNUELLE • ○

Espacement : 50 cm • **Besoins :** frileuse, la tomate a besoin de chaleur.

JANV	FÉV	MARS	AVRIL	MAI	JUIN	JUIL	AOÛT	SEPT	OCT	NOV	DÉC

Impossible d'imaginer un potager sans tomate ! D'autant que sa culture est très facile et qu'elle s'installe en pleine terre aussi bien qu'en pot.

SEMER ▲

… au chaud (16 °C minimum), dans des terrines, dans un lieu lumineux (le rebord de la fenêtre dans la cuisine, par exemple). Bien espacer les graines et les recouvrir de quelques millimètres de terreau. La levée a lieu en sept à dix jours.

REPIQUER ▼

… les plants dès qu'ils présentent des signes d'étiolement ou que leurs racines colonisent la terrine. Utiliser une fourchette pour extraire les plants et les installer dans des godets individuels remplis de terreau.

« ENDURCIR » ▲

… les plants : 15 jours à 3 semaines avant la plantation, sortir les plants durant les journées sans gel pour les rentrer le soir.

PLANTER ▼

… les tomates lorsque tout risque de gelées est passé, en général après la mi-mai. Installer des tuteurs avant de creuser, à leur pied, un trou de plantation de 10 cm de profondeur minimum. Installer le plant en inclinant sa base vers le tuteur. Reboucher en tassant la terre de façon à aménager une cuvette d'arrosage.

ENTRETENIR

Accrocher les tiges des tomates sur leur tuteur au fur et à mesure de leur croissance. Retirer leurs gourmands, ces pousses qui se développent à l'aisselle des feuilles ? Ce n'est pas obligatoire, mais il sera plus facile de contenir le volume de la plante si elle est « égourmandée ».

RÉCOLTER ▲

… les tomates selon les goûts : bien mûres… ou tout juste colorées.

PAS DE PRÉCIPITATION !

HORREUR : LES PLANTS « FILENT », ILS S'ÉTIOLENT. LEURS TIGES S'ALLONGENT DÉMESURÉMENT EN S'AMINCISSANT, À LA RECHERCHE DE LA LUMIÈRE. LES TOMATES ONT ÉTÉ SEMÉES TROP TÔT. EN EFFET, SI LES GRAINES ONT BESOIN DE CHALEUR POUR GERMER, LES PLANTS, EUX, SUPPORTENT DIFFICILEMENT LES CONDITIONS DES INTÉRIEURS, NOTAMMENT LE MANQUE DE LUMIÈRE NATURELLE ET LA SÉCHERESSE DE L'ATMOSPHÈRE. DANS L'IDÉAL, MIEUX VAUT ATTENDRE SIX SEMAINES MAXIMUM AVANT LA PLANTATION POUR DÉBUTER LES SEMIS DE TOMATES. PLUS PETITS QUE LES PLANTS SEMÉS PLUS TÔT, ILS LES RATTRAPERONT PLUS VITE ET SERONT BIEN PLUS VIGOUREUX.

« FAIRE » DES GRAINES DE TOMATE

Laisser mûrir le plus longtemps possible les tomates sur la plante. Les cueillir puis les couper en deux et verser leur pulpe dans un verre (étiqueté du nom de la variété). Attendre qu'un film blanc de moisissure se forme à la surface de cette gelée. Verser le contenu du verre dans une passoire et nettoyer sous l'eau du robinet. Étendre les graines sur une feuille de papier absorbant. Une fois qu'elles sont sèches, les ensacher dans des enveloppes en papier.

LE TOPINAMBOUR

Helianthus tuberosus • Astéracées • VIVACE • ○◑◑

Espacement : 40 cm

JANV	FÉV	MARS	AVRIL	MAI	JUIN	JUIL	AOÛT	SEPT	OCT	NOV	DÉC

Longtemps associé aux restrictions causées par la guerre, le topinambour a sombré dans l'oubli. On redécouvre pourtant aujourd'hui la saveur très fine de ce légume. D'autant qu'il ne demande absolument aucun entretien.

À SAVOIR

Le topinambour apprécie les terres riches et meubles… mais peut pousser absolument partout, même dans les sols pauvres, sableux… Et une fois implanté, impossible de s'en débarrasser. Même si on l'arrache avec soin, il reste toujours en terre un éclat qui lui permet de repartir au printemps suivant.

Quand on installe du topinambour, c'est donc presque pour la vie ! Autre point dont il faut tenir compte : les topinambours possèdent des tiges qui culminent à 2 m de hauteur. Ils forment de denses haies maraîchères. Un atout puisqu'ils peuvent ainsi servir de coupe-vent dans le potager… à condition de les installer à distance des autres légumes afin qu'ils ne leur fassent pas ombrage.

PLANTER ▼

… au printemps, en installant les tubercules dans des trous d'environ 10 cm de profondeur en leur donnant suffisamment d'espace pour que chaque pied puisse développer ses tubercules.

RÉCUPÉRER ▼

Aujourd'hui, on trouve assez facilement en vente diverses variétés de topinambour : 'Fuseau blanc', 'Patate', 'Violet de Rennes'… Mais il est aussi très facile de faire ses propres plants ! Il suffit de conserver quelques tubercules parmi ceux que l'on achète pour les cuisiner. On les installe en jauge dans un endroit frais comme la cave ou le cellier : les topinambours sont placés dans une caissette que l'on remplit de sable sec. Ils restent ainsi en dormance jusqu'au moment de leur plantation.

RÉCOLTER ▼

Parfaitement résistants au froid, les topinambours peuvent être arrachés au fur et à mesure des besoins. Une bonne chose car, hors du sol, ils se conservent assez mal : quelques jours à peine dans le bac à légumes du réfrigérateur.

PROCHE COUSIN

L'HÉLIANTHI (HELIANTHUS STRUMOSUS) RESSEMBLE PRESQUE EN TOUT POINT AU TOPINAMBOUR : MÊME HAUTEUR, MÊME ABSENCE D'EXIGENCE, SE CULTIVANT, SE RÉCOLTANT ET SE CUISINANT EXACTEMENT DE LA MÊME MANIÈRE. CE QUI LES DIFFÉRENCIE ? LES TUBERCULES EN FUSEAU, LISSES ET MARRON CLAIR DE L'HÉLIANTHI SONT BIEN PLUS FACILES À NETTOYER QUE CEUX DU TOPINAMBOUR.

Les tubercules du topinambour sont généralement très bosselés. Leur épluchage peut donc s'avérer un peu fastidieux. Mais celui-ci n'est pas indispensable : un nettoyage soigneux avec une brosse souple suffit à apprêter le légume.

Le topinambour peut se déguster cru, râpé, mais c'est cuit qu'il développe au mieux sa délicieuse saveur de fond d'artichaut. Attention, la cuisson doit être brève (5-10 minutes à l'eau, 3-8 minutes à la vapeur), afin que leur chair soit fondante, mais sans se déliter.

LE BASILIC

Ocimum basilicum • **Lamiacées** • ANNUELLE • ○

Espacement : 20-30 cm

JANV	FÉV	MARS	AVRIL	MAI	JUIN	JUIL	AOÛT	SEPT	OCT	NOV	DÉC
		✓	✓	✓	✓						
				✓	✓						
					✓	✓	✓	✓	✓		

Le roi des aromates du jardin ! En effet, longtemps considéré comme une herbe sacrée, le basilic tire son nom du mot grec *basilikon* qui signifie « royal ».

SEMER ▲

… les graines au chaud (18-21 °C) en caissette, en les déposant sur le terreau. Les pulvériser légèrement (elles prennent alors souvent une coloration gris-bleu). La levée des graines a lieu trois à sept jours plus tard.

… ou semer en place, en mai dans le Midi, en juin ailleurs.

PLANTER, REPIQUER ▼

… les plants dotés de 2 à 4 feuilles lorsque tout risque de gelées est passé et que la terre est bien réchauffée. Endurcir au préalable les plants : les habituer aux températures extérieures en les sortant de leur abri, tous les jours un peu plus longtemps, avant de les remiser à l'intérieur le soir.

RÉCOLTER, TAILLER ▲

Deux opérations en une. Cueillir le basilic en pinçant l'extrémité de chaque pousse. Cette opération entraîne une ramification des plants et retarde la floraison.

LA CLEF DE LA RÉUSSITE DU BASILIC

ELLE TIENT AU BON SUIVI DE L'ARROSAGE. LORSQUE LE TEMPS EST CHAUD, QUE LE SOLEIL BRILLE, ON ARROSE. ET ON CESSE TOUT APPORT D'EAU DÈS QUE LE CIEL SE COUVRE OU QUE LES TEMPÉRATURES FRAÎCHISSENT.

Bouture · Floraison · Greffe · Planter · Récolter · Semer · Tailler
▲ Lune ascendante ▼ Lune descendante ○ Soleil ◐ Ombre légère ◑ Mi-ombre ● Ombre

LA CIBOULETTE

Allium schoenoprasum • **Liliacées** • VIVACE
○◐◑ • **Espacement :** 50 cm

JANV	FÉV	MARS	AVRIL	MAI	JUIN	JUIL	AOÛT	SEPT	OCT	NOV	DÉC
	Semer	Semer	Semer								
			Planter	Planter	Planter	Planter	Planter	Planter	Planter		
			Récolter	Récolter	Récolter	Récolter	Récolter	Récolter	Récolter		

Encore appelée « civette », cette plante pousse naturellement dans les prairies humides. Grâce à ses petits bulbes aux nombreuses racines qui s'enchevêtrent, elle forme vite de larges touffes aux fines fleurs et à la jolie floraison mauve.

SEMER ▲

… en pépinière ou directement en place. Elles lèvent en 10 à 15 jours à 15 °C. Bien tasser le sol (avec le dos du râteau) après le semis.

MULTIPLIER, PLANTER ▼

Diviser les touffes de ciboulette, de préférence au printemps. À l'aide d'une fourche-bêche, retirer la souche entière. Démêler à la main les brins munis de leur bulbe. Transplanter des touffes de quatre à cinq brins. La division est recommandée tous les deux à trois ans pour éviter leur épuisement et dépérissement.

RÉCOLTER ▲

… au fur et à mesure des besoins, en sectionnant les feuilles au ras du sol.

COUP DE CŒUR POUR LA CIBOULE DE CHINE (ALLIUM TUBEROSUM)

ELLE SE DIFFÉRENCIE DE LA CIBOULETTE PAR SES FEUILLES PLATES ET UNE SAVEUR DIFFÉRENTE, AILLÉE. D'OÙ SON SURNOM « D'AIL À COUPER ». ON CONSOMME TOUT CHEZ CETTE AROMATIQUE : SES BULBES, SON FEUILLAGE, SES TRÈS JOLIES FLEURS EN OMBELLES BLANCHES. EN VOGUE, LA CIBOULE DE CHINE SE DÉCLINE EN DIFFÉRENTES VARIÉTÉS : 'KOBOLD', 'KNOLAU'…

LE PERSIL

Petroselinum crispum • **Apiacées** • BISANNUELLE • ○

Espacement : 15 cm

JANV	FÉV	MARS	AVRIL	MAI	JUIN	JUIL	AOÛT	SEPT	OCT	NOV	DÉC
		✓	✓	✓	✓	✓	✓				
					✓	✓	✓	✓	✓		

Cette plante aromatique pousse à l'état sauvage dans le bassin méditerranéen. Elle est donc utilisée depuis la nuit des temps. Aujourd'hui encore, le persil est un incontournable du jardin d'herbes.

DISTINGUER

On différencie trois grandes variétés de persil :
- le **'Commun'** qui offre des feuilles simples et parfumées ;
- le **'Frisé'**, au volumineux feuillage très découpé ;
- le **'Géant d'Italie'** aux feuilles plus larges, vigoureux et résistant au gel.

SEMER ▲

… les graines en ligne et en place. La levée est assez longue (de 12 jours à 1 mois) et souvent capricieuse. Pour faciliter la germination des graines, les faire tremper dans un verre d'eau tiède la veille du semis. Dans les régions fraîches, couvrir les semis printaniers d'un voile de forçage.

À noter : si le persil est parfois réticent à s'implanter à l'emplacement choisi pour lui, il peut vagabonder partout dans le jardin en se ressemant généreusement.

RÉCOLTER ▲

… les brins de persil au fur et à mesure des besoins. Il est possible de continuer la récolte durant une bonne partie de l'hiver si on place un tunnel ou une cloche sur la plante.

ZOOM SUR LA VARIÉTÉ 'VERBO'
CE PERSIL FRISÉ EST D'UN VERT PARTICULIÈREMENT PROFOND ET D'UNE REMARQUABLE VIGUEUR QUI LUI ASSURE UNE REPRISE TRÈS RAPIDE APRÈS CHACUNE DES COUPES.

Bouture · Floraison · Greffe · Planter · Récolter · Semer · Tailler
▲ Lune ascendante ▼ Lune descendante ○ Soleil ◑ Ombre légère ◐ Mi-ombre ● Ombre

LE THYM

Thymus vulgaris • **Lamiacées** • ARBRISSEAU • ○
Espacement : 20 cm • **Besoins :** sol pauvre et très drainant.

JANV	FÉV	MARS	AVRIL	MAI	JUIN	JUIL	AOÛT	SEPT	OCT	NOV	DÉC
			Semer	Semer	Semer						
		Planter	Planter	Planter	Planter	Planter	Planter	Planter	Planter		
Récolter	Récolter	Récolter	Récolter	Récolter	Récolter	Récolter	Récolter	Récolter	Récolter	Récolter	Récolter

DISTINGUER

… les fines herbes (ciboulette, aneth, cerfeuil…) des « herbes de Provence » : romarin, sauge… et thym. Ces dernières poussent spontanément dans la garrigue, un sol pauvre, caillouteux, très drainant.

Le thym est rustique et pousse sans difficulté dans toutes les régions. Mais il ne dure que quelques années dans les sols riches des jardins, souvent parce que ses racines ne supportent pas l'humidité du terrain en hiver. Pour cultiver durablement cet arbrisseau, il convient donc d'aménager une mini-garrigue : créer un sol fortement drainant, c'est-à-dire de la terre mêlée de cailloux, pierres, graviers et sable.

SEMER ▲

… en ligne (sur place ou en pépinière) sur un sol ferme. Très peu recouvrir les graines et tasser fortement avec le dos du râteau.

PLANTER ▼

… ou transplanter durant toute la belle saison.

BOUTURER ▼

… les pousses de l'année en juillet, si possible munies d'un « talon » (un petit morceau de rameau plus âgé). Les placer dans des godets de terre allégée avec du sable pour une mise en place au printemps de l'année suivante.

RÉCOLTER ▲

… toute l'année, le feuillage du thym étant persistant.

DIVERSIFIER LES THYMS
'CITRON', 'ORANGE', 'CUMIN', 'LAINEUX', 'D'HIVER'… LE THYM SE DÉCLINE EN DIVERSES VARIÉTÉS. ON PEUT ÉGALEMENT INSTALLER DANS LE JARDIN SON COUSIN SAUVAGE ET RAMPANT : LE SERPOLET.

Direction d'édition : Thierry Lamarre
Édition : Adeline Lobut
Textes : Guylaine Goulfier
Correction-révision : Isabelle Misery
Photographies : ©Shutterstock
Conception graphique, mise en pages et couverture : Either studio

Éditions Massin
Publiées par Société d'Information et de Créations - SIC
Une société de Marie Claire Album
10 bd des Frères Voisin - 92792 Issy-Les-Moulineaux CEDEX 9 - France
Tél. 01 41 46 88 88
RCS Nanterre 302 114 509
SARL au capital de 822.000 euros

PEFC
PEFC/18-32-03
Certifié PEFC
Ce produit est issu de forêts gérées durablement et de sources contrôlées
www.pefc-france.org

ISBN : 978-2-7072-1259-7
Imprimé par par Elcograf S.p.A., Vérone, Italie
Dépôt légal : août 2021.

www.sotrendoo.com